Die Muster-Baubeschreibung

Hausangebote richtig vergleichen

Mit interaktivem Formular – siehe Seite F 7

3. Auflage, März 2013, 6.000 Exemplare

ISBN: 978-3-936350-65-4, Printed in Germany

Inhalt

Alles Wichtige zum Download ···> Seite F 7

1 Erläuterungen zur Muster-Baubeschreibung

1 Erläuterungen zur Muster-Baubeschreibung

Wer ein Haus bauen will, sei es ein Fertighaus oder ein Massivhaus, ein schlüsselfertiges oder ein kostensparendes Ausbauhaus, wählt zunächst einen Anbieter und schließt dann mit ihm einen Vertrag ab – den Bauvertrag. Dieser Bauvertrag hat einen wichtigen Bestandteil – die Baubeschreibung.

Im Bauvertrag erteilt der Bauherr dem Unternehmer den Auftrag, das Haus zu bauen, und er verpflichtet sich im Gegenzug, die vereinbarte Vergütung zu zahlen.

Baubeschreibung

Während in jedem Bauvertrag das Honorar genau beziffert ist, sind die Beschreibungen der verschiedenen Anbieter über das zu bauende Haus häufig unvollständig. Sie fallen quantitativ und qualitativ oftmals sehr unterschiedlich aus. So geht nicht immer eindeutig aus den Beschreibungen hervor, welche Leistungen im Festpreis enthalten sind, oder es fehlen Angaben über die Art und Beschaffenheit von Baumaterialien.

Eine detaillierte Auflistung zum Beispiel der Ausstattung, der Haustechnik oder des Innenausbaus und die Beschreibung des zukünftigen Hauses sind jedoch für Sie als Bauherr oder Baufamilie sehr wichtig. Erst damit bekommen Sie eine konkrete Übersicht darüber, welche Leistungen der Unternehmer erbringen muss. Mit der Auflistung können Sie außerdem die Bauleistungen während der Bauzeit kontrollieren und am Ende prüfen, ob alles vollständig erledigt wurde.

Wenn in einer Baubeschreibung Umfang und Qualität der Leistung ungenau dargelegt oder der Preis nicht genau angegeben wird, ist der Auslegungsspielraum – nicht selten zu Gunsten des Unternehmers – groß, und Sie haben das Nachsehen. Schon aus diesen Gründen sollten Sie den **Entwurf des Bauvertrages** und die zugehörige **Bau- und Leistungsbeschreibung** von erfahrenen Fachleuten prüfen lassen, zum Beispiel durch die Experten bei den Verbraucherzentralen.

Muster-Baubeschreibung

In vielen Fällen erhält der Bauherr von seinem Unternehmer (Bauträger, Fertighaushersteller, Bauunternehmer) eine Standard-Baubeschreibung. Diese wird oft schon in den ersten Beratungsgesprächen ausgehändigt, jedoch bis zum Vertragsabschluss nicht genauer spezifiziert. Wir empfehlen deshalb, diese Standard-Baubeschreibung nur als eine erste Information zu sehen und sich auf die hier vorliegende Muster-Baubeschreibung zu stützen. Sie hilft, spätere Enttäuschungen, Missverständnisse, zusätzliche Kosten oder gar gerichtliche Auseinandersetzungen zu vermeiden.

Wichtig ist beispielsweise die vollständige Benennung der Hauptleistungen und Hauptbauteile, etwa des Systems des Wand- und Dachaufbaus. Dabei sollte eine detaillierte Darstellung des Schichtenaufbaus erfolgen. Günstig sind grafische Darstellungen (Schnittzeichnungen) des Schichtenaufbaus.

Quantitative Leistungsangaben

Wichtig ist weiterhin die vollständige Beschreibung der quantitativen Leistungsangaben. Hierbei geht es nicht vordergründig um Mengenangaben, wie sie etwa im Rahmen von Ausschreibungen üblich sind. Zum Angebots- und Preisvergleich sowie hinsichtlich der Nachvollziehbarkeit muss der Bauinteressent den Leistungsumfang ermessen können. So ist es zum Beispiel nicht notwendig, die Kubikmeter Rahmenhölzer oder Mauerwerk der Außenwand oder des verbauten Wärmedämmstoffs zu nennen, sondern die Dicke in Zentimeter. Mengenangaben sind dagegen bei den Ausbaumaterialien wie Tapeten, Fliesen, Parkett oder Teppichboden wichtig.

Umfassende und eindeutige qualitative Parameter sind für eine vollständige Produktbezeichnung der eingesetzten Materialien nötig. Angaben wie „12 cm Wärmedämmung" allein sind unzureichend, denn sie sagen nichts über das verwendete Material und dessen Wärmeleitfähigkeit aus und lassen somit keine Beurteilung des speziellen Baustoffs zu. Die Angaben sollten so ausführlich sein, dass daraus Informationen zur Materialeigenschaft sowie zur Umwelt- und Gesundheitsverträglichkeit entnommen werden können. Aus diesem Grund sollten alle verwendeten Materialien benannt sein. Dies umso mehr, als die gesetzlichen Anforderungen an ein umwelt- und gesundheitsverträgliches Bauen und Wohnen ebenso steigen wie die Erwartungen der Verbraucher.

Preisangaben sollten bei bestimmten Ausbau- und Ausstattungsmaterialien Preisgruppen oder Preisobergrenzen enthalten (zum Beispiel Wandfliesen bis zu einem Preis von 30 Euro/m^2), damit das Preis-Leistungsverhältnis eindeutig fixiert werden kann.

Dies sind nur einige Beispiele, um zu verdeutlichen, dass eine umfassende Bau- und Leistungsbeschreibung Planung und Bau wesentlich vereinfachen kann.

Unsere Muster-Baubeschreibung lässt sich für unterschiedliche Zwecke verwenden:

- Sie können erkennen, welche **Leistungen** im Angebot enthalten sind, ob etwas Wichtiges fehlt und mit welchen zusätzlichen Kosten Sie gegebenenfalls rechnen müssen.
- Sie haben Anhaltspunkte, um **verschiedene Angebote** zu vergleichen.
- Sie haben ein **Kontrollinstrument** dafür, ob Ihr Anbieter seine Zusagen einhält.
- Sie können mit Hilfe von Fachleuten die verschiedenen **Standards** und **Qualitäten** der angebotenen Bauprodukte beurteilen.
- Sie können die Muster-Baubeschreibung als **Checkliste** gebrauchen, um eine Ihnen vorliegende Baubeschreibung weitestgehend auf Vollständigkeit zu prüfen und sich zu vergewissern, dass alle wichtigen Details Ihres zukünftigen Hauses Ihren Vorstellungen entsprechen und um welche Sie sich noch kümmern müssen.

Formular

Wir haben die dafür wichtigen Angaben in einem Formular zusammengetragen, das Sie dem Anbieter Ihres Hauses übergeben sollten. Siehe Seiten F 1 ff. und siehe auch Hinweis auf Download auf Seite F 7.

Ein gewissenhafter Anbieter verfügt über die zur Beantwortung der Fragen notwendigen Informationen, sodass er keine Probleme mit dem Ausfüllen haben sollte. Bestehen Sie also auf der möglichst vollständigen Beantwortung der Fragen. Schließlich geht es um Ihr Geld und das nicht zu knapp. Sollte sich der Anbieter weigern, das Formular auszufüllen, können Sie ihn natürlich nicht dazu zwingen. Wenn Sie allerdings unmissverständlich darauf hinweisen, dass es für Sie eine wichtige Grundlage für eine Auftragsvergabe ist, dürfte ihn das nicht kalt lassen; ganz besonders dann nicht, wenn andere zum Ausfüllen bereit sind.

Muster-Baubeschreibung – das Formular

Das Formular – siehe ab Seite F 1 – können Sie zur Festlegung der Leistungen und Ausstattungsstandards bei allen privaten Wohnungsbauvorhaben verwenden:

- beim Bau mit dem Generalübernehmer (dem Anbieter von Typenhäusern ohne Grundstück, meist sind das Fertighäuser),
- beim Kauf vom Bauträger (dem Anbieter von Typenhäusern mit Grundstück)
- oder dem Generalunternehmer (dem Anbieter von Bauleistungen, also mehrerer Subunternehmer zum Beispiel bei „Architektenhäusern")

Grundsätzlich gilt: Nur das, was angekreuzt wird, trifft auf das betreffende Bauvorhaben zu, beziehungsweise ist im Leistungsumfang des Anbieters enthalten und ist damit sicher dokumentiert. **Leistungen, die nicht angekreuzt werden, treffen nicht auf das Bauvorhaben zu.**

Wenn Sie Leistungen zusätzlich vereinbaren, müssen Sie mit Mehrkosten für die betreffenden Arbeiten rechnen. Bezüglich solcher frei gebliebenen Angaben sollten Sie sich mit Ihrem Vertragspartner in Verbindung setzen. Klären Sie, ob die betreffenden Angaben lediglich für „Ihr" Haus nicht zutreffen oder warum sie sonst nicht vermerkt wurden.

Lassen Sie sich das ausgefüllte und ausgedruckte Formular aushändigen, bevor Sie den Bauvertrag unterschreiben. Am besten ist es, wenn Sie es zum Bestandteil des Vertrages machen. Es gibt dann keinerlei Zweifel mehr darüber, dass es sich um rechtsverbindliche und für Sie damit um einklagbare Zusagen handelt.

In den folgenden Kapiteln beschreiben wir Ihnen, wie unserer Meinung nach eine umfassende Baubeschreibung aussehen sollte. Wir erläutern Ihnen das Formular – siehe Seiten F 1 ff. – Punkt für Punkt, sodass Sie beruhigt mit Ihren potenziellen Vertragspartnern in Verhandlungen treten können. Lediglich einige wenige Stichworte, bei denen wir der Meinung waren, dass sie keiner zusätzlichen Erklärung bedürfen, haben wir nicht weiter erläutert. Allerdings kann dieser Ratgeber nicht zu allen Details und individuellen Besonderheiten informieren. Dazu ist eine unabhängige und qualifizierte Beratung unumgänglich. Nehmen Sie sich genug Zeit, um die Muster-Baubeschreibung durchzuarbeiten. Um sich klar zu werden, ob alle Leistungen und Materialien berücksichtigt sind, kann es hilfreich sein, gedanklich durch die Wohnung, in der Sie noch wohnen oder durch das neue Haus zu gehen: Dabei sollten Sie sich einer gewissen Systematik bedienen: Beginnen Sie zum Beispiel beim Fenster und bewegen sich zur Tür und desgleichen von der Decke zum Fußboden. Da die Leistungsbeschreibung nach Gewerken geordnet ist, muss in jedem Raum wieder von vorn begonnen werden. So können Sie nichts übersehen und sich gleich Fragen notieren. Alle zukünftigen Bewohner sollten ihre Interessen und Wünsche mit einbringen – Kinder und ältere Menschen natürlich auch.

Was sollten Sie weiterhin beachten?

Die Weichen für Ihr Bauvorhaben stellen Sie vor der Vertragsunterzeichnung. Voraussetzung ist, dass Sie Ihr künftiges Haus in allen wesentlichen technischen und gestalterischen Aspekten kennen. Mit Ihrer Unterschrift legen Sie sich auf alle Details und Standards zu einem vereinbarten Preis fest. Dies sollten Sie jedoch erst dann tun, wenn die Baubeschreibung hinreichend präzise ist. Alles, was Sie nach Unterschrift verhandeln, wird Ihnen sehr wahrscheinlich zu einem deutlich höheren Preis angeboten werden als vor Vertragsunterschrift. In der Regel hat jeder Anbieter seine allgemeingültige Standard-Baubeschreibung. Nicht selten wird mit jeder Verhandlung eine Liste mit Zusatzleistungen angefertigt, und am Ende gibt es mehrere Beschreibungen, die nicht mehr deckungsgleich sind. Verlangen Sie, dass alle angebotenen Leistungen in eine übersichtliche Form gebracht werden. Bei jeder Veränderung muss immer Bezug auf die vorangegangene Baubeschreibung und die eventuelle Kostenveränderung genommen werden.

Nötige Unterlagen auf einen Blick:

- Haus- oder Wohnungsbauvertrag/Kaufvertrag
- (Bau-)Leistungsbeschreibung
- vollständige Zeichnungen mit allen Maßen (Grundrisse, Schnitte, Ansichten M 1:100)
- Wohnflächenberechnung
- Energieausweis

Aus dem Vertragstext muss unzweifelhaft hervorgehen, von wem die jeweilige Leistung erbracht wird. Auch Leistungen, die eventuell nicht Bestandteil eines Angebotes sind, wie zum Beispiel Oberflächenentwässerung, Außentreppen, Zuwegung, Abstellflächen, Erdarbeiten, Abfallentsorgung, Baustellensicherung, Vermessungsarbeiten, Baugrunduntersuchung sowie Eigenleistungen oder Vorleistungen des Bauherrn sollten der Vollständigkeit halber aufgeführt und als solche deutlich kenntlich gemacht sein.

Tipp: *Die Durcharbeitung der Vertragsunterlagen nimmt viel Zeit in Anspruch. Lassen Sie sich also nicht drängen. Die kompletten Unterlagen wie Vertrag, Leistungsbeschreibung, Zeichnungen und Flächenberechnung sollten Ihnen vor Vertragsunterzeichnung mindestens für 14 Tage zur Prüfung zur Verfügung gestellt werden.*

2 Angaben zur Eignung des Grundstücks

2 Angaben zur Eignung des Grundstücks

Dieses Kapitel ist vor allem dann relevant, wenn Sie ein Haus auf einem Grundstück bauen wollen, das Ihnen gehört oder das Ihnen mit einem separaten notariellen Vertrag verkauft wird.

2.1 Bebaubarkeit

Formular siehe Seite F 10

In Hausangeboten werden grundsätzlich günstige Grundstücksverhältnisse sowie tragfähiger Untergrund und ebenes Gelände ohne Grund- oder Hangwasser vorausgesetzt (Standardbedingungen). Falls die Verhältnisse anders sind und deshalb zusätzliche Maßnahmen erforderlich werden, müssen Sie mit erheblichen Mehrkosten rechnen.

Je nach den Gegebenheiten sind verschiedene Vorarbeiten notwendig. Das kann zum Beispiel der Abbruch vorhandener Gebäude sein oder auch das Roden von Bäumen und Sträuchern.

Grundstück prüfen

Sicherheit hinsichtlich der Bebaubarkeit bekommen Sie, wenn der Hausanbieter vor Vertragsabschluss selbst das Grundstück prüft und Ihnen schriftlich bestätigt, dass darauf in der vertraglich vereinbarten Weise gebaut werden kann und keine Mehrkosten entstehen, beziehungsweise, es müssen Mehrkosten genau beziffert werden. Es ist also wichtig, zu klären, ob das Haus zu den Standardbedingungen auf dem Grundstück gebaut werden kann, welche Kosten anfallen, falls es nicht möglich ist, ob ein Sachverständiger von Ihnen selbst gestellt wird oder ob der Anbieter – gegen Aufpreis – die Gegebenheiten des Grundstücks prüft.

Tipp: *Da der Bauherr – also Sie – das sogenannte Baugrundrisiko trägt, ist es empfehlenswert, von einem Sachverständigen eine Baugrunduntersuchung durchführen zu lassen und diese zum Vertragsbestandteil zu machen. Das ist besonders wichtig, wenn ein Keller gebaut werden soll.*

2.2 Baustelleneinrichtung

Formular siehe Seite F 10

Auch die Baustelleneinrichtung ist nicht immer im Leistungspaket eines Hausanbieters enthalten und muss gegebenenfalls von Ihnen zusätzlich bezahlt werden. Dazu gehört unter anderem:

- Bereitstellung von Baustrom und Bauwasser
- Aufstellen eines Bauschuttcontainers und Entsorgung des Bauschutts
- Aufstellen einer Baustellentoilette oder von Bauschildern, Bauzaun usw.
- gegebenenfalls Befestigung eines Zufahrtsweges für Schwerlastzüge
- gegebenenfalls Befestigung eines Aufstellplatzes für einen Kran
- gegebenenfalls Aufstellung von Baugerüsten
- gegebenenfalls Herrichtung eines Lagerplatzes für Materiallagerung

Auf der Baustelle Platzbedarf prüfen

Wenn Sie für die Baustelleneinrichtung beziehungsweise Teilen davon verantwortlich sind, ist es wichtig zu wissen, welche Belastbarkeit Zufahrt und Kranaufstellplatz aufweisen müssen und welche Größe für den erforderlichen Lagerplatzbedarf ausreichend ist. Wenn die Angaben zu knapp berechnet sind, kann dies im Laufe der Baustelle erhebliche Mehrkosten nach sich ziehen.

***Tipp:** Vereinbaren Sie mit dem Anbieter, dass die Baustelleneinrichtung insgesamt im Leistungsumfang enthalten ist.*

2.3 Vermessung und Erdarbeiten

Formular siehe Seite F 11

Die Vermessung des Grundstückes (Größe, Grenzfeststellung, Gebäudeeinmessung) wird nach geltendem Länderrecht – zum Beispiel Vermessungs- und Katastergesetz – geregelt. In einigen Bundesländern darf das Abstecken der Gebäude (Schnurgerüst) nur von einem Vermessungsingenieur vorgenommen werden, und es sind Einmessungsbescheinigungen nachzuweisen. Selbst wenn das nicht der Fall ist, sollten Sie in Fällen, in denen komplizierte oder unklare Höhenlagen vorliegen, den Fachmann hinzuziehen, weil er über die entsprechende Erfahrung und Messtechnik verfügt.

Vermessungskosten

Da die Vermessungskosten recht hoch sind, sollte die Kostenübernahme geklärt sein. Beim Kauf vom Bauträger, der ja das Grundstück voll erschlossen und lastenfrei mitverkauft, sollten sämtliche Vermessungskosten bereits im Preis enthalten sein. Darauf sollten Sie bei Vertragsabschluss achten.

Beim Kauf von einem Erschließungsträger (das ist meist die Kommune) wird in der Regel nur eine Grobeinmessung des Grundstücks vorliegen. Hier müssen Sie weitere Vermessungskosten (Abstecken des Baukörpers, Gebäudeeinmessung, Grenzabmarkung/Grundstücksfeineinmessung) einplanen.

Kaufen Sie als Bauherr das Grundstück privat, müssen Sie die Kostenfrage im Vertrag klar festlegen. Je nach „Vermessungszustand" des favorisierten Grundstücks fallen die oben genannten Kosten an.

Rückstauebene

Damit Ihnen bei einer eventuellen Überflutung kein Wasser ins Haus läuft, legen Sie schon jetzt die Höhe des fertigen Erdgeschossniveaus (Oberkante Fertigfußboden = OKFFB) in Bezug auf das fertige Außengelände/fertige Straßenhöhe/Rückstauebene fest. Eine eventuelle Erhöhung des Kiesbettes unter der Sohlplatte sollte im Preis enthalten sein. Die Oberkante des Fertigfußbodens sollte mindestens 15 Zentmeter über der Rückstauebene liegen.

Die Rückstauebene wird meistens in Ortssatzungen festgelegt. Ist das nicht der Fall, gilt nach DIN EN 12056-4 und DIN 1986-100 als Rückstauebene die Höhe der Straßenoberkante an der Anschlussstelle.

In der genannten DIN-Vorschrift ist weiterhin gefordert, dass Ablaufstellen für Schmutzwasser, deren Wasserspiegel im Geruchsverschluss, zum Beispiel dem Siphon der Duschwanne, unterhalb der Rückstauebene liegt, gegen Rückstau zu sichern sind. Bei Ablaufstellen für Niederschlagswasser besteht diese Forderung dann, wenn die Oberkante der Ablaufstelle unterhalb der Rückstauebene liegt.

Wichtig ist die Beachtung der Rückstauebene auch bei „normaler" Höhenlage des Hauses zur Straßenoberkante, wenn eine Ablaufstelle im Keller ist. Liegt das Haus gegenüber der Straße tiefer, kann es schon bei Bodeneinläufen im Erdgeschoss, zum Beispiel im Hauswirtschaftsraum, oder bei bodengleichen Duschen problematisch werden.

Erdarbeiten

Für die Erdarbeiten sollten Sie vereinbaren, dass der Oberboden so auf dem Grundstück gelagert wird, dass er nach Beendigung der Bauarbeiten wieder auf dem Gelände verteilt werden kann (Grobplanum).

Wichtiger Hinweis: Vor dem ersten Spatenstich muss die Baustelle für das Bauvorhaben vorbereitet werden. Je nach örtlichen Gegebenheiten sind dafür eine Reihe von Maßnahmen notwendig, die Sie durchführen lassen und separat bezahlen müssen. Im Einzelnen sind das:

- Abbruch vorhandener Gebäude
- Roden von Bäumen und Sträuchern
- Beseitigung eventueller Altlasten
- Sicherung von Nachbargebäuden, vorhandenen Versorgungsleitungen oder Bäumen, neben die gebaut werden soll

Meist sind umfangreiche Erdarbeiten nötig.

2.4 Hausanschlüsse

Formular siehe Seite F 12

Zwischen den Erschließungskosten und den Hausanschlusskosten muss genau unterschieden werden:

Erschließung

Zur vollständigen Erschließung gehören die kostenpflichtige öffentliche Erschließung, also das Anlegen von Straßen, Wegen und Grünflächen oder die Errichtung der Beleuchtung im öffentlichen Straßenraum unter Regie der Kommune oder eines Bauträgers/Erschließungsträgers. Die Hauptleitungen zum Beispiel für Gas, Wasser, Abwasser, Strom, Fernwärme und Telefon werden vom Versorgungsunternehmen verlegt und müssen vom Grundstückseigentümer anteilig, in der Regel nach Geschoss- und Grundstücksfläche oder nach tatsächlich für das Grundstück anfallenden Kosten, bezahlt werden (Baukostenzuschuss). Die Erschließungsbeiträge sind Teil der Grundstückskosten.

Hausanschlüsse

Das Weiterführen der Wasser-, Abwasser-, Strom-, Nah- oder Fernwärme- und Gasleitungen von der öffentlichen Leitung ins Haus, also die eigentlichen Hausanschlüsse, gehören zu den Gebäudekosten und werden deshalb in der Muster-Baubeschreibung abgefragt. Sie sind separat vom Grundstückseigentümer bei den Versorgungsunternehmen zu beantragen und zu bezahlen. Die Erschließungs- sowie Hausanschlusskosten sollten beim Kauf vom Bauträger im Festpreis enthalten sein.

Tipp: *Erkundigen Sie sich beim Erschließungsträger (meist die Kommune), ob die vollständige Erschließung bereits im Grundstückspreis enthalten ist oder ob noch öffentliche Erschließungskosten dazu kommen werden. Kommunen führen mitunter erst zu einem späteren Zeitpunkt einen Teil der Arbeiten durch und stellen die Kosten unter Umständen erst Jahre später dem Grundstückseigentümer in Rechnung.*

3

Angaben zum Gebäude allgemein

3 Angaben zum Gebäude allgemein

3.1 Planungsleistungen

Formular siehe Seite F 14

Nachfolgende Unterlagen für Planungsleistungen sollten bereits vor Vertragsunterschrift vorliegen:

- Berechnung der Wohnfläche nach der Wohnflächenverordnung (WoFlV) oder der Nutz- und Verkehrsflächen nach DIN 277; akzeptieren Sie keine Circa-Angaben.
- Bauzeichnungen (Grundrisse, Ansichten, Schnitte, mit Maßen)
- Energiebedarfsausweis (bei Typenhäusern)

Für die Ausführung auf der Baustelle müssen Ausführungspläne angefertigt werden (in der Regel im Maßstab 1:50). In diesen Plänen werden die genauen Abmessungen der Räume und Bauteile (Höhe, Breite, Länge, Dicke), die Beschaffenheit von Baumaterialien und Oberflächen, alle relevanten Details zur Funktion und Gestaltung, statische Erfordernisse sowie die haustechnischen Installationen eingetragen. Sofern diese Pläne nicht ausreichen, müssen Detailpläne im Maßstab 1:20 bis 1:5 gezeichnet werden.

Beim schlüsselfertigen Bauen mit dem Bauträger oder Generalübernehmer werden Sie diese Pläne selten zu Gesicht bekommen. Falls doch, ist dies schon eine Auszeichnung für ein Unternehmen. Sie sollten diese Pläne fordern.

Sämtliche Ausführungsunterlagen einschließlich der Planungen von Fachingenieuren, wie Statik, Abwasser, Lüftungsanlage usw. sollten Ihnen zu Baubeginn vorliegen.

3.2 Gebäudetyp

Formular siehe Seite F 14

Die Wahl des Haustyps entscheidet auch über die Höhe der Kosten. Reihen- oder Doppelhäuser benötigen weniger Fläche und weniger Außenwände. Einfache und kompakte Baukörper sparen Bau- und Heizkosten.

Bauwerkskosten

Deshalb sind quadratische statt winklige Grundrisse zu empfehlen. Bei gleicher Wohnfläche liegen die Bauwerkskosten beim winkelförmigen Grundriss um rund 10 bis 16 Prozent höher. Zusätzlich fallen aufgrund der größeren Auskühlungsflächen beim Winkelhaus höhere Heizkosten an. Der rechteckige Grundriss ist zwar nicht so ungünstig wie der winkelförmige, aber auch teurer als der quadratische.

Vor- und Rücksprünge sind ebenfalls teuer. Geschützte Terrassen und Ähnliches lassen sich mittels Pergolen oder Holzwänden wesentlich günstiger gestalten. Jeder Erker oder jeder zusätzliche Balkon kosten unverhältnismäßig viel. Ein vorspringender Erker (etwa zwei Meter breit und einen Meter tief) kann rund 6.000 Euro, ein Balkon mit einer Fläche von fünf Quadratmetern samt Fenstertür 4.000 bis 5.000 Euro kosten.

Hinweis: Reihen- oder Doppelhäuser sollten zum nächsten Winter fertiggestellt sein, da sonst die im Verhältnis zu den übrigen Außenwänden schwächere und schlechter gedämmte Giebelwand zu Energieverlusten führt und dadurch Schimmel entstehen kann.

Über Besonderheiten wie etwa den Schallschutz im Doppel- und Reihenhaus informieren wir Sie im Kapitel 3.11 „Schallschutz" auf den Seiten E 43 ff.

3.3 Bauweise

Formular siehe Seite F 14

Die Auswahl unter den Bauweisen ist groß. Die folgende Beschreibung der gängigsten Bauweisen informiert Sie über einige wichtige Unterscheidungsmerkmale und Beurteilungskriterien, damit Sie im Einzelfall detaillierte Informationen einholen können.

Massivbauweise

Zur Massivbauweise werden unter anderem gezählt:

- die sogenannte Stein-auf-Stein-Bauweise, also sämtliche Mauerwerksbauten aus Hochlochziegel, Kalksandstein, Porenbeton oder Leichtbetonblöcken (vorwiegend Bims, Blähton),
- die Betonbauweise,
- vorgefertigte Bauteile beziehungsweise Bauelemente aus Ziegel, Porenbeton und anderen Materialien.

Massivhaus/Rohbau

Wandstärke

Beim Mauerwerksbau gibt es erhebliche Unterschiede zwischen den genannten Wandbausteinen. Achten Sie deshalb nicht nur auf den Preis, sondern vergleichen Sie den Wärme- und Schallschutz dieser Wände. Ziehen Sie zum Vergleich auch die Angaben über die jeweilige Wandstärke hinzu. Große Steinformate, vorgefertigte Stürze und Deckenelemente bieten darüber hinaus die Möglichkeit, die Rohbauzeit zu verkürzen und damit Baukosten einzusparen.

Die Decken von Mauerwerksbauten bestehen in der Regel aus vorgefertigten Betonplatten, Ziegelfertigteildecken, Einhängedecken für Ziegel oder Betondeckensteinen oder werden vor Ort in Beton gegossen. Die Dächer sind in der Regel konventionell aus einem Holzdachstuhl mit verschiedenen Unterdachkonstruktionen errichtet, seltener aus vorgefertigten Beton- oder Leichtbetonelementen oder gedämmten Holzwerkstoffelementen.

Beton

Seit einigen Jahren wird auch im Wohnungsbau immer mehr Beton verarbeitet. Vorgefertigte Wand-, Decken- oder Dachelemente in Leicht- oder Schwerbeton werden auf die Baustelle gebracht und dort montiert. Um das Gewicht und damit das Transportproblem zu verringern, werden inzwischen auch zweischalige Wandelemente aus Beton mit freigelassenen Hohlräumen eingesetzt. Erst auf der Baustelle werden sie mit Beton vergossen und bilden dann eine fugenlose Hülle. Die relativ neuen Schalungsstein-Systeme werden als Beton-Mantelbauweise bezeichnet. Diese wärmedämmenden Schalungssteine (zum Beispiel aus Polystyrol, Holzspänen oder Leichtbeton mit zusätzlicher Wärmedämmung) werden lose mit Nut und Feder gesetzt und anschließend abschnittsweise mit Beton gefüllt.

Holzbau

Beim Holzbau sind die bekanntesten Konstruktionsweisen die:
- Tafelbauweise
- Ständerbauweise
- Blockbauweise

Tafelbauweise

Bei der heute am weitesten verbreiteten Tafelbauweise bildet der Holzrahmen aus Kanthölzern (verstärkt durch rippenartig angeordnete Hölzer) die tragende Konstruktion, die zur Aussteifung beidseitig mit Holzwerkstoffplatten beplankt ist. Die Zwischenräume sind mit Wärmedämmstoffen ausgefüllt. Innenseitig wird die Tafel im Allgemeinen durch eine Dampfbremse sowie durch Span- und Gipsbauplatten geschlossen. Außenseitig wird die Tafel durch Holzwerkstoffplatten geschlossen und mit Putz oder einem Wärmedämmverbundsystem versehen oder auch verklinkert oder mit Holz verschalt. Die Holztafelbauweise wurde entwickelt, um ein Fertighaus in Serie produzieren zu können. Je nach System werden Wand-, Decken-, und häufig auch Dachtafeln komplett vorgefertigt und auf der Baustelle in kürzester Zeit zusammengesetzt. Die Wandelemente sind bereits mit Fenstern, Türen, Rollladenkästen und Installationen versehen.

Holzhaus

Ständerbauweise

Im Unterschied zur Tafelbauweise wird bei der Ständerbauweise, auch Holzskelettbauweise genannt, die Last des Hauses nicht von der kompletten Wand getragen, sondern von der Ständerkonstruktion. Senkrechte Stützen, die in breitem Abstand voneinander stehen und sich auch über mehrere Geschosse erstrecken können, ergeben zusammen mit den waagerechten Trägern eine großflächige Gitterkonstruktion, ein Gerüst, das sämtliche Lasten trägt. Für die Stützen und die Träger werden meistens Brettschichthölzer oder Leimbinder verwendet. Da die Innen- und Außenbekleidungen keine tragende Funktion haben, können Trennwände überall erstellt und wieder entfernt werden. Damit sind bei dieser

Konstruktionsweise variable und flexible Grundrissgestaltungen möglich. Auch die Verkleidung der Außenwand ist flexibel. Sie kann verglast, ausgemauert, gedämmt und verputzt oder verklinkert werden. Stützen und Träger können sichtbar bleiben. Die Vorfertigung beschränkt sich bei dieser Bauweise häufig auf Ständer und Träger.

Blockbauweise

Charakteristisch für Häuser in Blockbauweise sind die Außenwände aus horizontal geschichteten massiven Blockbalken aus Nadelhölzern. An den Hausecken oder beim Stoß mit den Zwischenwänden verzahnen oder überlappen sich die Balken. Zugesägt und nummeriert werden diese Kanthölzer auch als Bausatz für Selbstbauhäuser angeboten. Neben diesen eher seltenen einschaligen Vollholzkonstruktionen gibt es mehrschichtige Wandaufbauten mit Kern- oder Innendämmung. Zum Blockbau wird auch der Bohlenbau gerechnet, eine Mischkonstruktion aus horizontal geschichteten Bohlen (dicke Bretter mit Nut- und Federverbindungen) und senkrechten Stützen. Diese Wände werden mit Dämmung, Dampfbremse und Innenverkleidung vorgefertigt zur Baustelle geliefert. Der Übergang zu den Holzständer- und Holztafelbauweisen ist hierbei fließend.

Bohlenbau

Die Decken sind bei der Holzbauweise in der Regel aus Holz. Je nachdem wie aufwändig und konstruktiv durchdacht der Deckenaufbau ausgebildet ist, umso besser ist der Schallschutz. Für das Dach werden ebenfalls Holzdachstühle mit unterschiedlichen Unterdachkonstruktionen und Wärmedämmweisen verwendet. Aber auch hierfür werden inzwischen Dachplatten beziehungsweise -elemente vorgefertigt.

Neben diesen vorgestellten Wandaufbauten gibt es natürlich eine Vielzahl von Mischkonstruktionen beim Holzbau, ebenso wie inzwischen auch Holz- und gemauerte oder betonierte Massivbauweisen miteinander kombiniert werden.

Qualitative Beurteilung

Zur Beurteilung der baulichen Qualität eines Hauses müssen alle baurelevanten Faktoren wie die Planung, die Konstruktion, die verwendeten Baustoffe und die Bauausführung hinzugezogen werden. Denn die Hauptbaustoffe Holz, Ziegel oder Beton sagen zunächst nichts über die Qualität eines Hauses und über seine Lebensdauer aus, allenfalls über das Raumklima – allerdings auch nur dann, wenn die Ausbaumaterialien mitberücksichtigt werden.

Lebensdauer

Gern wird behauptet, dass Holzhäuser nicht die gleiche „Lebenserwartung" haben wie Stein-auf-Stein errichtete Häuser. Für die Lebensdauer eines Holzhauses ist – wie beim Massivhaus – die ausreichende Standsicherheit ein wesentliches Kriterium. Die tragende Holzkonstruktion muss den statischen Erfordernissen entsprechen und nach den Regeln der Technik errichtet sein. Für eine langfristige Nutzung ist beim Holzhaus entscheidend, ob, in welchem Umfang und wie lange die Holzkonstruktion von Feuchtigkeit beansprucht wird und ob Feuchteschäden auftreten können. Wenn den Anforderungen des konstruktiven Holzschutzes Rechnung getragen wird, indem trockenes Holz (Feuchtegehalt unter 20 Prozent) verbaut, breite Dachüberstände und hinterlüftete Außenwandkonstruktionen gewählt und horizontale Sperrschichten, wie zum

Beispiel Folien, eingebaut werden, wird die Zerstörung durch Feuchtigkeit verhindert und Schädlingen keine Lebensgrundlage geboten.

Sichtbare Unterschiede zwischen Holzbau- und Massivbauwänden finden sich bei den Wandstärken: Bei gleicher Wärmedämmfähigkeit haben Holzwände geringere Querschnitte und sind damit in der Regel „raumsparender" als massive, gemauerte Außenwände. Dies kommt besonders auf kleinen Grundstücken der Wohnfläche zugute.

3.4 Ausbaustufen

Formular siehe Seite F 15

Für die einzelnen Ausbaustufen wie „bezugsfertig", „schlüsselfertig", „Rohbauhaus", „Ausbauhaus" gibt es keine einheitlichen Definitionen. Das macht es mitunter sehr schwer, den konkreten Leistungsumfang des Auftragnehmers zu bewerten. Die folgenden Beschreibungen sind deshalb unter entsprechendem Vorbehalt zu lesen. Sie geben das wieder, was üblicherweise unter den Begriffen verstanden wird. Notwendig ist es deshalb, dass Sie möglichst genaue Absprachen diesbezüglich mit dem potenziellen Auftragnehmer treffen.

Bezugsfertige oder schlüsselfertige Häuser

An bezugsfertigen (schlüsselfertigen) Häusern müssen sämtliche Roh- und Innenausbauarbeiten ausgeführt sein, sodass Sie nach Fertigstellung und Abnahme einziehen können. Als bezugsfertig werden aber auch Häuser ohne „Finish" angeboten, also ohne abschließende Arbeiten. Fliesen legen, Malerarbeiten oder Bodenbelagsarbeiten müssen dann noch von Ihnen entweder als Eigenleistung ausgeführt oder gesondert in Auftrag gegeben (und bezahlt!) werden.

Teilbezugsfertig sind Häuser, bei denen (meistens im Erdgeschoss) bereits eine komplette Wohnung bezogen werden kann, während ein anderer Teil (in der Regel das Dachgeschoss) noch ausgebaut werden muss. Das heißt in diesem Fall: Das Dach muss noch gedämmt und sein gesamter Innenausbau ausgeführt werden, angefangen von der Innenverkleidung über Innenwände und Türen bis hin zur Estrichlegung. Sollen Bad oder Küche im Dachgeschoss eingebaut werden, so führen allenfalls Leerrohre oder Steigleitungen ins Obergeschoss. Sämtliche Installationen müssen dort also noch verlegt werden. Zur Vermeidung von Wärmeverlusten sollte die Dämmung möglichst zeitnah ausgeführt werden, auch wenn der Einbau einer zweiten Wohnung oder weiterer Wohnräume im Dachgeschoss erst Monate oder gar Jahre später erfolgt. Gerade bei besonders energiesparenden Gebäuden oder bei Passivhäusern ist dies auch für die Förderung entscheidend. Die Geschosstreppe allerdings sollte bereits im Festpreis enthalten sein, da ein späterer Einbau mit erheblichem Zusatzaufwand und -kosten verbunden ist.

Rohbauhaus

Als Rohbauhaus wird in der Regel der Rohbau mit Dachstuhl, Unterdach, Dacheindeckung und Klempnerarbeiten angeboten, jedoch ohne Wärmedämmung des Dachs (und zum Teil auch der Außenwand). Die nicht tragenden Innenwände können fehlen, Innentreppen, Fenster, Türen und sämtliche Installationen sind nicht enthalten.

Ausbauhäuser

In Ausbauhäusern sind im Vergleich zu Rohbauhäusern weitere Bauleistungen enthalten. Die Errichtung eines Ausbauhauses umfasst in der Regel die Tragkonstruktion sowie die wetterfeste und abschließbare Gebäudehülle, das heißt die Außenwände inklusive Wärmedämmung, mit oder ohne Putz, eingesetzte Fenster und ein geschlossenes Dach. Installationen werden teilweise als zusätzlich zu erwerbende Ausbaupakete angeboten.

Selbstbau- und Bausatzhäuser

Für die Selbstbau- beziehungsweise Bausatzhäuser gibt es wahlweise Rohbausätze in Holzblockbauweise, mit Steinformaten (Porenbetonsteine, Kalksandsteine, Ziegel usw.) oder Schalungssystemen (aus Polystyrol, Holzspan, Bims), die mit Beton ausgegossen werden. Zusätzliche Ausbausätze für den Innenausbau und die Fertigstellung des Hauses (auch: Komplettbausätze) vervollständigen das Angebot.

Ausbausätze

Hinweis: Was die Angabe „schlüsselfertig" für das Wunschhaus tatsächlich bedeutet, muss in jedem einzelnen Fall aus dem Vertrag und der entsprechenden Baubeschreibung heraus neu definiert werden.

Das Oberlandesgericht Nürnberg hat den Begriff „schlüsselfertig" folgendermaßen definiert: Nach dem allgemeinen Sprachgebrauch verstehe man darunter, dass der Käufer sein Haus aufschließen und die Möbel hineinstellen kann. Dazu müssen die Wände tapeziert oder gestrichen sein. Die Baufirma könne zum Beispiel die Malerarbeiten nur dann weglassen, wenn sie dies ausdrücklich im Vertrag vereinbart habe. (Urteil des Oberlandesgerichts Nürnberg vom 11.02.1999, Az. 2 U 3110/98)

3.5 Unterkellerung

Formular siehe Seite F 15

Bodenplatte

Für viele schlüsselfertige, aber auch für Ausbau- und Selbstbauhäuser gilt der vereinbarte Festpreis „ab Oberkante Kellerdecke". Das heißt, das Haus wird weder mit Bodenplatte noch mit Keller angeboten. Sie als Hauskäufer müssen diese Bauleistung entweder separat in Auftrag geben oder selbst erbringen („bauseits erstellen").

Es werden auch Häuser wahlweise mit Keller oder mit einer Bodenplatte angeboten.

Vorgesehene Nutzung klären

Soll ein Keller gebaut werden, ist es wichtig, dessen vorgesehene Nutzung rechtzeitig zu klären. Das hat weitgehende Folgen für die Baukosten des Kellers und das erforderliche Energiekonzept. Auch die notwendige Abdichtung des Kellers gegen eindringende Feuchtigkeit hat erheblichen Einfluss auf die Baukosten.

Immer wieder viel und kontrovers diskutiert ist der Verzicht auf den Keller in Bezug auf Baukosteneinsparungen. Tatsächlich fallen für den Kellerbau entsprechende Kosten an. Andererseits werden diese Kosten oft übertrieben dargestellt. Auf kleinen Grundstücken ist für viele Familien der Keller als zusätzliche Wohnfläche erforderlich. In vielen Regionen

Deutschlands ist zudem der Wiederverkaufswert eines Hauses ohne Keller erheblich niedriger als bei einem ähnlichen mit Keller.

Deshalb sollte jeder gut überlegen, ob ein Keller für ihn notwendig ist und wie hoch die Kosteneinsparung durch einen Verzicht tatsächlich ist. Natürlich ist auch bei einem nicht unterkellerten Haus eine Bodenplatte erforderlich. Es ist zudem gegenzurechnen, welcher Ersatzraum, zum Beispiel innerhalb des Hauses mit wesentlich höheren Quadratmeterpreisen, zu realisieren ist. Allerdings kann man bei Verzicht auf den Keller Ersatzräume, auch außerhalb des Hauses zum Beispiel in einem Gartenhaus, schaffen und so 15.000 bis 30.000 Euro sparen.

3.6 Dach

Formular siehe Seite F 16

Die gebräuchlichsten Dachformen sind das Satteldach, das Walmdach, das Pultdach, das Krüppelwalmdach, das Mansarddach und das Zeltdach.

Dachformen

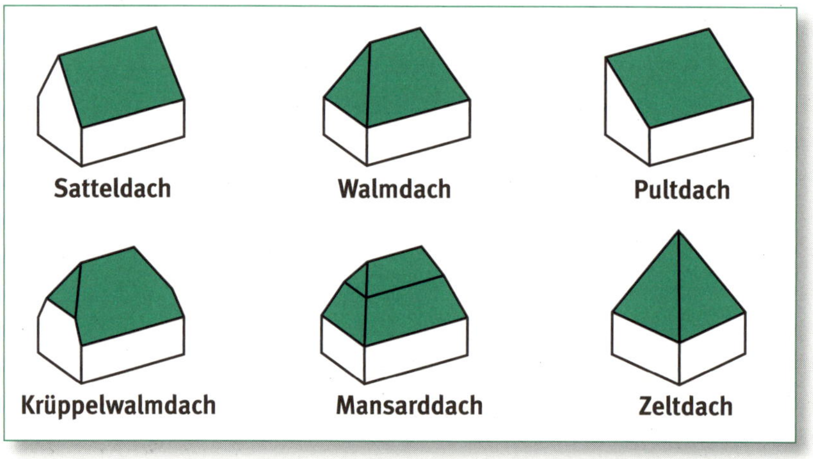

Der Drempel oder Kniestock ist der über die Decke des obersten Geschosses hinausragende Teil der Außenwände eines Hauses, an den sich die Dachschräge anschließt. Sein Vorteil liegt in der besseren Ausnutzung des Dachraumes, vor allem bei geringer Dachneigung.

Deshalb sollte bei der Beurteilung der Drempelhöhe (zum Beispiel einer ausreichenden Kopffreiheit unter der Dachschräge) in jedem Fall das Fertigmaß – inklusive Fußbodenaufbau – herangezogen werden. Das Drempelmaß sollte in der Schnittzeichnung eingezeichnet sein.

Dachneigung

Wenn es Ihnen um Kostenminimierung geht, sollten Sie einfache Dachformen wählen. Ein Krüppelwalm sieht zwar für manchen reizvoll aus, führt aber zu Mehrkosten. Einfache Formen sind preiswerter als Sonderformen. Je steiler die Dachneigung, desto teurer wird es. Allerdings ist bei auszubauenden Dächern eine Neigung von 48 Grad besser als 38 Grad, da der Ausbau wirtschaftlicher ist.

Auf die generelle Möglichkeit eines Dachausbaus sollten Sie nicht verzichten. Dadurch können zumindest später eine Einliegerwohnung oder zusätzliche Räume bei Familienzuwachs eingebaut werden.

Gauben

Gauben sollten Sie nur dann wählen, wenn es die Nutzung der Räume unbedingt erfordert, ansonsten bieten Dachflächenfenster eine kostengünstigere Art der Belichtung und Lüftung. Bei einer Ausrichtung nach Süden oder Westen sollten Sie allerdings unbedingt außenliegende Beschattungseinrichtungen an Dachflächenfenstern vorsehen.

Flachdach

Bei Flachdächern sollten Sie die Außenentwässerung statt der doppelt so teuren Innenentwässerung wählen.

Witterungsschutz durch Dachüberstände

Dachüberstände gewähren Außenwänden, Fenstern und Türen einen Witterungsschutz. Für die Innenräume bringt ein angemessener Dachüberstand im Sommer einen Sonnenschutz. Die tief stehende Wintersonne kann dagegen weiterhin einstrahlen.

Tipp: *Meist enthält der Bebauungsplan Vorgaben zur Drempel- oder zur Firsthöhe sowie zur Dachneigung. Ein frühzeitiger Blick in den Plan (im Bauamt der Gemeinde einsehbar) verhindert, dass die Hausauswahl später möglicherweise revidiert werden muss. Beim Bau auf dem eigenem Grundstück soll der Unternehmer die Übereinstimmung seines Hausangebotes mit dem Bebauungsplan schriftlich bestätigen.*

Dacheindeckung – Dachtopographie

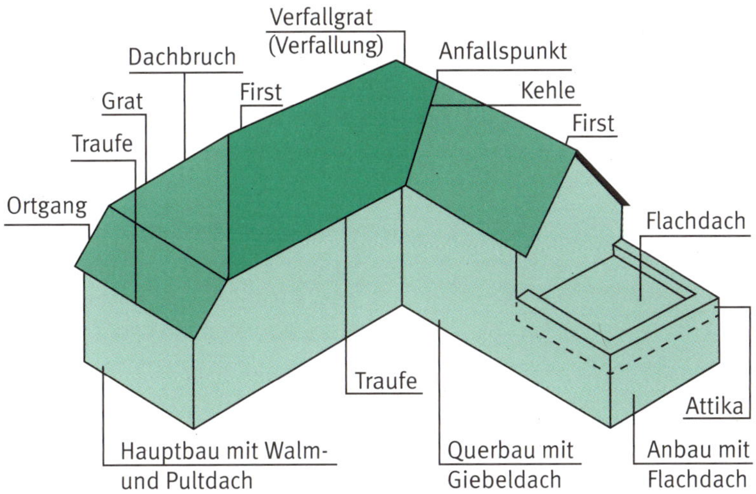

First, Ortgang, aus CD-ROM »Bauteile & ökologische Bauadressen« hrsg. von Oikos-Verlag

3.7 Größenangaben

Formular siehe Seite F 16

Flächenberechnung

Den Flächenberechnungen der Anbieter liegen oft unterschiedliche Berechnungsverfahren zugrunde, wodurch dem Bauherrn der Vergleich erheblich erschwert wird. Genaue Quadratmeterangaben sind aber wichtig, da Sie nur mit dem Preis pro Quadratmeter Wohnfläche die Kosten für Ihr Haus einschätzen können.

DIN 277 und Wohnflächenverordnung

Die beiden gebräuchlichsten Verfahren sind die Berechnung der Nutz-, Funktions- und Verkehrsflächen nach DIN 277 „Grundflächen und Rauminhalte von Bauwerken im Hochbau" und die Berechnung der Wohnfläche nach der Wohnflächenverordnung (WoFlV) (früher: Verordnung über wohnungswirtschaftliche Berechnungen – II. Berechnungsverordnung).

Beide Berechnungsarten ermitteln die Grundfläche. Sie wird nach der DIN 277 in Nutz-, Verkehrs- oder Funktionsflächen aufgeteilt. Nach der Wohnflächenverordnung werden die Grundflächen der einzelnen Räume hinsichtlich der Wohnnutzung bewertet. So werden Balkon-Grundflächen nach der DIN 277 zu einhundert Prozent in die Nutzfläche eingerechnet, während sie nach der Wohnflächenverordnung nur zu einem Viertel als Wohnfläche Berücksichtigung finden. Unterschiedliche Zuordnungen und Bewertungen gibt es auch bei Dachschrägen und bei Vorratsräumen im Kellergeschoss, sodass ein und dasselbe Haus nach den beiden Berechnungsarten unterschiedlich groß ist.

Die Flächenangaben sollten daher mit einem konkreten Wert angegeben werden (keine Circa-Angabe). Diese zugesicherten Flächen müssen später stimmen. Sollte Ihr Haus kleiner werden, können Sie Schadensersatz verlangen. Terrassenflächen sollten übrigens nicht mit einkalkuliert werden, da die Erstellungskosten sehr gering sind.

> ***Tipp:*** *Zwischen DIN 277 und Wohnflächenverordnung gibt es gravierende Unterschiede. Deshalb können diese Angaben nicht miteinander verglichen werden. Da bei der Inanspruchnahme öffentlicher Fördermittel die Wohnflächenverordnung zugrunde gelegt wird, sollten Sie vom Hausanbieter oder Architekten die Berechnung auf dieser Grundlage fordern.*

Gebäudenutzfläche der Energieeinsparverordnung

Allen Berechnungen der Energieeinsparverordnung liegt der Begriff einer fiktiven „Gebäudenutzfläche" zugrunde, der mit der Nutzfläche nach DIN 277 nichts zu tun hat. Diese Gebäudenutzfläche errechnet sich bei den meisten Wohngebäuden aus dem beheizten Gebäudevolumen, multipliziert mit 0,32. Die Gebäudenutzfläche A_N wird im Energieausweis angegeben.

Lichte Raumhöhe

Die lichte Raumhöhe gibt die unterste Höhe an, die an jeder Stelle des Raumes mindestens nutzbar ist. Wenn die Raumhöhe als Fertigmaß angegeben wird, dann heißt das immer, dass ab der Oberkante des fertigen Fußbodens bis zur Unterkante der fertigen Decke gemessen wird.

Tipp: *Die Wohnfläche ist eine gute Basisgröße, um den Preis des Hauses zu bewerten. Dazu werden alle Gebäudekosten bei schlüsselfertigen Häusern durch die Wohnfläche geteilt. Bei einem Preis von rund 1.200 Euro pro Quadratmeter und weniger spricht man vom „Kostensparenden Bauen“.*

3.8 Barrierefreies Bauen

Formular siehe Seite F 17

Durch den demografischen Wandel in unserer Gesellschaft wird der Anteil der Menschen, die 60 Jahre und älter sind, in den nächsten Jahren stark anwachsen. Wichtig ist, dass dann die Wohnungen für ein Leben mit Mobilitätseinschränkungen gestaltet sind. Ein Haus sollte den Bedürfnissen seiner Bewohner in jeder Lebensphase gerecht werden. Eine vorausschauende Planung macht im Alter oder bei eintretender Behinderung nachträgliche, teure und aufwändige Umbauten überflüssig. Sie ist die Grundvoraussetzung, um die Unabhängigkeit und Selbstständigkeit in den eigenen vier Wänden bis ins hohe Alter zu sichern.

Barrierefreier Zugang

Neue Wohnungen müssen den Forderungen der Länderbauordnungen entsprechen. Der barrierefreie Zugang zu den Wohnungen im Erdgeschoss wird mittlerweile von fast allen Länderbauordnungen gefordert. Ein Aufzug zur Realisierung des barrierefreien Zuganges zu den Wohnungen in den Obergeschossen wird erst ab dem vierten Geschoss erforderlich. Stell- und Bewegungsflächen in Bad, WC und Küche können nach DIN 18022 geplant werden, auch wenn diese Norm im Jahr 2007 zurückgezogen wurde.

Normen zum barrierefreien Bauen

Die Forderungen des barrierefreien Bauens sind in folgenden Normen enthalten:

- DIN 18040-1 Barrierefreies Bauen – Planungsgrundlagen – Teil 1: Öffentlich zugängliche Gebäude Ausgabe: 2010-10
- DIN 18040-2 Barrierefreies Bauen – Planungsgrundlagen – Teil 2: Wohnungen Ausgabe: 2011-09
- DIN 18024-1 Straßen, Plätze, Wege, öffentliche Verkehrs- und Grünanlagen, Spielplätze sowie deren Zugänge Ausgabe: 1998-01

Die DIN 18040-2 ersetzt die DIN 18025-1 und 2. Sie gilt für die barrierefreie Planung, Ausführung und Ausstattung von Wohnungen, Gebäuden mit Wohnungen und deren Außenanlagen, die der Erschließung und wohnbezogenen Nutzung dienen. Die Anforderungen an die Infrastruktur der Gebäude mit Wohnungen berücksichtigen grundsätzlich auch die uneingeschränkte Nutzung mit dem Rollstuhl. Innerhalb von Wohnungen wird unterschieden zwischen „barrierefrei nutzbaren Wohnungen“ und „barrierefrei und uneingeschränkt mit dem Rollstuhl nutzbaren“ Wohnungen.

Neu aufgenommen wurden sensorische Anforderungen. Ziel dieser Normen ist es, durch die barrierefreie Gestaltung des gebauten Lebensraums weitgehend allen Menschen seine Benutzung in der allgemein üblichen Weise, ohne besondere Erschwernis und grundsätzlich ohne fremde Hilfe zu ermöglichen. Sie stellt dar, unter welchen technischen Voraussetzungen Gebäude und bauliche Anlagen barrierefrei sind.

Die Norm berücksichtigt die Bedürfnisse von Menschen mit Seh- oder Hörbehinderung oder motorischen Einschränkungen sowie von Personen, die Mobilitätshilfen und Rollstühle benutzen. Auch für andere Personengruppen, wie zum Beispiel groß- und kleinwüchsige Personen, Personen mit kognitiven Einschränkungen, ältere Menschen, Kinder sowie Personen mit Kinderwagen oder Gepäck führen einige Anforderungen dieser Norm zu einer Nutzungserleichterung.

3.9 Wärmeschutz

Formular siehe Seite F 17

Die energetischen Anforderungen an Gebäude findet man in der Energieeinsparverordnung (EnEV). Die EnEV 2009 verlangt gegenüber der EnEV 2007 eine um etwa 30 Prozent energiesparendere Bauausführung. In den folgenden Jahren sollen die Anforderungen stufenweise weiter verschärft werden, bis im Jahr 2020 ein „Niedrigstenergiehaus“ genannter Standard erreicht ist. Vor diesem Hintergrund können Sie als Bauherr zwischen zwei unterschiedlichen Strategien wählen:

- Sie können Ihr Vorhaben vor der nächsten Verschärfung der EnEV realisieren, um jede mögliche Verteuerung zu vermeiden.
- Sie können heute bereits nach künftigem Standard bauen, um einem möglichen Wertverlust infolge Veraltens des Energiestandards vorzubeugen. Der Standard „Niedrigstenergiehaus“ ist heute schon technisch realisierbar. Die Mehrkosten sind beim Neubau überschaubar, während eine nachträgliche Verbesserung des Energiestandards sehr aufwändig wäre.

Im EnEV-Nachweis ist zu zeigen, dass der jährliche „Primärenergiebedarf“ des Neubaus für Heizung, Lüftung, Warmwasserbereitung und gegebenenfalls Kühlung einen Grenzwert nicht überschreitet.

Dieser Grenzwert ist definiert als der Primärenergiebedarf eines fiktiven „Referenzgebäudes“. Das Referenzgebäude gleicht äußerlich dem Neubau. Bauteile und Anlagentechnik entsprechen jedoch einem in Anlage 1 der EnEV vorgegebenen Mindeststandard.

Zusätzlich muss der „spezifische Transmissionswärmeverlust“, der den Dämmstandard der Gebäudehülle wiedergibt, einen in Anlage 1 der EnEV vorgegebenen Grenzwert einhalten.

Die EnEV finden Sie unter:
http://bundesrecht.juris.de/enev_2007/index.htm

Der Wärmedurchgangskoeffizient (U-Wert) gibt die Wärmemenge an, die durch einen Quadratmeter eines Bauteils hindurchfließt, wenn die Temperaturdifferenz der angrenzenden Luftschichten 1 Grad beträgt. Je kleiner der U-Wert (früher k-Wert), desto besser die Dämmung eines Bauteils. Nach neuer Norm werden auch Fugen bei Plattenwerkstoffen berücksichtigt sowie Gefälledämmschichten, Luftschichten, mechanische Befestigungsmittel, Oberflächenstruktur innen und von Luft angeströmte Außenwände. Nicht berücksichtigt wird hierbei die Wärmespeicherfähigkeit des Bauteils bei Sonneneinstrahlung. Als einziges Kriterium zur Beurteilung einer Konstruktion ist der U-Wert (k-Wert) wegen seiner Einseitigkeit nicht geeignet.

Energieausweis für Neubauten

Um den Energiebedarf eines noch nicht gebauten Hauses zu beurteilen, berechnet ihn der Planer unter der Annahme standardisierter Nutzungsbedingungen. Die wichtigsten Daten aus diesen Berechnungen werden im Energieausweis festgehalten. Dessen Zweck ist die Information des Käufers über den zu erwartenden Energiebedarf, ohne dass er sich als Laie in die komplizierte Berechnung einarbeiten müsste. Der Energieausweis ist bei der Beurteilung eines Hauses beziehungsweise für den Vergleich verschiedener Angebote hilfreich.

Tipp: *Lassen Sie sich für Ihren Neubau den gesetzlich geforderten Energieausweis (und nicht irgendeinen „Energiepass“) auf jeden Fall vor Vertragsabschluss aushändigen: Er gehört zu einem ordentlichen Angebot dazu, denn er soll Ihnen den Vergleich mit anderen Hausangeboten ermöglichen. Oft erhalten Hauskäufer den Energieausweis allerdings – wenn überhaupt – erst nach Vertragsabschluss. Wird das Haus vom Bauträger errichtet oder befindet es sich in fortgeschrittener Planung oder im Bau, dann ist auch bereits der Energiebedarf berechnet.*

ENERGIEAUSWEIS für Wohngebäude

gemäß den §§ 16 ff. Energieeinsparverordnung (EnEV)

Gültig bis: 1

Gebäude

Gebäudetyp		Gebäudefoto (freiwillig)
Adresse		
Gebäudeteil		
Baujahr Gebäude		
Baujahr Anlagentechnik[1])		
Anzahl Wohnungen		
Gebäudenutzfläche (A_N)		
Erneuerbare Energien		
Lüftung		
Anlass der Ausstellung des Energieausweises	□ Neubau □ Vermietung / Verkauf □ Modernisierung (Änderung / Erweiterung)	□ Sonstiges (freiwillig)

Hinweise zu den Angaben über die energetische Qualität des Gebäudes

Die energetische Qualität eines Gebäudes kann durch die Berechnung des **Energiebedarfs** unter standardisierten Randbedingungen oder durch die Auswertung des **Energieverbrauchs** ermittelt werden. Als Bezugsfläche dient die energetische Gebäudenutzfläche nach der EnEV, die sich in der Regel von den allgemeinen Wohnflächenangaben unterscheidet. Die angegebenen Vergleichswerte sollen überschlägige Vergleiche ermöglichen (**Erläuterungen – siehe Seite 4**).

□ Der Energieausweis wurde auf der Grundlage von Berechnungen des **Energiebedarfs** erstellt. Die Ergebnisse sind auf **Seite 2** dargestellt. Zusätzliche Informationen zum Verbrauch sind freiwillig.

□ Der Energieausweis wurde auf der Grundlage von Auswertungen des **Energieverbrauchs** erstellt. Die Ergebnisse sind auf **Seite 3** dargestellt.

Datenerhebung Bedarf/Verbrauch durch □ Eigentümer □ Aussteller

□ Dem Energieausweis sind zusätzliche Informationen zur energetischen Qualität beigefügt (freiwillige Angabe).

Hinweise zur Verwendung des Energieausweises

Der Energieausweis dient lediglich der Information. Die Angaben im Energieausweis beziehen sich auf das gesamte Wohngebäude oder den oben bezeichneten Gebäudeteil. Der Energieausweis ist lediglich dafür gedacht, einen überschlägigen Vergleich von Gebäuden zu ermöglichen.

Aussteller

Datum .... Unterschrift des Ausstellers ....

[1]) Mehrfachangaben möglich

ENERGIEAUSWEIS für Wohngebäude

gemäß den §§ 16 ff. Energieeinsparverordnung (EnEV)

Berechneter Energiebedarf des Gebäudes

Adresse, Gebäudeteil

2

Energiebedarf

CO_2-Emissionen [1] kg/(m²·a)

Endenergiebedarf dieses Gebäudes

kWh/(m²·a)

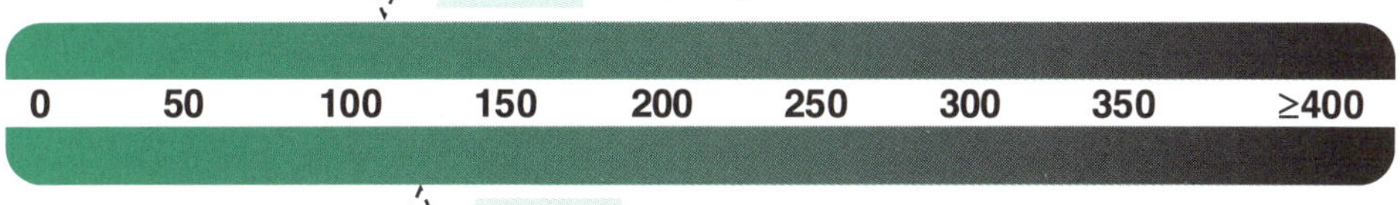

kWh/(m²·a)

Primärenergiebedarf dieses Gebäudes („Gesamtenergieeffizienz")

Anforderungen gemäß EnEV [2]

Primärenergiebedarf

Ist-Wert kWh/(m²·a) Anforderungswert kWh/(m²·a)

Energetische Qualität der Gebäudehülle H'_T

Ist-Wert W/(m²·K) Anforderungswert W/(m²·K)

Sommerlicher Wärmeschutz (bei Neubau) ☐ eingehalten

Für Energiebedarfsberechnungen verwendetes Verfahren

☐ Verfahren nach DIN V 4108-6 und DIN V 4701-10

☐ Verfahren nach DIN V 18599

☐ Vereinfachungen nach § 9 Abs. 2 EnEV

Endenergiebedarf

Energieträger	Jährlicher Endenergiebedarf in kWh/(m²·a) für			Gesamt in kWh/(m²·a)
	Heizung	Warmwasser	Hilfsgeräte [4]	

Ersatzmaßnahmen [3]

Anforderungen nach § 7 Nr. 2 EEWärmeG

☐ Die um 15 % verschärften Anforderungswerte sind eingehalten.

Anforderungen nach § 7 Nr. 2 i. V. m. § 8 EEWärmeG

Die Anforderungswerte der EnEV sind um % verschärft.

Primärenergiebedarf

Verschärfter Anforderungswert: kWh/(m²·a).

Transmissionswärmeverlust H'_T

Verschärfter Anforderungswert: W/(m²·K).

Vergleichswerte Endenergiebedarf

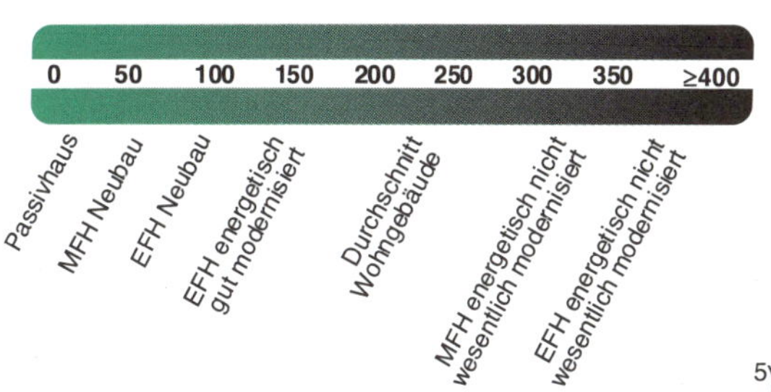

Erläuterungen zum Berechnungsverfahren

Die Energieeinsparverordnung lässt für die Berechnung des Energiebedarfs zwei alternative Berechnungsverfahren zu, die im Einzelfall zu unterschiedlichen Ergebnissen führen können. Insbesondere wegen standardisierter Randbedingungen erlauben die angegebenen Werte keine Rückschlüsse auf den tatsächlichen Energieverbrauch. Die ausgewiesenen Bedarfswerte sind spezifische Werte nach der EnEV pro Quadratmeter Gebäudenutzfläche (A_N).

1) freiwillige Angabe
2) bei Neubau sowie bei Modernisierung im Falle des § 16 Abs. 1 Satz 2 EnEV
3) nur bei Neubau im Falle der Anwendung von § 7 Nr. 2 Erneuerbare-Energien-Wärmegesetz
4) ggf. einschließlich Kühlung
5) EFH: Einfamilienhäuser, MFH: Mehrfamilienhäuser

ENERGIEAUSWEIS für Wohngebäude

gemäß den §§ 16 ff. Energieeinsparverordnung (EnEV)

Erfasster Energieverbrauch des Gebäudes

Adresse Gebäudeteil

3

Energieverbrauchskennwert

Dieses Gebäude:

kWh/(m²·a)

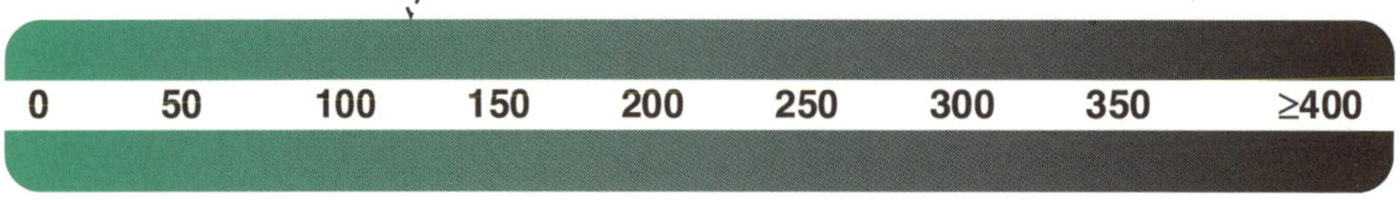

Energieverbrauch für Warmwasser: ☐ enthalten ☐ nicht enthalten

☐ Das Gebäude wird auch gekühlt; der typische Energieverbrauch für Kühlung beträgt bei zeitgemäßen Geräten etwa 6 kWh je m² Gebäudenutzfläche und Jahr und ist im Energieverbrauchskennwert nicht enthalten.

Verbrauchserfassung – Heizung und Warmwasser

Energieträger	Zeitraum		Energieverbrauch [kWh]	Anteil Warmwasser [kWh]	Klimafaktor	Energieverbrauchskennwert in kWh/(m²·a) (zeitlich bereinigt, klimabereinigt)		
	von	bis				Heizung	Warmwasser	Kennwert
							Durchschnitt	

Vergleichswerte Endenergiebedarf

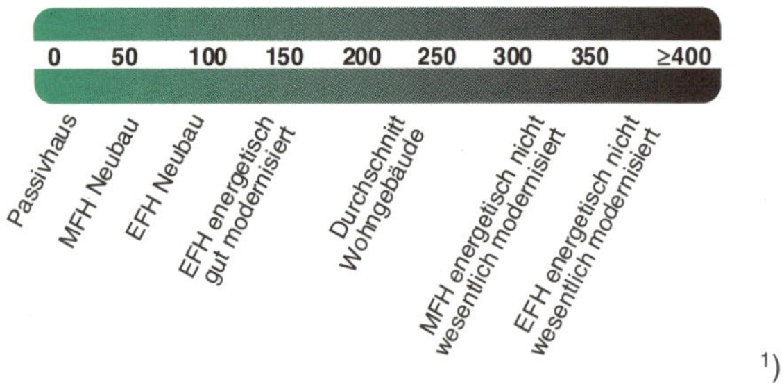

Die modellhaft ermittelten Vergleichswerte beziehen sich auf Gebäude, in denen die Wärme für Heizung und Warmwasser durch Heizkessel im Gebäude bereitgestellt wird.

Soll ein Energieverbrauchskennwert verglichen werden, der keinen Warmwasseranteil enthält, ist zu beachten, dass auf die Warmwasserbereitung je nach Gebäudegröße 20 – 40 kWh/(m²·a) entfallen können.

Soll ein Energieverbrauchskennwert eines mit Fern- oder Nahwärme beheizten Gebäudes verglichen werden, ist zu beachten, dass hier normalerweise ein um 15 – 30 % geringerer Energieverbrauch als bei vergleichbaren Gebäuden mit Kesselheizung zu erwarten ist.

Erläuterungen zum Verfahren

Das Verfahren zur Ermittlung von Energieverbrauchskennwerten ist durch die Energieeinsparverordnung vorgegeben. Die Werte sind spezifische Werte pro Quadratmeter Gebäudenutzfläche (A_N) nach der Energieeinsparverordnung. Der tatsächliche Verbrauch einer Wohnung oder eines Gebäudes weicht insbesondere wegen des Witterungseinflusses und sich ändernden Nutzerverhaltens vom angegebenen Energieverbrauchskennwert ab.

[1]) EFH: Einfamilienhäuser, MFH: Mehrfamilienhäuser

ENERGIEAUSWEIS für Wohngebäude

gemäß den §§ 16 ff. Energieeinsparverordnung (EnEV)

Erläuterungen

4

Energiebedarf – Seite 2
Der Energiebedarf wird in diesem Energieausweis durch den Jahres-Primärenergiebedarf und den Endenergiebedarf dargestellt. Diese Angaben werden rechnerisch ermittelt. Die angegebenen Werte werden auf der Grundlage der Bauunterlagen bzw. gebäudebezogener Daten und unter Annahme von standardisierten Randbedingungen (z. B. standardisierte Klimadaten, definiertes Nutzerverhalten, standardisierte Innentemperatur und innere Wärmegewinne usw.) berechnet. So lässt sich die energetische Qualität des Gebäudes unabhängig vom Nutzerverhalten und der Wetterlage beurteilen. Insbesondere wegen standardisierter Randbedingungen erlauben die angegebenen Werte keine Rückschlüsse auf den tatsächlichen Energieverbrauch.

Primärenergiebedarf – Seite 2
Der Primärenergiebedarf bildet die Gesamtenergieeffizienz eines Gebäudes ab. Er berücksichtigt neben der Endenergie auch die so genannte „Vorkette" (Erkundung, Gewinnung, Verteilung, Umwandlung) der jeweils eingesetzten Energieträger (z. B. Heizöl, Gas, Strom, erneuerbare Energien etc.). Kleine Werte signalisieren einen geringen Bedarf und damit eine hohe Energieeffizienz und eine die Ressourcen und die Umwelt schonende Energienutzung. Zusätzlich können die mit dem Energiebedarf verbundenen CO_2-Emissionen des Gebäudes freiwillig angegeben werden.

Energetische Qualität der Gebäudehülle – Seite 2
Angegeben ist der spezifische, auf die wärmeübertragende Umfassungsfläche bezogene Transmissionswärmeverlust (Formelzeichen in der EnEV H'_T). Er ist ein Maß für die durchschnittliche energetische Qualität aller wärmeübertragenden Umfassungsflächen (Außenwände, Decken, Fenster etc.) eines Gebäudes. Kleine Werte signalisieren einen guten baulichen Wärmeschutz. Außerdem stellt die EnEV Anforderungen an den sommerlichen Wärmeschutz (Schutz vor Überhitzung) eines Gebäudes.

Endenergiebedarf – Seite 2
Der Endenergiebedarf gibt die nach technischen Regeln berechnete, jährlich benötigte Energiemenge für Heizung, Lüftung und Warmwasserbereitung an. Er wird unter Standardklima- und Standardnutzungsbedingungen errechnet und ist ein Maß für die Energieeffizienz eines Gebäudes und seiner Anlagentechnik. Der Endenergiebedarf ist die Energiemenge, die dem Gebäude bei standardisierten Bedingungen unter Berücksichtigung der Energieverluste zugeführt werden muss, damit die standardisierte Innentemperatur, der Warmwasserbedarf und die notwendige Lüftung sichergestellt werden können. Kleine Werte signalisieren einen geringen Bedarf und damit eine hohe Energieeffizienz.
Die Vergleichswerte für den Energiebedarf sind modellhaft ermittelte Werte und sollen Anhaltspunkte für grobe Vergleiche der Werte dieses Gebäudes mit den Vergleichswerten ermöglichen. Es sind ungefähre Bereiche angegeben, in denen die Werte für die einzelnen Vergleichskategorien liegen. Im Einzelfall können diese Werte auch außerhalb der angegebenen Bereiche liegen.

Energieverbrauchskennwert – Seite 3
Der ausgewiesene Energieverbrauchskennwert wird für das Gebäude auf der Basis der Abrechnung von Heiz- und ggf. Warmwasserkosten nach der Heizkostenverordnung und/oder auf Grund anderer geeigneter Verbrauchsdaten ermittelt. Dabei werden die Energieverbrauchsdaten des gesamten Gebäudes und nicht der einzelnen Wohn- oder Nutzeinheiten zugrunde gelegt. Über Klimafaktoren wird der erfasste Energieverbrauch für die Heizung hinsichtlich der konkreten örtlichen Wetterdaten auf einen deutschlandweiten Mittelwert umgerechnet. So führen beispielsweise hohe Verbräuche in einem einzelnen harten Winter nicht zu einer schlechteren Beurteilung des Gebäudes. Der Energieverbrauchskennwert gibt Hinweise auf die energetische Qualität des Gebäudes und seiner Heizungsanlage. Kleine Werte signalisieren einen geringen Verbrauch. Ein Rückschluss auf den künftig zu erwartenden Verbrauch ist jedoch nicht möglich; insbesondere können die Verbrauchsdaten einzelner Wohneinheiten stark differieren, weil sie von deren Lage im Gebäude, von der jeweiligen Nutzung und vom individuellen Verhalten abhängen.

Gemischt genutzte Gebäude
Für Energieausweise bei gemischt genutzten Gebäuden enthält die Energieeinsparverordnung besondere Vorgaben. Danach sind - je nach Fallgestaltung - entweder ein gemeinsamer Energieausweis für alle Nutzungen oder zwei getrennte Energieausweise für Wohnungen und die übrigen Nutzungen auszustellen; dies ist auf Seite 1 der Ausweise erkennbar (ggf. Angabe „Gebäudeteil").

Wie kommen Sie zu den Ergebnissen der Berechnung für Ihr auszuführendes Objekt? Nicht alle Berechnungen, die dem Energieausweis Ihres Objektes zugrunde liegen, sind auch für Sie wichtig. Allerdings sollten Sie zumindest auf einer tabellarischen Gegenüberstellung der Ergebnisse der Berechnung für das auszuführende Objekt zum Referenzobjekt bestehen. Als Muster kann dazu die Tabelle auf den nachfolgenden Seiten E 37 bis E 39 genutzt werden.

Messprotokoll

Die Energieeinsparverordnung schreibt vor, dass die Wärme übertragende Umfassungsfläche nach dem Stand der Technik luftdicht auszuführen ist. Wird dies messtechnisch nachgewiesen, so darf in der Nachweisrechnung ein niedrigerer Erwärmungsaufwand für den Luftaustausch angesetzt werden. Ist bei der Erstellung des Energieausweises eines noch nicht fertiggestellten Hauses der Nachweis zur Berechnung berücksichtigt, muss dieser Nachweis nach Fertigstellung der Luftdichtheitsebene erst noch geführt und bestanden werden. Das Messprotokoll sollte dann dem Energieausweis angefügt werden. (Prüfung der Luftdichtheit siehe auch Kapitel 3.10 auf Seite E 41 ff.)

Hinweis: Wichtigste Kenngrößen sind Jahres-Primärenergiebedarf und Transmissionswärmeverlust. Beide dürfen den jeweils angegebenen Grenzwert nicht überschreiten. Wir empfehlen, auf einen möglichst niedrigen spezifischen Transmissionswärmeverlust besonderen Wert zu legen. Denn er beschreibt die Dämmqualität der Gebäudehülle, die jetzt beim Neubau festgelegt wird und in den kommenden Jahrzehnten unverändert bestehen soll. Eine nachträgliche Verbesserung der Gebäudehülle ist unverhältnismäßig teuer.

Bei der Berechnung des Jahres-Primärenergiebedarfs besteht die Möglichkeit, eine schwache Dämmung (Transmissionswärmeverlust nahe am zulässigen Höchstwert) zum Beispiel durch eine Pelletsheizungsanlage wettzumachen. Dabei sollten Sie allerdings bedenken, dass Anlagentechnik im Vergleich zu Dämmung in der Regel eine deutlich kürzere Lebensdauer hat. Außerdem kann ein gegenüber den Anforderungen der Energieeinsparverordnung (EnEV) verbesserter Wärmeschutz eine Ersatzmaßnahme bei Anforderungen aus dem Erneuerbare-Energien-Wärmegesetz sein (siehe auch auf Seite E 40 und E 41).

Viele Anbieter werben mit „Energiesparhaus". Dieser Begriff ist nicht definiert. Um sich von den gesetzlichen Mindestanforderungen positiv abzuheben, sollte der Jahres-Primärenergiebedarf mindestens um ein Viertel unter dem zulässigen Höchstwert liegen.

KfW-Förderprogramme

Tipp: *KfW-Förderprogramme der Kreditanstalt für Wiederaufbau setzen besonders energiesparende Bauweise oder Heiztechnik voraus. Die Einhaltung dieser erhöhten Anforderung sollten Sie vertraglich vereinbaren. Aktuelle Informationen finden Sie unter* ***www.baufoerderer.de*** *und* ***www.kfw-foerderbank.de****.*

Für Typenhäuser (das sind zum Beispiel Fertighäuser, die ohne Bezug zu einem bestimmten Grundstück geplant wurden) gilt: Solare Gewinne werden bei der Nachweisrechnung so behandelt, als wären alle Fenster nach Osten oder Westen orientiert (siehe auch Energieeinsparverordnung (EnEV)).

Weitere Informationen finden Sie in den Ratgebern der Verbraucherzentralen „Heizung und Warmwasser" und „Wärmedämmung" (erhältlich im Shop: www.vz-ratgeber.de).

Ergebnisse der Berechnung des Jahres-Primärenergiebedarfs

Formular siehe Seite F 90

Gegenüberstellung der Anforderungen des auszuführenden Objekts (vom Anbieter auszufüllen) im Vergleich zur von der EnEV vorgegebenen Ausführung des Referenzgebäudes. Die Tabelle finden Sie auch im Formular auf den Seiten F 90–92.

Zeile / Bauteil / System	Referenzausführung / Wert		Auszuführendes Objekt
	Eigenschaft (zu Zeilen 1.1 bis 3)		
1.1 Außenwand, Geschossdecke gegen Außenluft	Wärmedurchgangskoeffizient	U = 0,28 W / (m² K)	
1.2 Außenwand gegen Erdreich, Bodenplatte, Wände und Decken zu unbeheizten Räumen (außer solche nach Zeile 1.1)	Wärmedurchgangskoeffizient	U = 0,35 W / (m² K)	
1.3 Dach, oberste Geschossdecke, Wände zu Abseiten	Wärmedurchgangskoeffizient	U = 0,20 W / (m² K)	
1.4 Fenster, Fenstertüren	Wärmedurchgangskoeffizient Gesamtenergiedurchlassgrad der Verglasung	U_W = 1,30 W / (m² K) $g_\perp$ = 0,60	

Zeile / Bauteil / System	Referenzausführung / Wert		Auszuführendes Objekt
1.5 Dachflächenfenster	Wärmedurchgangskoeffizient Gesamtenergiedurchlassgrad der Verglasung	U_w = 1,40 W / (m² K) $g_\perp$ = 0,60	
1.6 Lichtkuppeln	Wärmedurchgangskoeffizient Gesamtenergiedurchlassgrad der Verglasung	U_w = 2,70 W / (m² K) $g_\perp$ = 0,64	
1.7 Außentüren	Wärmedurchgangskoeffizient	U = 1,80 W / (m² K)	
2 Bauteile nach den Zeilen 1.1 bis 1.7	Wärmebrückenzuschlag	ΔU_{WB} = 0,05 W / (m² K)	
3 Luftdichtheit der Gebäudehülle	Bemessungswert n_{50}	Bei Berechnung nach - DIN V 4108-6: 2003-06: mit Dichtheitsprüfung - DIN V 18599-2: 2007-02: nach Kategorie I	
4 Sonnenschutzvorrichtung	keine Sonnenschutzvorrichtung		

5 Heizungsanlage	- Wärmeerzeugung durch Brennwertkessel (verbessert), Heizöl EL, Aufstellung:
	  - für Gebäude bis zu 2 Wohneinheiten innerhalb der thermischen Hülle
	  - für Gebäude mit mehr als 2 Wohneinheiten außerhalb der thermischen Hülle		

Zeile / Bauteil / System	Referenzausführung / Wert	Auszuführendes Objekt
	···> Auslegungstemperatur 55 / 45 °C, zentrales Verteilsystem innerhalb der wärmeübertragenden Umfassungsfläche, innen liegende Stränge und Anbindeleitungen, Pumpe auf Bedarf ausgelegt (geregelt, Δp konstant), Rohrnetz hydraulisch abgeglichen, Wärmedämmung der Rohrleitungen nach Anlage 5 ···> Wärmeübergabe mit freien statischen Heizflächen, Anordnung an normaler Außenwand, Thermostatventile mit Proportionalbereich 1 K	
6 Anlage zur Warmwasserbereitung	···> zentrale Warmwasserbereitung ···> gemeinsame Wärmebereitung mit Heizungsanlage nach Zeile 5 ···> Solaranlage (Kombisystem mit Flachkollektor) entsprechend den Vorgaben nach DIN V 4701-10:2003-08 oder DIN V 18599-5:2007-02 ···> Speicher, indirekt beheizt (stehend), gleiche Aufstellung wie Wärmeerzeuger, Auslegung nach DIN V 4701-10:2003-08 oder DIN V 18599-5:2007-02 als ···> kleine Solaranlage bei AN ‹500 m² (bivalenter Solarspeicher) ···> große Solaranlage bei AN ›500 m² ···> Verteilsystem innerhalb der wärmeübertragenden Umfassungsfläche, innen liegende Stränge, gemeinsame Installationswand, Wärmedämmung der Rohrleitungen nach Anlage 5 der EnEV 2009, mit Zirkulation, Pumpe auf Bedarf ausgelegt (geregelt, Δp konstant)	
7 Kühlung	keine Kühlung	
8 Lüftung	zentrale Abluftanlage, bedarfsgeführt mit geregeltem DC-Ventilator	

Nutzung Erneuerbarer Energien

Seit dem 1. Januar 2009 verpflichtet das Erneuerbare Energien-Wärmegesetz (EEWärmeG) den Eigentümer eines neu errichteten Hauses zur anteiligen Nutzung erneuerbarer Energien für Heizung und Warmwasserbereitung. Das Gesetz lässt die Wahl zwischen unterschiedlichen Formen erneuerbarer Energie – Solarwärme, Biomasse wie Holz, Biogas oder Bioöl, Umweltwärme aus Erdreich, Wasser oder Luft. Statt Erneuerbarer Energie kann man ersatzweise direkt oder über ein Nah- oder Fernwärmenetz Wärme aus Kraft-Wärmekopplungsanlagen oder Abwärme zum Beispiel aus Lüftungsanlagen nutzen. Wahlweise kann auch der Wärmeschutz des Hauses um 15 Prozent besser ausgeführt werden, als es die Energieeinsparverordnung verlangt. Schließlich sind auch Kombinationen dieser Maßnahmen zulässig, wenn sie in der Summe die Anforderungen erfüllen.

Die Mehrkosten dieser Varianten sind keineswegs vergleichbar. Beispielsweise könnte die Baufirma mit einem Heizkessel für Bioöl die Verpflichtung praktisch ohne zusätzliche Baukosten erfüllen. Die Mehrkosten für den teureren Brennstoff hätten dann Jahr für Jahr die Bewohner zu tragen.

Nicht jede im Gesetz vorgesehene Maßnahme ist im Einzelfall sinnvoll. Beispielsweise wird eine Brauchwasser-Solaranlage in den nächsten 20 Jahren weniger fossile Energie ersetzen als geplant, wenn in fünf Jahren die Kinder aus dem Haus sind und die Eltern mit einem eher sparsamen Warmwasserverbrauch übrigbleiben. In diesem Fall würde ein besserer Wärmeschutz vermutlich mehr Energie sparen, denn das Haus wird kaum weniger beheizt, auch wenn man es nur zu zweit bewohnt. Das EEWärmeG kann auch dadurch erfüllt werden, dass der Wärmeschutz um mindestens 15 Prozent besser ausgeführt wird, als nach der Energieeinsparverordnung erforderlich. Beim Neubau ist dieses Ziel oft mit geringem Mehraufwand erreichbar. Auch eine noch weitergehende Verbesserung des Wärmeschutzes ist überlegenswert, um dadurch in eine höhere Stufe der staatlichen Förderung zu kommen. Der Bauherr oder der Käufer eines Bauträgerhauses sollte jedenfalls schon frühzeitig prüfen, welche Möglichkeit der Pflichterfüllung für ihn am ehesten wirtschaftlich ist. Dabei kann eine Energieberatung helfen.

Das Gesetz nimmt nicht den Hausplaner oder die Baufirma in die Pflicht, sondern den Eigentümer. Dieser muss sich daher vertraglich absichern, dass er die Nachweise erhält, die er der Behörde vorzulegen hat. Ist ein Nachweis fehlerhaft, hat er nur im Rahmen der Gewährleistung einen Nachbesserungsanspruch an die Baufirma oder den Aussteller des Nachweises, sofern diese dann noch greifbar sind. Ansonsten muss er auf eigene Kosten nachbessern und unter Umständen ein Bußgeld bezahlen. Im Abschnitt 3.9 der Muster-Baubeschreibung (Seite F 18 des Formularteils) wird zunächst festgelegt, mit welcher der nach dem Erneuerbare-Energien-Wärme Gesetz (EEWärmeG) möglichen Maßnahmen dessen Anforderungen erfüllt werden sollen. Der Anbieter verpflichtet sich damit zu einer Planung und Ausführung, mit der der vorgeschriebene Deckungsbeitrag erreicht wird, zumindest wenn man die in den standardisierten Rechenverfahren enthaltenen Annahmen zugrunde gelegt.

Der Deckungsbeitrag ist der Anteil Erneuerbarer Energie am Gesamtwärmebedarf für Heizung und Warmwasser. Darüber hinaus stellt das EEWärmeG weitere technische und ökologische Anforderungen, die bei den jeweiligen Maßnahmen in Kapitel 4 erläutert werden.

3.10 Luftdichtheitsprüfung

Formular siehe Seite F 18

Mit der immer besseren Dämmung der Gebäudehülle ergeben sich zwangsläufig Anforderungen an die Luftdichtheit. Eine hohe Luftdichtheit der Bauhülle garantiert weniger Energieverluste und mindert das Risiko von Bauschäden. Diese Schäden sind häufig auf Wasserdampf aus der Raumluft zurückzuführen, der in Undichtheiten eindringen konnte.

Bei der massiven Wand übernimmt der Putz beziehungsweise die Spachtelung die Funktion der Luftdichtung, bei Leichtbauwänden und -dächern eine Dampfbremse. Die Luftdichtheitsschicht oder Dampfbremse ist auf der Warmseite des Dämmstoffes einzubauen. Bei Durchdringungen und gegenüber angrenzenden Bauteilen ist sie luftdicht anzuschließen.

Luftdichtheitsschicht und Dampfbremse

Die Luftdichtheitsschicht verhindert den direkten Luftdurchtritt von innen nach außen und umgekehrt. Die Dampfbremse reduziert obendrein die Diffusion von Wasserdampf so stark, dass sich innerhalb des Bauteils kein Tauwasser bildet. Für diese unterschiedlichen Funktionen wird zweckmäßigerweise ein Material gewählt, das beide Aufgaben übernehmen kann. Bewährt haben sich separat verlegte Schichten, die nicht Bestandteil des Dämmstoffes sind. Verwendet werden vorwiegend Bahnen aus Kunststoff beziehungsweise armierte Baupappen. Bei einem angrenzenden Bauteil muss der Anschluss grundsätzlich an dessen Luftdichtheitsschicht erfolgen. So ist die Dichtungsschicht der Dachschrägen beispielsweise nicht an die Fußschwelle, sondern an die darunter liegende Wand anzuschließen.

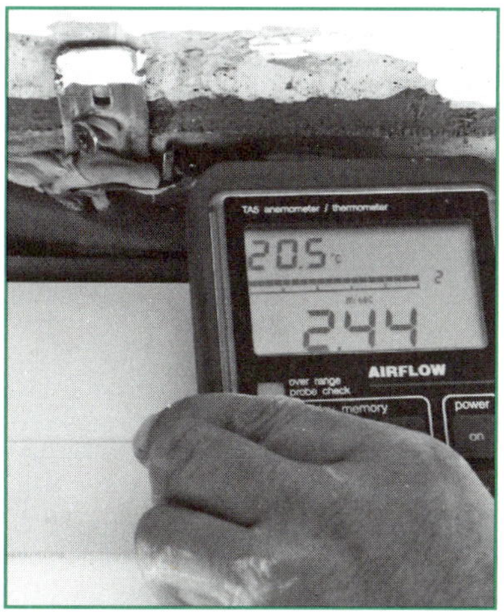

Luftdichtheitsprüfung

Durchbrüche als Folge von Installationen sind auf das absolut Notwendige zu beschränken. Alle anderen Installationen – Wasser, Elektrizität – sollten raumseitig vor der Luftdichtheitsschicht untergebracht werden (Installationsebene).

Die Dichtungsbahnen werden über geeignete Dichtungsbänder miteinander verbunden. Die Klebestellen an Folien sind möglichst zusätzlich durch Anpressleisten zu sichern. Lose Überlappungen sind nicht zulässig.

Luftdichtheit beginnt auf dem Zeichenbrett und endet bei der Kontrolle oder bei der Messung. Die Energieeinsparverordnung (EnEV 2009) stellt im § 6 für Neubauten Anforderungen an die Luftdichtheit. Eine Überprüfung ist leider nicht vorgeschrieben. Lediglich für den Fall, dass eine Überprüfung vorgenommen wird, gibt es Vorgaben. Im Anhang 4 der EnEV 2009 sind diese folgendermaßen festgelegt: „Wird bei Anwendung des § 6 Absatz 1 Satz 3 eine Überprüfung der Anforderungen nach § 6 Absatz 1 durchgeführt, darf der nach DIN EN 13829:2001-02 bei einer Druckdifferenz zwischen innen und außen von 50 Pascal gemessene

Volumenstrom – bezogen auf das beheizte oder gekühlte Luftvolumen – bei Gebäuden

- ohne raumlufttechnische Anlagen 3 Luftwechsel pro Stunde
- mit raumlufttechnischen Anlagen 1,5 Luftwechsel pro Stunde

nicht überschreiten."

Messung

Für die Messung wird im Gebäude bei geschlossenen Fenstern und Türen mit Ventilatoren ein konstanter Unterdruck/Überdruck erzeugt. Die abgesaugte/eingeblasene Luftmenge ist gleich groß wie die durch die Leckstellen einströmende/ausströmende Luftmenge. Während des künstlich erzeugten Unterdrucks/Überdrucks können Leckagen mit einem Luftstrommesser gemessen werden. In begründeten Ausnahmefällen erfolgt das auch mittels der Infrarot-Thermografie, um die Leckstellen sichtbar zu machen. Dabei sind jene Stellen sichtbar, die sich wegen der einströmenden Kaltluft abkühlen. Allerdings ist dazu eine minimale Temperaturdifferenz von etwa 10 Grad zwischen innen und außen erforderlich.

Hinweis: Die Luftdichtheitsprüfung gilt nur für das Haus, an dem er durchgeführt wurde. Es genügt also nicht die Prüfung eines Musterhauses, denn bei jeder einzelnen Bauausführung können andere Lecks entstehen.

Sichtkontrolle

Diese Prüfung sollte unmittelbar nach der Fertigstellung der luftdichten Gebäudehülle durchgeführt werden, da dann notwendige Abdichtungsarbeiten noch mit vertretbarem Aufwand realisierbar sind. Allerdings passiert es regelmäßig, dass zum Beispiel Elektriker und Installateure durch unsachgemäße Installationen nachträglich die Dichtung zerstören und im Ergebnis das Haus bei der Übergabe nicht mehr die Werte der Luftdichtheitstests hat. Deshalb sollten Sie eine Sichtkontrolle durch einen unabhängigen Sachverständigen nach Abschluss der Installationen veranlassen. Idealerweise sollte ein zweiter Luftdichtheitstest kurz vor dem Einzug erfolgen. Allerdings sind damit zusätzliche Kosten verbunden.

Tipp: Lassen Sie sich für die Durchführung der Luftdichtheitsprüfung ein Angebot machen. Er sollte zu einem Zeitpunkt durchgeführt werden, zu dem eventuelle Nachbesserungen noch ohne große Probleme machbar sind:

- Massive Außenwände sind innenseitig verputzt,
- Leichtbauwände und das Dach sind innenseitig mit der Luftdichtheitsebene versehen;
- alle Außentüren und Fenster sind eingebaut;
- Bauteildurchbrüche sind abgedichtet;
- luftdichte Anschlüsse zwischen verschiedenen Bauteilen sind hergestellt.

3.11 Schallschutz

Formular siehe Seite F 19

Die DIN 4109 stellt Mindestanforderungen an den Schutz gegen Luftschall und Trittschall aus fremden Wohnungen, gegen Geräusche aus Wasserinstallationen und anderen haustechnischen Anlagen sowie gegen Außenlärm. Diese Mindestanforderungen wurden in die Landesbauordnungen übernommen und sind damit rechtsverbindlich.

In der Praxis hat sich gezeigt, dass insbesondere der Mindestschallschutz gegenüber Geräuschen aus Nachbarwohnungen, also auch bei Reihen- und Doppelhäusern, vielfach als unzureichend empfunden wird. Er erfordert ein Maß der gegenseitigen Rücksichtnahme, das man beim Wohnen in den eigenen vier Wänden nicht unbedingt aufbringen möchte. Nach einem Grundsatzurteil des Bundesgerichtshofs entspricht er nicht mehr dem Stand der Technik (Bundesgerichtshof, Urteil vom 14. Juni 2007-VII/ZR 45/06).

Einen besseren Schallschutz sollten Sie im Vertrag ausdrücklich vereinbaren.

Schallschutzstufen

Um nicht den Schallschutz jedes einzelnen Bauteils mit dem Anbieter aushandeln zu müssen, kann man im Bauvertrag eine „Schallschutzstufe“ nach der Richtlinie VDI 4100:2012-10 (Oktober 2012) vereinbaren. Zur Auswahl stehen drei unterschiedliche Schallschutzniveaus:

Schallschutzstufe I (SSt 1) soll Belästigungen aus benachbarten Wohnungen im Vergleich zum gesetzlichen Mindestschallschutz (DIN 4109) auf ein erträgliches Maß absenken.

Mit ***Schallschutzstufe II (SSt 2)*** sollen die Bewohner im Allgemeinen Ruhe finden. Sie müssen ihr Verhalten nicht besonders einschränken, um ihre Privatheit zu wahren.

Mit ***Schallschutzstufe III (SSt 3)*** finden die Bewohner ein hohes Maß an Ruhe. Auch bei lauter Sprache wird die Privatheit weitgehend gewahrt. Außengeräusche sind kaum wahrnehmbar.

Wahrnehmung der Geräusche aus Nachbarwohnungen (bei abendlichem Grundgeräuschpegel von 20 dB(A) und Aufenthaltsräumen üblicher Größe)			
	Schallschutzstufe I	**Schallschutzstufe II**	**Schallschutzstufe III**
Laute Sprache	undeutlich verstehbar	kaum verstehbar	im Allgemeinen nicht verstehbar
Sprache mit angehobener Sprechweise	im Allgemeinen kaum verstehbar	im Allgemeinen nicht verstehbar	nicht verstehbar
Sprache mit normaler Sprechweise	im Allgemeinen nicht verstehbar	nicht verstehbar	nicht hörbar
Sehr laute Musikpartys	sehr deutlich hörbar	deutlich hörbar	noch hörbar
Laute Musik, laut eingestellte Rundfunk- und Fernsehgeräte	deutlich hörbar	noch hörbar	kaum hörbar
Musik in normaler Lautstärke	noch hörbar	kaum hörbar	nicht hörbar
Spielende Kinder	hörbar	noch hörbar	kaum hörbar
Gehgeräusche	im Allgemeinen kaum störend	im Allgemeinen nicht störend	nicht störend
Nutzergeräusche	hörbar	noch hörbar	im Allgemeinen nicht hörbar
Geräusche aus gebäudetechnischen Anlagen	unzumutbare Belästigungen werden im Allgemeinen vremieden	im Allgemeinen nicht störend	nicht oder nur selten störend
Haushaltsgeräte	noch hörbar	kaum hörbar	im Allgemeinen nicht hörbar

Quelle: VDI 4100:2012-10

Für jede Schallschutzstufe ist in VDI 4100:2012-10 ein Bündel von Einzelanforderungen an den Schutz vor Luftschall, Trittschall und Installationsgeräuschen hinterlegt. Für Doppel- und Reihenhäuser gelten strengere Anforderungen als für Geschosswohnungen, weil man im eigenen Haus ein höheres Maß an Ungestörtheit erwartet. Die Einhaltung dieser Anforderungen ist jederzeit messtechnisch überprüfbar. Die VDI-Richtlinie empfiehlt, den messtechnischen Nachweis bereits im Bauvertrag zu vereinbaren.

Die Schallschutzstufen schützen nur Aufenthaltsräume und Bäder mit einer Grundfläche ab acht Quadratmeter. Soll auch ein Nicht-Aufenthaltsraum geschützt werden (zum Beispiel ein Dach- oder Kellerraum, der später zum Aufenthaltsraum ausgebaut werden soll), so ist er ausdrücklich einzubeziehen. Für einzelne Räume eines Hauses kann eine abweichende Schallschutzstufe vereinbart werden.

Schallschutz innerhalb der Wohneinheit

Für den Schallschutz innerhalb der Wohneinheit (Wohnung oder Einfamilienhaus) gibt es keine Mindestanforderungen. Wenn Sie Störungen durch Luft-, Trittschall und Installationsgeräusche zwischen eigenen Räumen begrenzen möchten, können Sie nach VDI 4100:2012-10 für den Schallschutz im eigenen Bereich zusätzlich die Schallschutzstufe „SSt EB I" oder „SSt EB II" vereinbaren. Das Schutzniveau ist deutlich schwächer als das von „SSt I" oder „SSt II" gegenüber dem Nachbarn. In „offenen" Grundrissen (zum Beispiel Reihenhaus mit Treppe im Wohnraum) ist es meist überhaupt nicht erreichbar. Faustregel: Zwischen „lautem" und „schutzbedürftigem" Raum sollten mindestens zwei hintereinanderliegende Türen geschlossen werden können.

Tipp: *Individuelle Vereinbarungen über einen erhöhten Schallschutz bedeuten teilweise einen finanziellen Mehraufwand. Deshalb ist es sinnvoll, bereits bei der Grundrissplanung die Räume schalltechnisch günstig anzuordnen. Ungünstig wäre es beispielsweise, die Installationen von Bädern und Küchen in die Trennwand zu einem Schlafraum zu legen.*

Außenlärmschutz

Um den mindestens erforderlichen Außenlärmschutz festzulegen, berechnet der Gebäudeplaner den auf die Fassade auftreffenden Außenlärm und ordnet ihn einem Lärmpegelbereich zu. Je höher der Lärmpegelbereich, desto besser muss das Luftschalldämmmaß der beschallten Außenwand samt Fenstern, Rollladenkästen und Lüftungsöffnungen sein. Das Schalldämmmaß in Abhängigkeit vom Außenlärmpegel ist in DIN 4109:1989-11 als Mindestanforderung baurechtlich vorgeschrieben.

Maßgeblicher Außenlärmpegel in dB(A)	Lärmpegel-bereich	Mindest-Luftschalldämmmaß der Außenbauteile R'w, res in dB(A)
bis 55	I	30
56–60	II	30
61–65	III	35
66–70	IV	40
71–75	V	45
76–80	VI	50
über 80	VII	nach örtlichen Gegebenheiten festzulegen

Quelle: DIN 4109:1989-11

Wenn der Anbieter das Haus für ein bestimmtes Grundstück plant, muss er den Außenlärmschutz auf dessen Lärmbelastung abstimmen. Wenn Sie jedoch ein Fertighaus kaufen, müssen Sie selbst ermitteln, wie hoch die Lärmbelastung auf Ihrem Grundstück ist. Zur Verkehrslärmbelastung können oft die (Straßen-)Bauämter der Kommunen oder Landkreise Auskunft geben. Auf jeden Fall sollten Sie sich danach erkundigen, wie sich eventuelle Verkehrsplanungen auf die künftige Lärmbelastung des Grundstücks auswirken könnten. Diese Werte sollten Sie dann dem Bauvertrag zugrunde legen. Auch die Belastungen durch Bahn- und Fluglärm sollten Sie prüfen.

Die Schallschutzstufen I und II nach VDI 4100:2012-10 stellen keine erhöhten Anforderungen an den Außenlärmschutz. Nur Schallschutzstufe III verlangt einen um 5 dB(A) besseren Schallschutz. Eine Änderung um 3 dB bewirkt etwa eine Halbierung/Verdopplung der Lautstärke.

Auf eindeutige Definition der Schallschutzstufen achten

Bereits 1994 erschien eine erste Fassung der VDI 4100 mit schwächeren Anforderungen an die drei Schallschutzstufen. Im Jahr 2000 griff der DIN-Entwurf 4109-10 die Idee der Schallschutzstufen auf, stellte aber gegenüber der damaligen VDI 4100 teilweise abweichende Anforderungen. Die alte VDI 4100 und der DIN-Entwurf 4109-10 wurden mit Erscheinen der VDI 4100:2012-10 zurückgezogen. Das schließt aber nicht aus, dass eine Baufirma im individuellen Vertrag auf Schallschutzstufen dieser alten Vorlagen Bezug nimmt. Damit wäre deren niedrigeres Schutzniveau vereinbart.

Noch schlimmer wäre die gediegen wirkende Formulierung „Schallschutz nach DIN“. Damit wäre ausdrücklich der gesetzliche Mindestschallschutz vereinbart. Selbst wenn mit der tatsächlich geplanten Ausführung ein besserer Schallschutz zu erwarten wäre, könnte sich die Baufirma auf die Vereinbarung des Mindestschallschutzes berufen, falls sie durch Pfusch bei der Ausführung den erreichbaren Schallschutz nicht erreicht.

3.12 Brandschutz

Formular siehe Seite F 20

In den Landesbauordnungen (LBO) der einzelnen Bundesländer und in den dazugehörigen Durchführungsverordnungen sind die Bestimmungen über den vorbeugenden Brandschutz festgelegt. Im Detail gibt es von Bundesland zu Bundesland unterschiedliche Anforderungen. Für Einfamilienhäuser sind die Bestimmungen allerdings in allen Bundesländern eher gering, weil man davon ausgeht, dass die Bewohner das Haus im Brandfall schnell verlassen können.

Feuerwiderstandsklassen

Die Landesbauordnungen legen auch fest, welche Bauteile nach Gebäudetypen sortiert (zum Beispiel freistehende Wohngebäude mit geringer Höhe) welchen Feuerwiderstandsklassen entsprechen müssen. In der DIN 4102 „Brandverhalten von Baustoffen und Bauteilen“ ist geregelt, wie die Feuerwiderstandsklassen definiert sind und welche Wand-, Decken- oder Dachkonstruktionen diesen F-Klassen entsprechen. Es gibt die Feuerwiderstandsklassen F 30, F 60, F 90 und F 120. F 30 bedeutet beispielsweise, dass ein Bauteil dem Feuer für mindestens 30 Minuten standhalten muss.

Feuerwiderstandsklassen

Bezeichnung	Feuerwiderstands-dauer in Minuten	Bauaufsichtliche Benennung
F 30	30	feuerhemmend
F 90	90	feuerbeständig
F 120	120	
F 180	180	hochfeuerbeständig

Tipp: *Holzbalken- oder Holzbalkendecken sollten mindestens den Anforderungen der Widerstandsklasse F 30 gerecht werden. Entscheidend sind dabei nicht nur die Dicke der Holzbalken, sondern auch das Material und die Dicke des Deckenaufbaus. Die F 30-Klasse sollten Sie sich vom Anbieter als* ***über die baurechtlichen Mindestanforderungen hinausgehende Brandschutzmaßnahme*** *schriftlich bestätigen lassen.*

Brandschutz-Baustoffklassen

Baustoffe werden nach der DIN 4102 in Brandschutz-Baustoffklassen eingeteilt. Stahl ist zwar nicht brennbar, hat aber eine sehr geringe Feuerwiderstandsdauer. Sobald Stahl warm wird, sinken die statischen Eigenschaften rapide. So ist zum Beispiel eine dicke Holzstütze hinsichtlich des Brandschutzes wesentlich besser geeignet. Reine Holzhäuser müssen also nicht gefährdeter sein als Massivhäuser.

Brandschutzklassen

In Ergänzung dazu werden die Baustoffe nach DIN 4102 in Brandschutzklassen eingeteilt:

A 1 und A 2	nicht brennbar
B 1	schwer entflammbar
B 2	normal entflammbar
B 3	leicht entflammbar

Beispiel:
Eine nicht geputzte Wand aus Mauerziegel oder Kalksandsteinen von 24 Zentimetern Dicke hat die Feuerwiderstandsklasse F 180-A.

F 180: Die Wand behält bei Einwirkung eines Brandes 180 Minuten lang ihre volle Tragfähigkeit.

A: Die Wand besteht aus nicht brennbaren Baustoffen.

Klassifizierung des Brandverhaltens von Baustoffen nach der Deutschen Norm DIN 4102 und der Europäischen Norm EN 13501-1

Bauaufsichtliche Anforderungen	Zusatzanforderungen		Europäische Klasse nach DIN EN 13501-1	Klasse nach DIN 4102-1
	kein Rauch	kein brenn. Abfallen/ Abtropfen		
Nichtbrennbar	x	x	A1	A1
mindestens	x	x	**A2 – s1 d0**	A2
Schwer-entflammbar	x	x	B, C – s1 d0	B1
		x	A2 – s2 d0 A2, B, C – s3 d0	
	x		A2, B, C – s1 d1 A2, B, C – s1 d2	
mindestens			**A2, B, C – s3 d2**	
Normal-entflammbar		x	D – s1 d0 – s2 d0 – s3 d0 E	B2
			D – s1 d2 – s2 d2 – s3 d2	
mindestens			**E – d2**	
Leichtentflammbar			F	B3

Quelle: Auszug aus der Norm DIN EN 13501-1, Ausgabe 6-2002

Für Gebäude sollten möglichst nur Baustoffe der Klassen A 1 und B 1 verwendet werden.

Rauchmelder in privaten Haushalten

Rauchmelder

In den meisten Bundesländern wird eine „Heimrauchmelderpflicht" in der Landesbauordnung festgeschrieben. In Hessen und Schleswig-Holstein müssen beispielsweise Rauchmelder sowohl in Neu- als auch in Bestandsbauten angebracht werden. Die Landesbauordnungen schreiben vor, dass in Wohnungen Schlafräume und Kinderzimmer sowie Flure, über die Rettungswege von Aufenthaltsräumen führen, jeweils mindestens einen Rauchmelder haben müssen. Die Rauchmelder müssen so eingebaut werden, dass Brandrauch frühzeitig erkannt und gemeldet wird. Sie können auch per Funk miteinander vernetzt werden.

Tipp: *Achten Sie beim Kauf von Rauchmeldern auf das VdS-Prüfsiegel. Lithium-Langzeitbatterien halten Rauchmelder bis zehn Jahre in Alarmbereitschaft.*

Da das Baurecht in Deutschland Länderrecht ist (Landesbauordnung), sind die Regelungen uneinheitlich.

Pflicht zum Einbau von Rauchmeldern

Bundesland	Landesbauordnung	Datum der Einführung	Bemerkung
Rheinland-Pfalz	§ 44 Absatz 8 (LBauO RP) Landesbauordnung des Landes Rheinland-Pfalz	22. Dez. 2003	Gilt für Neu- und Umbauten von Wohnungen.
Saarland	§ 46 Absatz 4 (LBauO) Landesbauordnung Saarland	18. Feb. 2004	Gilt für Neu- und Umbauten von Wohnungen.
Schleswig-Holstein	§ 52 Absatz 7 (BauO S-H) Landesbauordnung Schleswig-Holstein	01. Jan. 2005	Gilt für Neu- und Umbauten von Wohnungen. Zusätzlich müssen bis Ende 2009 alle bestehenden Wohnungen des Bundeslandes über Rauchwarnmelder verfügen.
Hessen	§ 13 Absatz 5 (HBO) Hessische Bauordnung	24. Juni 2005	Gilt für Neubauten mit Wohnnutzung. Zusätzlich müssen bis Ende 2014 alle bestehenden Wohnungen des Bundeslandes über Rauchwarnmelder verfügen.
Hamburg	§ 45 Absatz 6 (HBauO) Hamburgische Bauordnung	07. Dez. 2005	Gilt für Neu- und Umbauten von Wohnungen. Zusätzlich müssen bis Ende 2010 alle bestehenden Wohnungen des Bundeslandes über Rauchwarnmelder verfügen.
Mecklenburg-Vorpommern	§ 48 Absatz 4 (LBauO) Mecklenburg-Vorpommersche Landesbauordnung	18. Apr. 2006	Gilt für Neu- und Umbauten von Wohnungen. Zusätzlich müssen bis Ende 2009 alle bestehenden Wohnungen des Bundeslandes über Rauchwarnmelder verfügen.
Thüringen	§ 46 Absatz 4 (ThürBO) Landesbauordnung Thüringen	05. Jan. 2008	Gilt für Neu- und Umbauten von Wohnungen. Zusätzlich müssen bis 31.12.2020 alle bestehenden Wohnungen des Bundeslandes über Rauchwarnmelder verfügen.
Sachsen-Anhalt	§ 47 Absatz 4 (BauOLSA) Landesbauordnung Sachsen-Anhalt	21. Dez. 2009	Gilt für Neu- und Umbauten von Wohnungen. Zusätzlich müssen bis 31.12.2015 alle bestehenden Wohnungen des Bundeslandes über Rauchwarnmelder verfügen.
Bremen	§ 48 Absatz 4 (LBauOHB) Bremische Bauordnung	22. Dez. 2009	Gilt für Neu- und Umbauten von Wohnungen. Zusätzlich müssen bis 31.12.2015 alle bestehenden Wohnungen des Bundeslandes über Rauchwarnmelder verfügen.
Niedersachsen	§ 44 Absatz 5 (NBauO) Niedersächsische Bauordnung	01. Nov. 2012	Gilt für Neu- und Umbauten von Wohnungen. Zusätzlich müssen bis 31.12.2015 alle bestehenden Wohnungen des Bundeslandes über Rauchwarnmelder verfügen.
Bayern	§ 46 (BayBO) Bayrische Bauordnung	01. Jan. 2013	Gilt für Neu- und Umbauten von Wohnungen. Zusätzlich müssen bis 31.12.2017 alle bestehenden Wohnungen des Bundeslandes über Rauchwarnmelder verfügen.
Nordrhein-Westfalen	§ 49 Absatz 7 (BauONRW) Bauordnung für das Land NRW	01. Apr. 2013	Gilt für Neu- und Umbauten von Wohnungen. Zusätzlich müssen bis 31.12.2016 alle bestehenden Wohnungen des Bundeslandes über Rauchwarnmelder verfügen.

4

Angaben zum Gebäude im Einzelnen

4 Angaben zum Gebäude im Einzelnen

4.1 Ausführung ohne Keller

4.1.1 Fundamente/Bodenplatte/Sockel

Formular siehe Seite F 22

Je nach den gegebenen Bodenverhältnissen wird die Bodenplatte auf einer Grobkiesschicht mit darauf liegender Folie oder einer Sauberkeitsschicht aus Beton verlegt, um eine gute Ebenheit des Untergrundes zu erzielen. Abhängig von Stärke und Festigkeit der Bodenplatte sind möglicherweise Streifenfundamente erforderlich. Sie sorgen dafür, dass die Lasten des Baukörpers in den Baugrund abgeleitet werden. Streifenfundamente haben darüber hinaus die Funktion einer Frostschürze, die verhindern soll, dass der Boden unter der Bodenplatte gefriert und sie anhebt.

Streifenfundamente

Frostschürze

Abdichtung gegen Feuchtigkeit

Die Bodenplatte benötigt auf der Oberseite eine Abdichtung gegen Feuchtigkeit nach DIN 18195. Da Beton zwar wasserdicht, aber nicht diffusionsdicht ist, könnte ohne eine wirksame Abdichtung Feuchtigkeit in die Dämmung über der Bodenplatte gelangen und sich mit der Zeit dort ansammeln. Bei den verwendeten Materialien handelt es sich meist um Bitumen- oder Kunststoff-Dichtungsbahnen, die sauber mit den Abdichtungslagen unter dem Mauerwerk beziehungsweise mit den Blendrahmenunterstücken der Fenster verklebt werden müssen. Der Betonzusatz mit der Bezeichnung „WU-Beton“ (wasserundurchlässiger Beton) allein ist nicht ausreichend.

Sockelabdichtung

Der Mauerwerkssockel muss nach DIN 18195 bis zu einer Höhe von 30 Zentimeter über dem späteren Geländeniveau gegen eindringendes Wasser abgedichtet werden. Fehlt die Sockelabdichtung oder ist sie unzureichend, kann das Haus später „nasse Füße“ bekommen.

Fundamenterder

Bei jedem Neubau muss ein sogenannter Fundamenterder eingebaut werden. Dabei handelt es sich um Bandstahl, der als geschlossener Ring in die Fundamente der Außenwände oder der Bodenplatte eingebettet wird. Die im Haus in großer Zahl vorhandenen metallischen Heizungs-, Sanitär- und Elektroinstallationsleitungen sind mit diesem Erder zu verbinden, um gefährliche Berührungsspannungen zu vermeiden.

Revisionsschacht

Für den Anschluss an das öffentliche Kanalnetz muss es für jede Wasserart einen eigenen Revisionsschacht in der Regel auf dem eigenen Grundstück geben. Diese Schächte dienen zur Reparatur und Kontrolle der Entwässerungsleitungen. Weitere Kontrollschächte können notwendig werden bei Richtungsänderungen der Leitungen oder als Sammelschacht, wenn mehrere Leitungen zusammenfließen. Kontrollschächte können auch mit Rückstauverschlüssen ausgestattet werden.

Wichtig: Damit nicht später bei starken Regenfällen das Wasser ins Haus läuft, muss die Mindesthöhe der Bodenplatte in Bezug auf das spätere Geländeniveau beziehungsweise die Höhe der Kanalschächte = Rückstauebene dringend eingehalten werden. Die Oberkante des Fertigfußbodens (OKFFB) sollte mindestens 15 Zentimeter über der Rückstauebene liegen. (Siehe auch Kapitel 2.3 „Vermessung und Erdarbeiten“, Seite E 15 f.)

Wärmedämmung unter und über der Bodenplatte

An das Erdreich grenzende Fußböden in Aufenthaltsräumen sollten mit Wärmedämmschichten in Höhe von zehn bis zwölf Zentimetern mit Wärmeleitfähigkeitsgruppe von 035 bis 040 ausgestattet sein. Bei Fußbodenheizung sollte der Wärmeschutz noch besser sein.

Wärmebrücken

Die Anordnung der Dämmung unterhalb der Bodenplatte vermeidet Wärmebrücken, wenn diese außen liegende Dämmung an die außen liegende Dämmung der Wand anschließt. Die Dämmung wird zwischen eine Kiesfilterschicht und die Bodenplatte gelegt. Die Wärmedämmplatten müssen aus Schaumglas oder Polystyrol-Extruderschaum bestehen und sind deutlich teurer als konventionelle Wärmedämmung.

4.2 Ausführung mit Keller

4.2.1 Ausbaustufen und Nutzung des Kellers

Formular siehe Seite F 23

Wie beim Gebäude selbst gibt es auch beim Keller unterschiedliche Ausbaustufen. Hier kommt aber hinzu, dass der Keller bei einem Angebot „ab Oberkante Kellerdecke" von einem anderen Anbieter als dem Ihres Hauses gebaut werden kann. Der Keller kann „schlüsselfertig", als Rohbau- oder als Ausbaukeller ausgeführt sein. Auch bei Kellern gibt es die Möglichkeit, sie mithilfe eines Bausatzes selbst zu errichten.

Rohbau- und Ausbaukeller

Bei der Planung unterkellerter Häuser muss eindeutig geklärt werden, ob der Keller oder einzelne Kellerräume zum beheizten Teil des Gebäudes gehören sollen oder nicht. Diese Entscheidung wirkt sich weitreichend auf die Planung von Wärmeschutz und Luftdichtheit aus, aber natürlich auch auf den Heizenergieverbrauch des Hauses und auf die Baukosten des Kellers.

Unbeheizter Keller

Bei einem unbeheizten Keller sollten Sie Kellerdecke beziehungsweise Erdgeschossfußboden dämmen. Der Kellerabgang muss entweder gegen das Erdgeschoss mit einer dichten Tür abgeschlossen werden, oder es müssen – aus energetischer Sicht deutlich ungünstiger – der Treppenabgang dem beheizten Bereich zugeordnet sowie die Wände und Türen vom Kellerflur zu den Kellerräumen gedämmt werden. Soll der Keller wohnraumähnlich beheizt werden, könnten die Dämmung der Kellerdecke und der Abschluss des Treppenabgangs entfallen, und Sie könnten Kelleraußenwände und Kellerfußboden dämmen. Diese Ausführung wird häufig geplant, wenn der Keller als „Ausbaureserve" verkauft wird und der Bauherr Art und Dauer der tatsächlichen Nutzung noch nicht festlegen will. Sinnvoll ist sie aber nur, wenn der gesamte Keller durchgehend temperiert sein soll.

Keller als Ausbaureserve

Hobbyraum

Wenn ein Kellerraum nur gelegentlich und für wenige Stunden warm sein muss (zum Beispiel Hobbyraum), sollten Sie so planen, als sei der Keller insgesamt unbeheizt (das heißt, Kellerdecke gedämmt, Kellerabgang geschlossen). Für den Nachweis nach der Energieeinsparverordnung zählt der zeitweise beheizte Kellerraum allerdings zum beheizten Gebäudevolumen.

4.2.2 Boden- und Grundwasserverhältnisse

Formular siehe Seite F 23

Bodengutachten

Bevor Sie sich für oder gegen den Bau eines Kellers entscheiden, sollten Sie die Boden- und Grundwasserverhältnisse Ihres Grundstücks kennen. Über diese Gegebenheiten gibt das Bodengutachten Auskunft. Bei ungünstigen Bedingungen kann der Bau eines Kellers schnell das Doppelte des vom Anbieter als Standard angenommenen kosten. Ein Kostenangebot ist nur sinnvoll, wenn es sich auf bekannte und verlässliche Angaben bezieht. Ein Bodengutachten sollte daher bei der Planung eines Kellers immer vorhanden sein. Häufig wird aus finanziellen Gründen darauf verzichtet, was den Bau allerdings nachträglich erheblich verteuern kann.

Die DIN 18195 regelt im Wesentlichen drei Fälle der Feuchtebelastung.

Bei Feuchtigkeitsbelastungen unterscheidet man:

Bodenfeuchte
nur bei stark durchlässigem Boden

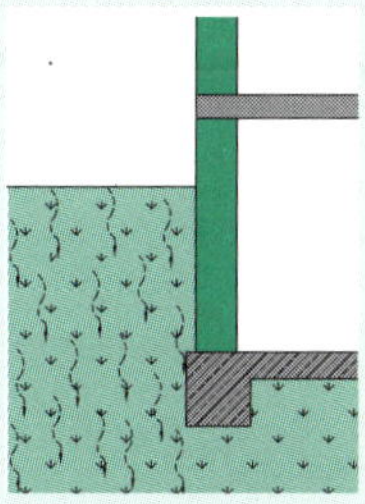

nichtstauendes Sickerwasser
nur bei Vorhandensein einer funktionsfähigen Dränage*

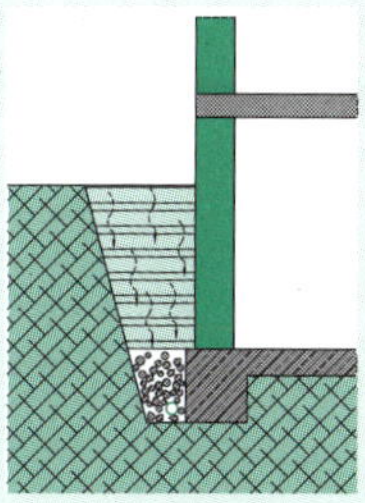

zeitweise anstauendes Sickerwasser
das Grundwasser steigt nur vorübergehend nach heftigen Regenfällen

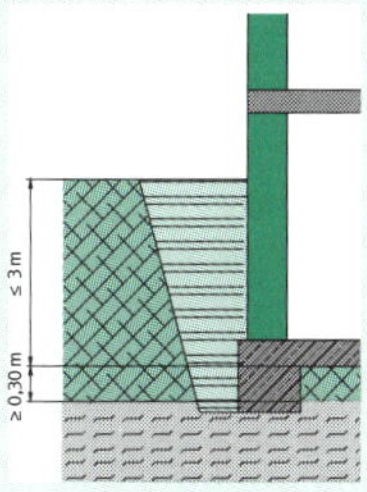

drückendes Wasser
das Gebäude steht dauernd im Grundwasser

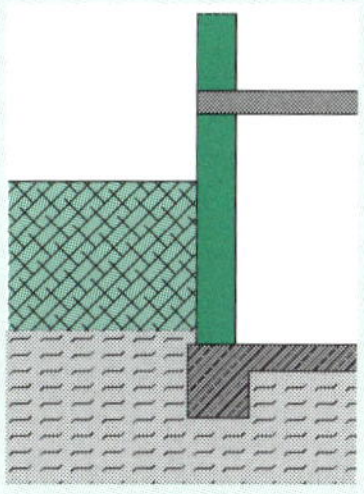

* Um vorübergehend stauendes Sickerwasser zu vermeiden, kann eine Dränage sinnvoll sein. Eine Dränage besteht aus einer Flächendränage auf der Wand, die auf Fundamenthöhe an eine Ringdränage anschließt. Sie nützt jedoch nicht bei vorübergehend ansteigendem Grundwasserspiegel. Für diesen Fall ist eine funktionsfähige Abdichtung gegen zeitweise anstauendes Sickerwasser erforderlich.

Quelle: Initiative Pro Keller, www.prokeller.de/modernisierung/modernisierung_index.htm

1. Fall: Abdichtung gegen Bodenfeuchte und nicht stauendes Sickerwasser
Mit dieser Feuchtigkeitsbeanspruchung darf nur gerechnet werden, wenn das Baugelände bis zu einer ausreichenden Tiefe unter der Fundamentsohle und auch das Verfüllmaterial der Arbeitsräume aus stark durchlässigem Material, zum Beispiel Sand oder Kies, besteht. Das gilt auch, wenn bei wenig durchlässigen Böden eine Dränung nach DIN 4095 vorhanden ist, deren Funktionsfähigkeit auf Dauer gegeben ist. Die Abdichtung der Kelleraußenwände kann mit Bitumenbahnen oder einer kunststoffmodifizierten Bitumendickbeschichtung (KMB) erfolgen. Dickbeschichtungen sind pastöse, spachtel- oder spritzfähige Massen aus in Wasser gelöstem Bitumen, das mit Polystyrol oder Fasern versetzt ist. Sie werden auf die Wand gespachtelt oder gespritzt. Die Oberfläche ist mit entsprechendem Anfüllschutz (zum Beispiel Noppenbahn) gegen mechanische Beschädigungen zu schützen.

2. Fall: Abdichtung gegen aufstauendes Sickerwasser
Dieser Belastungsfall ist anzusetzen bei Böden mit geringerer Wasserdurchlässigkeit (bindige Böden) und ohne Dränung, wenn der höchste Grundwasserstand mindestens 30 Zentimeter unterhalb des Gründungsniveaus liegt. Das heißt, wenn Bodenart und Geländeform nur Stauwasser erwarten lassen und bei einer Gründungstiefe bis drei Meter. Für die

Abdichtung ist beispielsweise eine kunststoffmodifizierte Bitumendickbeschichtung (KMB) unter bestimmten Voraussetzungen zugelassen (doppelte Beschichtung mit Gewebeeinlage). Die Oberfläche ist mit entsprechendem Anfüllschutz (zum Beispiel Noppenbahn) gegen mechanische Beschädigungen zu schützen.

3. Fall: Abdichtung gegen von außen drückendes Wasser
Wenn mit Grund- oder Schichtenwasser zu rechnen ist, wird in der Regel eine „weiße Wanne" nach DIN 1045 erstellt. (Siehe auch Seite E 57)

4.2.3 Kelleraußenbauteile

Formular siehe Seite F 24

Kellerbodenplatte

Die Bodenplatte des Kellers wird wie auch beim Haus ohne Keller immer aus Beton auf einer Grobkiesschicht mit darauf liegender Noppenfolie oder Sauberkeitsschicht aus Beton hergestellt. Die Streifenfundamente entfallen dagegen in der Regel bei der bewehrten Bodenplatte.

Kelleraußenwände

Bei nicht drückendem oder aufstauendem Sickerwasser
Kelleraußenwände können sowohl aus Beton als auch aus Mauerwerk bestehen. Hier kommen verschiedene Materialien und Fertigungstechniken in Frage.

Fertigkeller

Beton: Kellerwände aus Beton werden vor Ort betoniert, wobei die Schalung aus vorgefertigten Betonhohlwänden bestehen kann. Beim Fertigkeller werden die Wände als raumhohe Platten vorgefertigt angeliefert und vor Ort auf der Bodenplatte verankert. Fenster, Türen und Leerrohre für die Haustechnik können schon eingebaut sein.

Kellerbodenplatte

Hochlochziegel: Sie bestehen aus gebranntem Ton. Porosierte Hochlochziegel haben vertikale Kammern. Der Ton selbst hat eine Vielzahl von winzigen Hohlräumen (Poren). Diese Eigenschaft beeinflusst die Rohdichte der Ziegel und bestimmt deren Wärmeleitfähigkeit (je mehr Poren desto besser). Als positive Eigenschaften dieses Mauerziegels sind das geringe Gewicht und die gute Wärmedämmung hervorzuheben.

Kalksandsteine: Durch ihre hohe Dichte ist die Schalldämmwirkung dieser Mauersteine besonders gut. Bedingt durch die hohe Wärmeleitfähigkeit muss ein Außenmauerwerk aus Kalksandstein stets durch eine Wärmedämmschicht ergänzt werden, sofern die Kellerräume beheizt werden sollen. Bei einem kalten Keller sollte das Außenmauerwerk zumindest einen halben Meter unter der Erdgeschossdecke gedämmt werden.

Porenbeton: Ähnlich wie beim Leichtziegel haben auch Porenbetonsteine kleine Poren. Je nach Dosierung des Treibmittels Aluminiumpulver besitzen sie eine unterschiedliche Dichte und damit auch Wärmeleitfähigkeit.

Schalungssteine: Neben vorgefertigten Wänden (und Decken) werden auch Schalungssteine angeboten, deren Hohlräume erst auf der Baustelle mit Ortbeton verfüllt werden. Auf diese Weise kann die konventionelle Schalung eingespart werden. Ihr Inneres wird aus zwei großen, senkrechten Kammern gebildet. Beim Bauen werden die trocken versetzt aufeinandergeschichteten Formsteine mit Beton verfüllt. Schalungssteine aus Polystyrol, Holzbeton mit oder ohne Polystyroleinsätzen oder Ähnlichem dienen der Verbesserung der Wärmedämmung der Wände.

Bitumenbeschichtung

Bei den für die senkrechte Abdichtung verwendeten Materialien handelt es sich in der Regel um Bitumen- oder Kunststoff-Dichtungsbahnen oder kunststoffmodifizierte Bitumendickbeschichtung (KMB). Zementhaltige Dichtungsschlämmen werden in der Regel nur im Sockelbereich verwendet. Lassen Sie sich vom Fachhandel die Technischen Merkblätter über die verschiedenen Dichtungssysteme geben. Daraus ist ersichtlich, für welchen Belastungsfall sie jeweils verwendet werden können.

Weiße Wanne

Bei Grundwasser beziehungsweise drückendem Wasser

Die weiße Wanne besteht komplett aus Stahlbeton. Ein Betonkeller allein ist jedoch noch lange keine weiße Wanne. Bei einer normalen Betonkonstruktion entstehen beim Abbinden eine Vielzahl von kleinen Rissen. Durch diese Risse kann Wasser eindringen. Entscheidend für die Eigenschaften einer weißen Wanne ist die Art der Ausführung: Für diese spezielle Konstruktion muss sehr viel mehr Stahlbewehrung eingebaut werden als im normalen Fall. Man spricht hier von der Rissbreitenbeschränkung. Damit ist gemeint, dass die Breite der Risse auf ein Minimum beschränkt bleibt. Ein spezieller Zusatz im Beton (wasserundurchlässiger oder WU-Beton) macht ihn noch geschmeidiger, damit er sich beim Schütten besser verfestigt.

Weiße Wanne

Schwachpunkte bei der weißen Wanne sind die Fugen zwischen der Bodenplatte und den Wänden, zwischen den Wandelementen sowie die Durchlässe für Rohre. Diese Stellen müssen mit speziellen Materialien (Blech, Fugendichtbänder) und besonderen Verfahrensweisen abgedichtet (druckwasserdichte Durchführungen) werden. Die Bauteile (Bodenplatte und Wände) einer weißen Wanne werden in der Regel vor Ort gegossen. Die Schalung der Wände kann dabei aus filigranen Betonplatten bestehen. Aufgrund dieser speziellen Anforderungen ist die weiße Wanne deutlich teurer als ein herkömmlicher Keller. Sollte das Grundwasser nur bis zu einer niedrigen Höhe steigen, kann die Wanne aus Kostengründen nur bis zu dieser maximalen Wasserhöhe (plus Sicherheit) ausgeführt werden und anschließend als herkömmlicher Keller weiter gebaut werden.

Anfüllschutz

Auch „wasserundurchlässiger“ Beton ist nicht völlig wasserdicht. Die durch den Beton nachgelieferte Wassermenge ist nur viel geringer als die Wassermenge, die auf der Raumseite verdunstet, sodass die Oberfläche stets trocken ist. Wenn Sie Ihren Betonkeller dauerhaft zu Wohnzwecken nutzen wollen, sollten Sie ihn von außen mit Dickbeschichtung abdichten lassen, um die von der Wand ausgehende Feuchtebelastung des Raumes zu vermeiden. Diese Abdichtung muss mit einem Anfüllschutz gegen Beschädigungen beim Anfüllen der Baugrube geschützt werden.

Wärmedämmung der Kelleraußenbauteile gegen das Erdreich
Wenn Sie den Keller nicht beheizen und nicht als Aufenthaltsraum benutzen, benötigen seine Umfassungswände keine besondere Wärmedämmung. Allerdings sollten Sie dann die Kellerdecke oder den Erdgeschossfußboden sowie den Kellerabgang oder Kellerflur gegen das Erdgeschoss gut dämmen.

Perimeterdämmung

Ein beheizter Keller benötigt nicht nur wärmedämmende Außenwände, sondern auch eine gedämmte Bodenplatte. Die Anforderungen werden durch die Energieeinsparverordnung geregelt. Die Ergebnisse der Berechnung für das auszuführende Objekt sollten in der Tabelle (auf Seite E 37 bis E 39) in Gegenüberstellung zum Referenzobjekt enthalten sein. Für diese Bauteile gelten somit die gleichen Anforderungen und die gleichen bauphysikalischen Grundsätze wie für die übrigen Bauteile des Hauses. Die Außenwände sind in der Regel auf der Außenseite durch eine „Perimeterdämmung“ gedämmt.

Dränageplatten

Zugelassen als Wärmedämmschichten gegen das Erdreich (Perimeterdämmungen) sind extrudierter Polystyrolschaum und Schaumglas. Nach dem Verfüllen des Arbeitsraumes wird der Dämmstoff durch den Erddruck fest an die Wand gepresst. Bei wenig wasserdurchlässigen Böden ist eine Sickerschicht vor der Wand bis zur Dränung vorzusehen, zum Beispiel in Form von Dränageplatten.

Ausreichend dickes Mauerwerk aus gut dämmenden Steinen kann den erforderlichen Wärmeschutz auch ohne zusätzliche Dämmschicht erreichen (monolithischer Wandaufbau).

Darüber hinaus sollte zum Beispiel ein häufig benutzter Hobbyraum ausreichend warme Umfassungsflächen haben, weil sich an kalten Flächen Feuchtigkeit aus der Raumluft niederschlagen und Schimmel verursachen kann. Der Raum sollte also beheizbar sein, und die Umfassungsflächen sollten sich rasch erwärmen. Die übliche Betonwand mit außenliegender Dämmung ist dafür weniger geeignet, weil Beton, Kalksandstein oder andere schwere Kellerbaumaterialien beim Aufheizen viele Stunden lang Wärme schlucken, ohne sich spürbar zu erwärmen. Abhilfe schafft eine dünne Innendämmung (es genügen fünf bis zehn Millimeter) zusätzlich zur Außendämmung. Sie kann auch an kalten Innenwänden angebracht werden.

Innendämmung

Eine Innendämmung der Kellerwände bei fehlender Außendämmung müsste sehr viel dicker sein und ist nur in Ausnahmefällen zu empfehlen. In solchen Fällen muss eine 100 Prozent wirksame Dampfbremse auf der Wandinnenseite eingebaut werden, damit sich auf der kalten Wandoberfläche hinter der Dämmung kein Tauwasser bildet und zu Schimmel führt. Mauerwerk aus leichten, gut dämmenden Steinen (zum Beispiel Porenbeton) erwärmt sich ebenfalls rasch, wenn es nicht verputzt oder nur dünn verspachtelt ist.

Fundamenterder

Bei jedem Neubau muss ein sogenannter Fundamenterder eingebaut werden. Dabei handelt es sich um Bandstahl, der als geschlossener Ring in die Fundamente der Außenwände oder der Bodenplatte eingebettet wird. Die im Haus in großer Zahl vorhandenen metallischen Heizungs-, Sanitär- und Elektroinstallationsleitungen sind mit diesem Erder zu verbinden, um gefährliche Berührungsspannungen zu vermeiden.

Entwässerung

Die Entwässerungsleitungen für Schmutz- und Regenwasser müssen in vielen Städten und Gemeinden getrennt voneinander an die öffentliche Kanalisationsleitung angeschlossen werden, sofern das Regenwasser nicht auf dem eigenen Grundstück versickert wird.

Revisionsschacht

Die Entwässerungsleitungen für Schmutz- und Regenwasser müssen in vielen Städten und Gemeinden getrennt voneinander an die öffentliche Kanalisationsleitung angeschlossen werden, sofern das Regenwasser nicht auf dem eigenen Grundstück versickert wird. Für den Anschluss an das öffentliche Kanalnetz muss es für jede Wasserart einen eigenen Revisionsschacht geben, in der Regel auf dem eigenen Grundstück. Diese Schächte dienen zur Kontrolle und Reparatur der Entwässerungsleitungen. Weitere Kontrollschächte können notwendig werden bei Richtungsänderungen der Leitungen oder als Sammelschacht, wenn mehrere Leitungen zusammenfließen. Kontrollschächte können auch mit Rückstauverschlüssen ausgestattet werden.

4.2.4 Dränage

Formular siehe Seite F 26

Ringdränage

Die Ringdränage ist eine geschlitzte oder gelochte Rohrleitung, die das gesamte Gebäude im Gründungsbereich lückenlos ringförmig umschließt. Sie nimmt das sich ansammelnde und gegebenenfalls das aus vertikalen Sickerschichten oder aus Flächendränagen unter der Bodenplatte zugeleitete Wasser auf. Von dort aus wird es über Auffangschächte in einen Bach, einen Regenwasserkanal oder einen Sickerschacht abgeleitet. Klären Sie die Ableitung des Wassers durch den Entwässerungsplan. Außerdem müssen Sie bei der zuständigen Bauaufsicht nachfragen, wohin das Dränagewasser abgeleitet werden darf.

Spülschächte

Die Rohrleitungen werden in groben Kies eingebettet. Das gesamte Kiespaket muss vollständig mit einem Filtervliesgewebe ummantelt sein. Bei einfachster Geometrie des Gebäudes müssen nach DIN mindestens zwei Kontroll- und Spülschächte eingebaut werden, sodass alle Leitungen und Knickpunkte kontrolliert und gespült werden können. Die DIN empfiehlt darüber hinaus, Spülschächte bei jeder Richtungsänderung einzubauen.

Flächendränage

Sogenannte Flächendränagen können notwendig sein, wenn Wasser- und Bodenverhältnisse vorliegen, bei denen das Wasser auch von unten dem Gebäude zuströmen kann. Um Durchfeuchtungsschäden im Kellerbodenbereich zu verhindern, nehmen die unterhalb der Kellersohle angeordneten Flächendränagen das Wasser auf und leiten es der Ringdränage zu. Damit können aufwändigere Dichtungsmaßnahmen im Kellerbodenbereich vermieden werden.

Dränplatten

Dränplatten werden als zusätzliche vertikale Sickerschicht unmittelbar vor die Außenwand gestellt. Sie bestehen meist aus Polystyrol oder (Polyethylen-) PE-Schaum. Diese Platten dürfen rechnerisch nicht als Wärmedämmung angesetzt werden. Es gibt auch Dränwände aus Steinen oder Betonplatten („trocken versetzte Sickerkörper").

4.2.5 Bodenaushub und Verfüllung der Baugrube

Formular siehe Seite F 26

Der Oberboden sollte in der Regel auf dem Grundstück seitlich gelagert werden. Nach Beendigung der Baumaßnahme muss er wieder auf dem Grundstück verteilt werden (Grobplanum).

Den Kelleraushub benötigen Sie nur dann, wenn das Außengelände später beispielsweise für Terrassen angeschüttet werden soll. Ansonsten sollte die Abfuhr des nicht mehr benötigten Bodenaushubs immer im Preis inbegriffen sein. Sollte Ihnen der Unternehmer dafür etwas berechnen wollen, behalten Sie sich vor, die Leistung nach Kostenvergleichen durch ein anderes Unternehmen ausführen zu lassen. Preise sollten immer vorher und pauschal vereinbart werden – ein Aufmaß der Massen ist nachträglich kaum mehr möglich.

Der Arbeitsraum für den Keller muss später angefüllt werden. Hierzu eignet sich nur durchlässiger und verdichtungsfähiger Boden. Auf keinen Fall eignet sich lehmhaltiger Boden, am besten ist Sandboden geeignet. Sofern der vorhandene Boden auf Ihrem eigenen Grundstück diesen Anforderungen nicht genügt, muss er ausgetauscht werden. Da die Kosten dafür recht hoch werden können, sollten sie vor Vertragsabschluss pauschal beziffert werden. Steht die Bodenbeschaffenheit noch nicht fest, können sie mit einem Eventualpreis ausgewiesen werden. Sicherheit gibt hier das Bodengutachten.

Wasserhaltung

Wenn sich bei der Gründung des Hauses die Baugrube mit Grund- oder Niederschlagswasser füllt, sind Vorkehrungen zur Wasserhaltung unabdingbar. Zur Trockenlegung empfehlen sich Schmutzwasserpumpen. Sie werden üblicherweise am tiefsten Punkt einer Baugrube platziert, dem sogenannten Pumpensumpf, und verpumpen von dort das Wasser aus der Grube. Diese „offene Wasserhaltung" gilt als Standardmethode, die mit vergleichsweise wenig Aufwand schnelle Ergebnisse hervorbringt. Bei der „geschlossenen Wasserhaltung" läuft die Pumpe außerhalb der Baugrube in einem eigens dafür speziell gebohrten Brunnen, von dem aus der lokale Grundwasserspiegel soweit abgesenkt wird, bis die Grube trocken ist. Für diese Maßnahme muss im Vorfeld eine Genehmigung eingeholt werden.

Tipp: *Lassen Sie sich schriftlich zusichern, dass keine weiteren Mehrkosten durch besondere Umstände wie zum Beispiel Lage, Zufahrt, Geländehöhen, Gefälle, Grundwasser, Bodenaushub, Bodenabfuhr, geeignetes Füllmaterial entstehen. Spätestens zum Zeitpunkt der Unterschrift sollten Sie Ihren Unternehmer dazu gebracht haben, Ihr Grundstück genau zu kennen (Besichtigungsprotokoll).*

4.2.6 Kellerinnenwände

Formular siehe Seite F 27

Bei den Innenwänden unterscheidet man tragende und nicht tragende Wände. Letztere sind lediglich Raumtrennwände ohne statische Aufgaben für die Gesamtkonstruktion. Eine nicht tragende Wand kann daher in einer geringeren Wanddicke ausgeführt werden.

4.2.7 Kellerfußboden

Formular siehe Seite F 27

Damit die Feuchtigkeit von der Bodenplatte nicht in den darüber liegenden Estrich oder die aufsteigenden Wände diffundiert, muss die Bodenplatte nach DIN 18195 gegen Feuchtigkeit abgedichtet werden.

Dämmung oberhalb der Bodenplatte

Nach der geltenden Energieeinsparverordnung (EnEV 2009) müssen nur beheizte Räume eine wärmegedämmte Gebäudehülle erhalten. Befinden sich im Keller keine beheizten Räume, muss der Kellerfußboden nicht wärmegedämmt sein. In diesem Fall müssen die Kellerdecke und die Umfassungswände des Kellertreppenhauses sowie die Tür vom Keller zum Treppenhaus die Dämmfunktion übernehmen (siehe Kapitel 3.9 „Wärmeschutz“, Seite E 30 ff.). Im beheizten Keller wird die Dämmung des Kellerfußbodens in der Regel oberhalb der Bodenplatte unter dem schwimmenden Estrich eingebaut. Die Dämmung kann jedoch auch unter der Bodenplatte mit einer dafür zugelassenen Dämmung eingebaut werden.

Nassestrich

Es gibt verschiedene Arten von Estrichen. Alle nachfolgenden Estricharbeiten werden „nass“ auf der Baustelle eingebracht. Man bezeichnet sie von daher als Nassestrich. Sie können entweder im Verbund mit der Unterkonstruktion (Verbundestrich) oder als schwimmender Estrich mit Trittschall- und Wärmedämmung hergestellt werden. Trockenestriche sind empfindlich gegen Feuchtigkeit und für den Keller nicht geeignet.

Zementestrich

Zementestrich wird am häufigsten verwendet und ist besonders für Fußbodenheizung geeignet. Die Dicke des Estrichs muss auf Dämmschichten mindestens 45 Millimeter betragen. Er ist für alle Kleber geeignet und bietet einen guten Schallschutz. Das Austrocknen des Estrichs kann bis zu sechs Wochen dauern. Je nach Belag darf er eine bestimmte Restfeuchte nicht überschreiten. Man spricht hier von Belegreife. Diese Prüfung muss besonders bei Holzbelägen von einer Fachperson vorgenommen werden, da es sonst zu ernsten Schäden kommen kann.

Gussasphalt-Estrich

Gussasphalt-Estrich ist weitgehend feuchtigkeitsundurchlässig und deshalb auch für Böden mit Kontakt zum Erdreich gut geeignet. Weitere Vorteile sind seine schnelle Begeh- und Belegbarkeit, die geringe Einbauhöhe und seine Rissfreiheit selbst bei größeren Flächen. Wirtschaftlich ist Gussasphalt-Estrich jedoch erst bei größeren Mengen.

Estrich auf Trennlage

Estrich auf Trennlage wird auch als „gleitender Estrich“ bezeichnet. Eine Kunststofffolie oder Bitumenpappe zwischen Unterboden und Estrich stoppt aufsteigende Feuchte. Die Mindestdicken für die Estrichschicht betragen für Zementestrich 35, für Gussasphalt 20 Millimeter. Werden

Schwimmende Verlegung

an den Fußboden Ansprüche bezüglich des Wärme- und Schallschutzes gestellt, kommt nur die schwimmende Verlegung in Frage. Dabei wird zwischen Bodenplatte und Estrich zusätzlich zur Trennschicht aus Kunststofffolie, Bitumenpappe oder Glasvlies eine Dämmschicht aus Mineralfasern, Hartschäumen oder Schüttungen gelegt. Die Dicke des Fußbodenaufbaus richtet sich hier nach der erforderlichen Dicke der Trittschall- beziehungsweise Wärmedämmung und der darüber liegenden Estrichplatte.

4.2.8 Decke über Kellergeschoss

Formular siehe Seite F 27

Ortbeton

Betonfertigteile

Decken werden entweder in Ortbetonbauweise konventionell geschalt oder als Fertigteildecken erstellt. Fertigteildecken werden nicht mehr verputzt, sondern lediglich die Plattenstöße verspachtelt und gestrichen oder tapeziert. Diese Bauweise ist preiswerter als der Einsatz reiner Ortbetondecken und hat den zusätzlichen Vorteil, dass die Bauzeit um einige Tage verkürzt werden kann. Fertigteildecken können als Filigrandecken oder als Vollmontagedecken ausgeführt werden. Bei Ersteren handelt es sich um fünf Zentimeter dicke Stahlbetonplatten. Sie dienen als Schalung für den sogenannten Aufbeton, der später eingebracht wird. Vollmontagedecken sind dagegen fertige Stahlbeton-Hohlplattendecken. Sie sind unmittelbar nach dem Verlegen begeh- und belastbar.

4.2.9 Kellerausbau und -ausstattung

Innenputz

Formular siehe Seite F 28

Fugenglattstrich nennt man das Glattstreichen der Mauerwerksfugen mit einem Fugeisen oder -holz in einem Arbeitsgang. Für Kellerräume ist diese Oberfläche ausreichend und kostensparend: Ebenfalls sehr günstig ist der Wischputz. Er wird mit einem Quast aufgetragen. Die Struktur der Steine ist danach noch sichtbar.

Spachteln ist der flächige Ausgleich von kleineren Unebenheiten über die gesamte Wand oder Decke. Auch hierbei kann man anschließend auf einen Putz verzichten. Vorsicht: Nicht selten werden Spachtelarbeiten den Malerarbeiten zugeordnet und fallen damit unbeabsichtigt in den Bereich der Eigenleistung.

Kalk- und Gipsputze können vorübergehend erhöhte Luftfeuchte in Wohnräumen gut puffern. Gipsputze werden jedoch bei dauerhafter Durchfeuchtung beschädigt und sollten deshalb nur in dauerhaft trockenen Räumen verwendet werden. Ebenso gut geeignet sind Kalk-Zementputze, sie sind allerdings widerstandsfähiger gegen Feuchtigkeit.

Malerarbeiten

Formular siehe Seite F 28

Gut geeignet sind Dispersionsfarben. Sie sind kostengünstig, dazu waschfest und beliebig oft überstreichbar. Sie enthalten in sehr geringen Konzentrationen Weichmacher und Konservierungsstoffe, oft auch kleine Mengen an Lösemitteln. Gesundheitliche Bedenken bestehen im Allgemeinen nicht. Allerdings sollten im Innenbereich keine Farben „für außen“ verwendet werden. Sie enthalten weitere, nicht immer unbedenkliche Zusatzstoffe.

Hinweis: Wichtig ist die Überprüfung, ob die Oberflächen sauber, trocken und fest sind. Nicht verputzte Betonoberflächen – gerade bei Decken – müssen öl- und fettfrei sein (Schalöl!). Putzmängel müssen vor dem Anstrich unbedingt beseitigt werden. Da diese Arbeiten üblicherweise nicht zu den Nebenleistungen des Anbieters gehören, können Bauzeitverzögerungen oder – bei nicht erfolgter Vorbereitung des Untergrunds – sogar Mängel die Folge sein.

***Tipp:** Weil der korrekte Untergrund für den Anstrich sehr wichtig ist, sollten Sie mit dem Hausanbieter eine Abnahme der Oberflächen beziehungsweise Untergründe für den Fall vereinbaren, dass die Malerarbeiten in Eigenleistung erbracht werden.*

Kellerfenster

Formular siehe Seite F 28

Kellerfenster müssen vor Einbruch und dem Eindringen von Tieren schützen (zum Beispiel durch Mäusegitter). Neben handelsüblichen Holz-, Kunststoff- und Stahlkellerfenstern gibt es auch Fertigelemente mit umlaufenden Zargen aus Beton oder Glasfaser. Sie werden in der Schalung befestigt und einbetoniert beziehungsweise -gemauert. In beheizten Kellerräumen müssen die Fenster den Anforderungen der Energieeinsparverordnung an Wärmeschutz und Dichtheit genügen (siehe auch Kapitel 3.9 „Wärmeschutz“, Seite E 30 ff.).

Kellerfenster

Lichtschächte

Formular siehe Seite F 29

Lichtschächte werden in der Regel als Fertigelemente eingesetzt. Sie bestehen meist aus glasfaserverstärktem Kunststoff oder aus dünnwandigem Stahlbeton. Lichtschächte aus Kunststoff können allerdings beim Verfüllen der Baugrube leicht beschädigt werden. Mauerwerks- und Betonlichtschächte sind dagegen erheblich robuster. Außerdem können als Einbruchsschutz zusätzlich Rostabdeckungen angebracht und am oberen Rand – unterhalb des Gitterrostes – sicher angeschraubt werden. Diese Rostsicherung stellt eine vernünftige Ergänzung zum Gitterrost dar, der meist nur mit einer Abhebesicherung am Lichtschacht befestigt wird. Die Abhebesicherung allein dient als eine einfache und nicht besonders wirkungsvolle Einbruchsicherung. Lichtschächte benötigen in der Regel einen Entwässerungsanschluss, zum Beispiel an die Drainage, damit bei Starkregen kein Wasser durch die Kellerfenster nach innen dringt. Achtung: Überprüfen Sie die Lage der Kellerlichtschächte in Bezug auf die Lage der Terrassen, Austritte und Außenanlagen.

Rostabdeckung

Kellertüren

Formular siehe Seite F 29

Außentüren

Kelleraußentüren, die nicht beheizte Kellerräume abschließen, benötigen keine besondere Wärmedämmung. Die üblicherweise dafür verwendeten Türen aus Stahlblech genügen darüber hinaus den Anforderungen an die Einbruchhemmung.

Wenn Kellerräume Wohnzwecken dienen und einen eigenen Zugang von Außen haben, sollten die Außentüren den gleichen technischen Ansprüchen genügen, die an Hauseingangstüren gestellt werden. Stahltüren haben in der Regel einen schlechteren Wärmeschutz. Gerade die Zargen sind ungedämmt, Tauwasser kann dort in der kalten Jahreszeit kondensieren und auf Dauer zur Korrosion führen.

Innentüren

Türblätter bestehen je nach Verwendungszweck aus unterschiedlichen Mittellagen. Aus der Kombination der Klimaklassen und der Beanspruchungsgruppen folgen die Zuordnung beziehungsweise Einsatzempfehlungen nach ihrem Verwendungszweck:

Türen trennen häufig Räume mit unterschiedlichen Temperaturen und Luftfeuchtigkeiten (Differenzklima). Trotzdem dürfen sich die Türblätter nicht verziehen. Man ordnet die Türblattkonstruktionen den Klimaklassen I, II oder III mit entsprechenden Einsatzempfehlungen zu. Türen der Klimaklasse I unterliegen normalen, Türen der Klimaklasse III extremen klimatischen Beanspruchungen.

Neben den Klimaklassen gibt es auch noch drei Klassen für die mechanische Beanspruchung. Die Beanspruchungsgruppe N bezeichnet eine normale, M eine mittlere und S eine starke Beanspruchung.

Für Kellerabgangstüren sollten mindestens Türen der Klimaklasse II und der Beanspruchungsgruppe N oder M verwendet werden.

Beschläge

Zu den Beschlägen im eigentlichen Sinn zählen alle Teile aus Metall oder Kunststoffen, die dazu dienen, bewegliche Bauteile festzumachen, zu verbinden, beweglich zu machen oder zu verschließen. Mit dem Begriff „Türbeschlag" wird häufig jedoch nur der Türgriff bezeichnet. Er besteht aus Außen- und Innenschild sowie Türdrückern und Drückerstift.

Bodenabdichtungen

Der bei Türen erforderliche Bodenabstand kann durch Bodendichtungen wirksam abgedichtet werden. Je nach Hersteller gibt es verschiedene Systeme (zum Beispiel Anschlagdichtung, absenkbare Dichtung, Auflaufdichtung mit Bürste). Weitere Informationen zum Thema Innentüren finden Sie auf Seite E 133 f.).

Kelleraußentreppen

Formular siehe Seite F 31

Kelleraußentreppen werden in der Regel aus Beton hergestellt, die Umfassungswände aus dem Material der oberen Außenwände. Offene Kelleraußentreppen und die Anschlüsse an die Kelleraußenwände sind anfällig gegen Wasser, sie müssen sehr sorgfältig abgedichtet werden. Aus diesem Grund ist eine geschlossene Treppe der offenen vorzuziehen. Eine offene Treppe sollte mindestens eine Überdachung haben. Die Entwässerung der Kelleraußentreppe darf auf keinen Fall fehlen. Das Regenwasser muss durch einen Abfluss am unteren Treppenende abfließen können. Um zu verhindern, dass bei starken Regenfällen das Abwasser aus dem Kanal in diesen Abfluss oder die übrigen Hausleitungen zurückgedrückt wird, kommen Rückstauverschlüsse zum Einsatz. Diese öffnen sich nur in Richtung des abfließenden Wassers und müssen regelmäßig gewartet werden.

Kellerinnentreppen

Formular siehe Seite F 31

Kellerinnentreppen können entweder wie die Treppe im Erd- oder Dachgeschoss ausgeführt oder aus Stahlbeton hergestellt werden (siehe auch Kapitel 4.3.10 „Treppen“, Seite E 94). Abweichende Ausführung oder Beläge muss der Unternehmer mit Ihnen abstimmen.

Allgemeine Elektroinstallation im Keller

Formular siehe Seite F 32

Elektroinstallation

Die unter Elektroinstallation zusammengefassten Leistungen umfassen alle Arbeiten ab dem Hausanschlusskasten bis einschließlich der Steckdosen, der Auslässe für die Beleuchtung und der jeweiligen Schalter. Manche Anbieter übernehmen die Elektroarbeiten lediglich ab dem Verteilerkasten. Deshalb muss festgelegt werden, wer die Kosten für die Hauptleitung (Verbindung zwischen Hausanschluss und Zähler) übernimmt.

Verteilerschrank

Die Sicherungen für die einzelnen Stromkreise befinden sich im Verteilerschrank. Er sollte grundsätzlich mit Reserveplätzen ausgestattet und darüber hinaus so bemessen sein, dass eine spätere Erweiterung der Elektroanlage ohne weiteres möglich ist. In der Regel beherbergt der Verteilerschrank auch den Zähler des Versorgungsunternehmens. Die Anzahl der Zählerfelder richtet sich nach der geplanten Zahl der Abnehmer im Haus. Für den Fall einer späteren Abtrennung einer Einliegerwohnung oder Erweiterung des Hauses ist ein freies Zählerfeld vorgeschrieben.

Stromkreise

Im nicht bewohnten Keller reichen zwei Stromkreise aus, einer für Licht und einer für die Steckdosen. Außerdem sollte immer dann ein eigener Stromkreis vorgesehen werden, wenn längerfristig ein Elektrogerät mit mehr als zwei Kilowatt Anschlussleistung betrieben werden soll. Hinzu kommen die Stromkreise für Waschmaschine, Trockner oder Spülmaschine. Ein Drehstromanschluss wird nur benötigt für einen Elektroherd, einen elektrischen Durchlauferhitzer zur Warmwasserbereitung und für besondere elektrische Geräte mit einer hohen Anschlussleistung, wie zum Beispiel einen Brennofen oder die Sauna. Am besten planen Sie die Installation zusammen mit einem erfahrenen Elektroinstallateur so, dass sie Ihren Gewohnheiten und Nutzungsvorstellungen entspricht.

Leitungen

Die wirtschaftlichste Lösung im Keller sind Aufputz-Leitungen. Sie kommen zum Einsatz, wenn die Wände nicht verputzt werden. Unterputz-Leitungen sind vor allem in Wohnräumen üblich. Sie müssen nach einem genauen Plan horizontal und vertikal, dürfen dagegen nie diagonal verlegt werden. Die Lage der Schalter und Steckdosen lassen später den ungefähren Verlauf der Leitungen erkennen.

Tipp: *Lassen Sie sich für spätere Arbeiten den Werkplan des Elektrikers aushändigen. Gegebenenfalls vereinbaren Sie das bereits mit dem Anbieter.*

Stegleitung

Für Leitungen in Leerrohren wird zuerst das Installationsrohr in vorher ausgefrästen Schlitzen verlegt und nach Abschluss der Putzarbeiten die Leitungen eingezogen. Diese Installationsart hat den Vorteil, dass zusätzliche Kabel für Sonderwünsche oder aufgrund von Nutzungsänderungen ohne aufwändige Stemm-, Putz- und gegebenenfalls Tapezierarbeiten verlegt werden können. Bei der Stegleitung sind die einzelnen Adern mit einem Gummisteg zusammengefasst. Sie ist flach und wird auf der Rohwand befestigt. Anschließend muss sie auf ihrem gesamten Verlauf mit Putz bedeckt sein. Die Verlegung ist nur in trockenen Räumen in oder unter Putz gestattet. In Feuchträumen wird meist die Mantelleitung verwendet. Im Gegensatz zur Stegleitung hat sie einen zusätzlichen Kunststoffmantel als mechanischen Schutz. Sie kann auf, in oder unter Putz verlegt werden. (Siehe auch Kapitel 4.4.1 „Elektroarbeiten – Rohinstallation“, Seite E 96 ff.)

Tipp: *Berücksichtigen Sie bereits bei der Planung die Installationsschächte beim Massivbau und Aussparungen in Wänden und Decken, damit später keine aufwändigen Stemmarbeiten notwendig werden. Da die Arbeiten für die Rohinstallation meist nach Fertigstellung des Rohbaus erfolgen, sollten Sie die Anordnung von Steckdosen, Lichtschaltern und Lichtauslässen frühzeitig planen, damit diese nach Ihren Vorstellungen gesetzt werden können.*

Sanitärinstallation im Keller

Formular siehe Seite F 33

Für Entwässerungsleitungen kommen verschiedene Materialien in Frage. Steinzeugrohre haben eine hohe Lebensdauer. Kunststoffrohre aus Polypropylen (PP) oder Hart-PVC sind bedeutend preiswerter als Steinzeugrohre. Ihre Schalldämmung und die Haltbarkeit sind dagegen weniger gut. Gussrohre sind langlebig und haben eine gute Schalldämmung.

Liegen die Entwässerungsleitungen des Hauses unter dem Niveau des Übergabepunktes zur Straße, muss das Schmutzwasser mit Hilfe einer Hebeanlage auf Höhe des Abwasserkanals gepumpt werden. Andernfalls könnte das Abwasser nicht abfließen. Achtung: Hebeanlagen für fäkalienhaltiges Wasser (aus WCs) sind aufwändiger und teurer als solche für fäkalienfreies Schmutzwasser (Waschmaschinen, Duschen). Um zu verhindern, dass zum Beispiel bei plötzlichen starken Regengüssen das Abwasser wieder in die Hausleitungen zurückgedrückt wird, kommen Rückstauverschlüsse zum Einsatz. Diese öffnen sich nur in Richtung des abfließenden Wassers. Auch hier wird unterschieden zwischen Rückstauverschlüssen bei fäkalienhaltigem und fäkalienfreiem Schmutzwasser.

Heizungsinstallation im Keller

Wenn Sie den Keller als Wohnraum nutzen oder zumindest einige Räume heizen wollen, sollten Sie Art und Umfang der Heizflächen vom Unternehmer benennen lassen.

4.3 Erd-, Ober- und Dachgeschoss

4.3.1 Außenwände

Konstruktion

Formular siehe Seite F 34

Einschalig oder mehrschalig

Eine Außenwand kann einschalig oder mehrschalig aufgebaut sein. Für die Herstellung von Außenwänden gibt es viele unterschiedliche Materialien. Grundsätzlich steht der massiven die leichte Bauweise gegenüber. Die Bezeichnungen „massiv" und „leicht" stehen dabei für die Eigenschaft der tragenden Konstruktion. Damit also ein Haus das Attribut „massiv" verdient, muss zumindest die tragende Außenwand immer aus einem massiven Wandbaustoff bestehen. Dabei kann die Fassade durchaus aus Holz sein. Umgekehrt kann ein Holzhaus in Leichtbauweise eine massive Klinkerfassade besitzen – nach außen hin unterscheidet es sich nicht von einem Massivhaus.

Eine einschalige oder monolithische Außenwand besteht aus nur einem Baustoff, der auf beiden Seiten verputzt sein kann. Bei zwei- oder mehrschaligen Außenwänden werden die Funktionen Konstruktion/Wärmedämmung/Fassade auf die verschiedenen Bestandteile der Außenwand verteilt. Ein Beispiel dafür ist die massive Außenwand mit Kerndämmung und Ziegelverblendschale. Eine monolithische Außenwand von 30 Zentimeter Dicke reicht unter bestimmten Voraussetzungen für den Wärmeschutz der Außenwand aus. Platzsparender ist dagegen ein 17,5 Zentimeter dickes Hintermauerwerk mit einer zusätzlichen Wärmedämmschicht.

Außenwände müssen in jedem Fall luftdicht sein. Gemauerte Wände sind erst luftdicht, wenn sie auf der Innenseite vollflächig verputzt sind. Dabei ist darauf zu achten, dass der Putz sauber an die nächste luftdichte Ebene angeschlossen wird. Das bedeutet zum Beispiel, dass der Putz bis auf die Rohbetondecke und hinter Vorwandinstallationen geführt wird, oder dass Fensterbrüstungen und -Laibungen einen Glattstrich erhalten. Auch Steckdosen und Schalter sollten dauerhaft luftdicht eingebaut werden.

Leichtbauweise

Die Luftdichtheit von Häusern in Leichtbauweise muss noch wesentlich sorgfältiger geplant und ausgeführt werden. Die luftdichte Schicht kann mittels Holzwerkstoffplatten, armierten Baupappen oder Kunststofffolien hergestellt werden. In der Regel stellt diese Ebene dann auch die Dampfbremse dar. Alle Fugen müssen luftdicht verklebt werden, besonders die Anschlüsse zu anderen Bauteilen bedürfen größtmöglicher Sorgfalt.

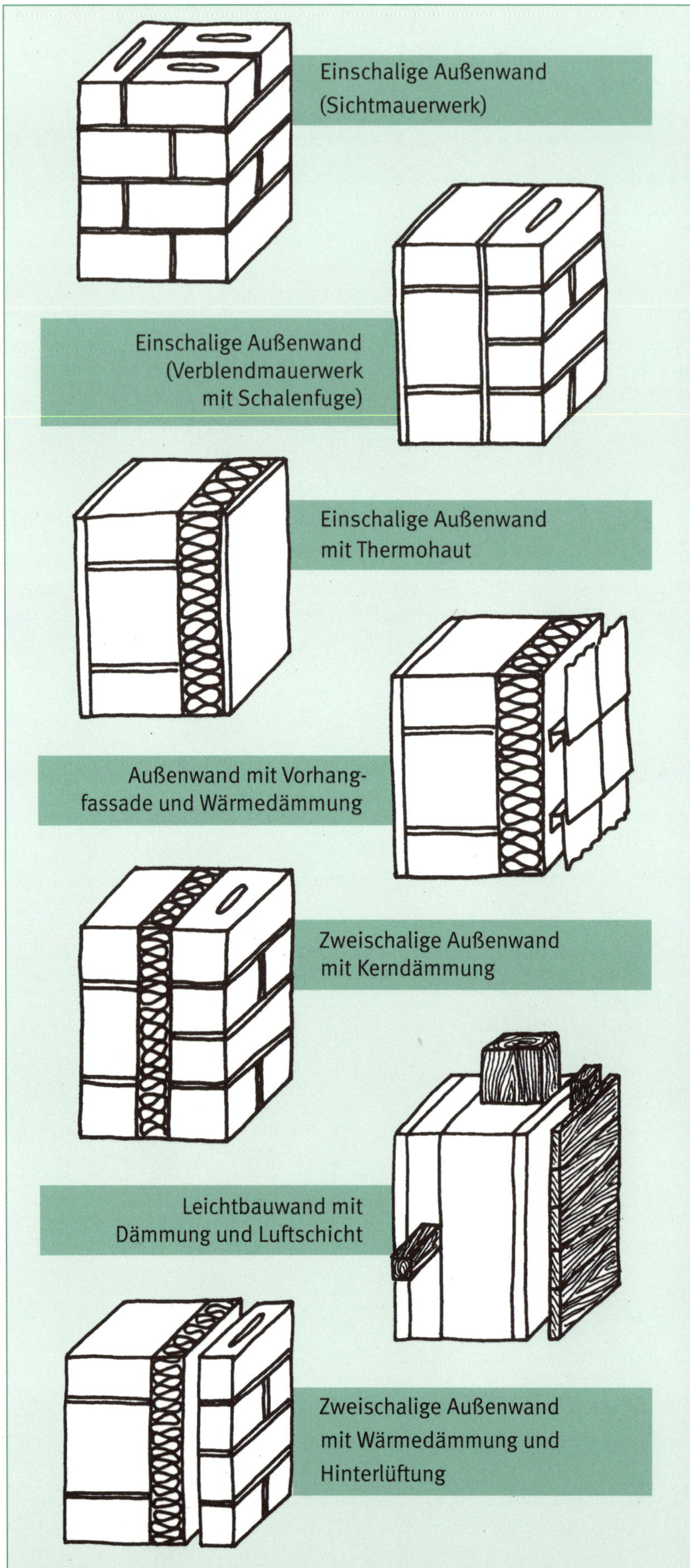
Einschalige Außenwand
(Sichtmauerwerk)
Einschalige Außenwand
(Verblendmauerwerk
mit Schalenfuge)
Einschalige Außenwand
mit Thermohaut
Außenwand mit Vorhang-
fassade und Wärmedämmung
Zweischalige Außenwand
mit Kerndämmung
Leichtbauwand mit
Dämmung und Luftschicht
Zweischalige Außenwand
mit Wärmedämmung und
Hinterlüftung

Tauwasser

Alle Außenwände müssen hinsichtlich Tauwasser sicher konstruiert sein. Hier gibt es verschiedene Möglichkeiten. Für die Sicherheit der Konstruktion ist der Planer verantwortlich. Die Anforderungen werden durch die Energieeinsparverordnung geregelt. Die Ergebnisse der Berechnung für das auszuführende Objekt sollten in der Tabelle (auf Seite E 37 bis E 39) in Gegenüberstellung zum Referenzobjekt enthalten sein. Diese wird oft in Verbindung mit der Statik erstellt und muss vor Baubeginn vorliegen.

Massive Außenwände

Als Material für massive Außenwände kommen folgende Materialien in Betracht:

Porosierte Hochlochziegel: Sie bestehen aus gebranntem Ton und haben vertikale Kammern. Der Ton selbst hat eine Vielzahl von winzigen Hohlräumen (Poren). Diese Eigenschaft beeinflusst die Rohdichte der Ziegel und bestimmt deren Wärmeleitfähigkeit (je mehr Poren desto besser). Als positive Eigenschaften dieses Mauersteins sind das geringe Gewicht und die gute Wärmedämmung hervorzuheben. Zur Verbesserung der Wärme- und Schalldämmeigenschaften gibt es mittlerweile auch porosierte Ziegel, deren vertikale Kammern mit entsprechenden Dämmstoffen, zum Beispiel Perlite, gefüllt sind.

Kalksandsteine: Kalk und Sand werden im Verhältnis 1:12 gemischt. Der Branntkalk löscht unter Wasserverbrauch zu Kalkhydrat ab. Mit Pressen werden Steinrohlinge unter geringem Energieaufwand bei Temperaturen von etwa 200° Celsius unter Wasserdampfdruck – je nach Steinformat etwa vier bis acht Stunden – geformt. Nach dem Härten sind die Kalksandsteine gebrauchsfertig. Bedingt durch die schlechte Wärmedämmeigenschaft muss ein Außenmauerwerk aus Kalksandstein stets durch eine zusätzliche Wärmedämmschicht ergänzt werden. Eine Lage Wärmedämmsteine zwischen Außenwand und Bodenplatte reduziert die Wärmebrückenwirkung. Schwere Kalksandsteinwände sind als schalldämmende Innenwände gut geeignet.

Porenbeton: Ähnlich wie beim Leichtziegel haben auch Porenbetonsteine kleine Poren. Je nach Dosierung des Treibmittels Aluminiumpulver besitzen sie eine unterschiedliche Dichte und damit auch Wärmeleitfähigkeit.

Leichtbetonsteine: Ausgangsmaterialien sind Zement und verschiedene Leichtzuschläge wie Naturbims, Blähglimmer, Blähton usw. Das Vermauern geschieht – wie bei den Leichtziegeln – mit Leichtmörtel.

Leichtbetonelemente: Bei diesen Bauelementen handelt es sich um eine sehr rationelle Fertigungsweise: Die fertigen Wände werden auf der Baustelle mit einem Kran aufgestellt. Um einen hinreichend hohen Wärmeschutz dieser raumhohen Platten zu erreichen, müssen sie zusätzlich durch eine separate Wärmedämmschicht ergänzt werden.

Ziegelfertigelemente: Auch mit im Werk vorgefertigten und auf der Baustelle aufgestellten Ziegelwänden lässt sich ein Haus schnell erstellen. Besonderer Vorteil ist hier die trockene Bauweise und ein guter Wärmeschutz.

Schalungssteine: Ihr Inneres wird aus zwei großen, senkrechten Kammern gebildet. Beim Bauen werden die trocken versetzt aufeinandergeschichteten Formsteine mit Beton verfüllt. Schalungssteine aus Polystyrol, Holzbeton mit oder ohne Polystyroleinsätzen dienen der Verbesserung der Wärmedämmung der Wände.

Tipp: Neben den unterschiedlichen Eigenschaften der Baustoffe gibt es für jeden Einzelnen unterschiedliche Formate und Mauertechniken. Welche Kombination dabei zur Anwendung kommt, sollten Sie zusammen mit Unternehmer diskutieren. So können Sie möglicherweise Kostenvorteile der jeweiligen Firmen in Anspruch nehmen.

Leichtbauweise

Als Synonyme für Häuser in Leichtbauweise stehen die Begriffe „Holzhaus“ oder „Fertighaus“. Diese Bezeichnungen sind nicht immer ganz eindeutig und korrekt. Tatsächlich bestehen die Außenwände von Fertighäusern in der Regel aus vorgefertigten Holztafeln (Tafelbauweise). Diese Holztafeln werden aus Holzständern und Holzwerkstoffplatten hergestellt. Der Zwischenraum zwischen den Holzständern ist mit Dämmung ausgefüllt und wird, sofern nicht eine zusätzliche Installationsebene vorgesehen ist, für die Verlegung der haustechnischen Leitungen verwendet. Innenseitig wird die Holztafel mit Gipsbauplatten oder Holzwerkstoffplatten bekleidet. Für die Gestaltung der Außenfassade stehen sämtliche Möglichkeiten zur Verfügung.

Installationsebene

Auf die Bedeutung der Luftdichtheit und der Dampfbremse eines Gebäudes wurde bereits in dem Kapitel 3.10 „Luftdichtheitsprüfung“, Seite E 41 ff. hingewiesen. Eine getrennte Installationsebene auf der Wandinnenseite ist nicht zwingend notwendig, bietet aber die Sicherheit, dass die luftdichte Hülle des Hauses durch spätere Installationen (zum Beispiel Wanddosen für Schalter und Steckdosen) nicht verletzt wird. Die Installationsebene sollte eine Tiefe von mindestens 50 Millimetern haben.

Für die Beplankung der Wände werden entweder Holzwerkstoffe oder Gipsleichtbauplatten eingesetzt. Bei den Holzwerkstoffplatten – hier vor allem bei den Spanplatten – werden Kleber beziehungsweise chemische Verbindungen als Bindemittel eingesetzt, die auch nach dem Abbinden gesundheitsschädliche Stoffe, besonders Formaldehyd abgeben können. Entsprechend der Menge dieser Ausdünstungen werden die Spanplatten in drei Emissionsklassen eingeteilt: Für den Innenausbau dürfen unbeschichtet nur noch E1-Platten verwendet werden. Platten der Emissionsklassen E2 und E3 mit höheren Gehalten an Formaldehyd dürfen nur dann eingesetzt werden, wenn eine Beschichtung die Formaldehydabgabe auf den Richtwert von 0,1 ppm (= Milliliter pro Kubikmeter Innenraumluft) absenkt. Noch einmal um die Hälfte niedriger angesetzt ist der Grenzwert für Spanplatten mit dem Umweltzeichen „Blauer Engel“. Darüber hinaus gibt es formaldehydfreie Spanplatten. Es werden viele unterschiedliche Produkte angeboten. Einige gebräuchliche Produkte sind zum Beispiel:

Spanplatte, kunstharzgebunden: Holzspäne werden mit Bindemittel benetzt und verpresst. Die Stärke der Platten bewegt sich zwischen sechs und 50 Millimeter. Es sind verschiedene Härten und Oberflächenbeschichtungen aus Furnieren oder Kunstharz erhältlich.

Spanplatte, mineralisch gebunden: Es gibt sie als magnesit- oder zementgebundene Platten, die sogar Feuer hemmend sind.

OSB-Platten: Die Platten werden aus großflächigen, parallel zur Plattenoberfläche liegenden Langspänen aufgebaut. Die Langspäne verlaufen in den Deckschichten parallel und in der Mittelschicht quer zur Fertigungsrichtung. Dadurch weisen die OSB-Platten in Längs- und Querrichtung unterschiedliche Eigenschaften auf.

Mehrschichtplatte: Vier bis zehn Millimeter starke und 80 Millimeter breite Bretter aus Fichte, Kiefer, Eiche oder Erle werden in drei oder fünf Schichten kreuzweise übereinander geleimt, sodass äußerlich das Bild einer Massivholzplatte mit 12 bis 30 Millimetern Stärke entsteht.

Holzweich- und Holzhartfaserplatten: Aus Sägewerksresthölzern werden die Holzfasern herausgelöst und mit dem holzeigenen Harz zu lockeren Faserplatten verklebt. Für Hartfaserplatten wird dasselbe Material hoch verdichtet. Diese Platten gibt es in den Stärken drei bis acht Millimeter und acht bis 20 Millimeter.

Auch bei den Gipsleichtbauplatten gibt es verschiedene Ausführungen:

Gipsbauplatten: Dabei handelt es sich um zehn bis 20 Millimeter starke, durch beidseitige Kartonbeschichtung stabilisierte Gipsplatten. Spezielle Feuchtraum- und Brandschutzplatten benötigen zusätzlich eine Kunstharz-Imprägnierung beziehungsweise ein Glasfasergewebe.

Gipsfaserplatten: Das sind 10; 12,5; 15 oder 18 Millimeter starke Platten aus mit Papierzellstoff durchmischtem Naturgips, die ohne zusätzliche Beschichtung stabil sind. Sie sind schwerer als Gipsbauplatten, lassen sich wie Holzwerkstoffe verarbeiten und sind auch für Feuchträume sowie als Brandschutzplatte geeignet.

Gips-Holzspanplatten: Sie sind wie Gipsfaserplatten beschaffen, haben aber Holzspäne statt Zellulose als Zuschlagstoff.

Blockbauweise

Charakteristisch für Häuser in Blockbauweise sind Außenwände aus horizontal geschichteten massiven Blockbalken in der Regel aus Nadelhölzern. Neben einschaligen Vollholzkonstruktionen (selten) gibt es auch mehrschichtige Wandaufbauten mit Kern- oder Innendämmung. Zum Blockbau wird auch der Bohlenbau gerechnet, eine Mischkonstruktion aus horizontal geschichteten Bohlen und senkrechten Stützen. Die entsprechenden Wände werden mit Dämmung, Dampfbremse und Innenverkleidung vorgefertigt. Diese Bauweise ist aber eher eine Randerscheinung.

Wärmedämmung

Formular siehe Seite F 35

Monolithische Bauweise

Kerndämmung

Die Funktion der Wärmedämmung wird bei monolithischer Bauweise vom Mauerwerk übernommen. Häufig wird die Außenwand aber auch mit einer separaten Dämmschicht ergänzt. Bei massiver Bauweise sitzt die Wärmedämmschicht zwischen Innen- und Verblendmauerwerk beziehungsweise vorgehängter Fassade. Besteht die Fassade aus Verblendmauerwerk, wird die Wärmedämmung entweder hinterlüftet oder als Kerndämmung ohne Luftschicht ausgeführt. Neuere Erkenntnisse sprechen für die Kerndämmung ohne Luftschicht, sie ist bauphysikalisch unbedenklich und wenig schadensanfällig. Entscheidend ist hier wie auch bei einer hinterlüfteten Fassade die fachgerechte Ausführung. Beispielsweise sollte bei der Ausführung besonderes Augenmerk auf die Sockelabdichtung nach DIN 18195 gerichtet werden. Hier müssen spezielle Dichtschlämmen und Putze zum Einsatz kommen, die ein Eindringen von Wasser im Sockelbereich verhindern.

Wärmedämmverbundsystem

Seit vielen Jahren erfolgreich in der Praxis eingeführt ist das Wärmedämmverbundsystem. Hier bildet die Wärmedämmung ein System mit dem Putz, welcher als dünne Schicht zusammen mit einem Armierungsgewebe aufgezogen wird. Dieses System ist seit den 70er Jahren erprobt und inzwischen sehr weit verbreitet.

Fassade

Formular siehe Seite F 36

Die sichtbare Oberfläche ist die Visitenkarte des Hauses. Neben den optischen Anforderungen übernimmt die Fassade den Schutz gegen Witterungseinflüsse. Diese Anforderungen müssen sowohl aus gestalterischer als auch aus technischer Sicht klar definiert und beschrieben werden. Wie auch bei anderen Baustoffen gibt es hier eine Reihe von Alternativen:

Mineralischer Putz

Kunstharzputz

Mineralischer Putz für Außenwände besteht aus Sand und einem mineralischen Bindemittel, meist Kalk und Zement. Bei Kunstharzputz werden der Sandmischung feine Kunstharzpartikel als Bindemittel beigefügt. In Hausangeboten wird dafür häufig der Begriff „Kratz- oder Edelputz“ verwendet. Es handelt sich dabei um ein Fertigprodukt aus mineralischen Bindemitteln und Zusatzstoffen, das auf der Baustelle nur noch mit Wasser angerührt werden muss. In der Regel müssen neue Putze nicht mehr gestrichen werden. Soll die Putzoberfläche farbig erscheinen, ist es besser, einen durchgefärbten Putz zu verwenden. Bei dunklen Farbtönen ist darauf häufig noch ein Egalisierungsanstrich notwendig, weil diese Putze „wolkig“ auftrocknen können.

Sofern Putz- und Betonflächen gestrichen werden sollen, können verschiedene Anstrichsysteme eingesetzt werden, die auf ihren jeweiligen Zweck abgestimmt werden müssen.

Außenwandbekleidung

Außenwandbekleidungen oder Vorhangfassaden können mit Holzschalung, Holzschindeln, Ziegeln, Zinkblech oder auch Schiefer ausgeführt werden. Häufig werden diese Materialien bei Dachgauben verwendet. Seltener im Wohnungsbau sind Glas- oder Kunststofffassaden. Bestimmte

Hölzer wie Douglasie oder Lärche müssen nicht behandelt werden. Ihr hoher Harzanteil sorgt dafür, dass sie nicht zu stark verwittern. Die mit den Jahren auftretende graue Patina hat ihren eigenen Reiz. Die meisten Hölzer müssen jedoch gestrichen werden, um ein frühzeitiges Vergrauen zu vermeiden. Hierfür bieten sich Lasuren und deckende Anstriche an. Bei Lasuren sollten Sie darauf zu achten, dass sie genügend Pigmente enthalten, um das Holz vor der UV-Strahlung der Sonne zu schützen. Sie sollten jedoch auch nicht zu dunkel sein, damit sich die Bauteile nicht zu stark aufheizen.

Für den Anstrich eignen sich folgende Systeme:

Dickschichtlasuren bilden auf der Holzoberfläche einen lackartigen Film. Sie mindern das Quellen und Schwinden des Holzes und eignen sich deshalb vor allem zum Wetterschutz von sogenannten maßhaltigen Bauteilen, wie Fenster und Türen.

Deckende Anstriche sind hoch- und seidenglänzende Lacke. Sie eignen sich für alle Aufgaben und gestalterischen Varianten und haben den Vorteil, dass sie seltener aufgefrischt werden müssen als Lasuren.

Dünnschichtlasuren dringen in die Holzoberfläche ein und wirken imprägnierend. Sie müssen spätestens etwa alle zwei Jahre erneuert werden. Im Außenbereich sind sie von daher nicht zu empfehlen.

Um die Umwelt weniger zu belasten, sollten Sie nach Möglichkeit Acryllasuren und Acryllacke auf wässriger Basis mit nur geringem Lösemittelanteil einsetzen lassen. Für besonders umwelt- und gesundheitsverträgliche Produkte wird der „Blaue Umweltengel“ vergeben.

Holzschutzgrundierungen enthalten chemische Wirkstoffe gegen schädliche Insekten und Pilzbefall (Biozide und Fungizide). Sie werden zur Imprägnierung vor dem eigentlichen Anstrich eingesetzt und dringen aufgrund ihrer Dünnflüssigkeit in das Holz ein. Der Schlussanstrich sollte dann mit einem biozidfreien Anstrich erfolgen. Soweit es sich nicht um Türen oder Fenster handelt, brauchen Holzaußenflächen bei konstruktiv richtigem Einbau keine besondere Schutzimprägnierung.

Grundsätzlich ist der **konstruktive Holzschutz** dem chemischen Holzschutz vorzuziehen. Auf chemischen Holzschutz können Sie verzichten, wenn eine Dauerbelastung von Holz im Außenbereich – vor allem durch Nässeeinwirkung – verhindert oder doch zumindest stark einschränkt wird. Zu diesen konstruktiven Maßnahmen gehören die Wahl von hochwertigen Hölzern, möglichst weit überkragende Dächer, die Schlagregen vom Holz fernhalten, sowie das Einhalten eines Abstandes von 30 Zentimetern zwischen Holz und Erdreich. Aus Gründen des Gesundheitsschutzes sollten Sie auf keinen Fall biozidhaltige Anstrichmittel im Innenbereich des Hauses einsetzen.

Verblendsteine

Eine andere Form der Außenwandbekleidung ist die Vormauerschale mit **Verblendsteinen.** Ob hinterlüftet oder mit Kerndämmung ist derzeit Auffassungssache, möglich sind beide Varianten.

Als Verblendsteine für die Vormauerschale sind folgende Materialien geeignet:

Vormauerziegel ist ein aus Ton gebrannter Stein, der kein oder nur wenig Wasser aufnehmen kann. Dadurch können im Winter keine Schäden durch eingedrungenes gefrierendes Wasser auftreten.

Klinker ist aus dem gleichen Material wie Ziegel. Er wird jedoch bei höheren Temperaturen gebrannt, wodurch er dichter und härter wird. Dieser Stein ist ebenfalls frostbeständig.

Beim **Kalksandstein** gibt es zwei frostbeständige Produkte: Vormauerstein (KSVm) und Verblenderstein (KSVb). Der Verblender(stein) hat eine größere Festigkeit und ein kleineres Wasseraufnahmevermögen.

Eine **Natursteinfassade** besteht aus dünnen Platten, die entweder vor die Tragkonstruktion gehängt werden und hinterlüftet sind oder auf das Mauerwerk mit Klebemörtel aufgesetzt werden. Bei den Natursteinen gibt es im Gegensatz zu den künstlichen Steinen keine streng vorgegebenen Formate. Das Material bietet insgesamt sehr viel mehr Gestaltungsmöglichkeiten. Neben Granit sind Sandstein oder Jura besonders bekannt und beliebt. Diese Materialien sind deutlich teurer als die industriell gefertigten Steine.

4.3.2 Wohnungs- und Gebäudetrennwände

Formular siehe Seite F 36

Schallschutz

Bei den Wohnungs- und Gebäudetrennwänden handelt es sich um die Wände zwischen zwei Häusern oder verschiedenen Wohnungen. Im Gegensatz zu Innenwänden müssen bei Wohnungs- und Gebäudetrennwänden die Anforderungen des Schallschutzes eingehalten werden. In der Regel werden diese Trennwände deshalb zweischalig mit einer dazwischen liegenden mineralischen Faserdämmmatte von mindestens drei Zentimeter Dicke ausgeführt. Je dicker die Matte, desto weniger wahrscheinlich ist die Entstehung von Schallbrücken aus Mörtel oder Beton. Die Wandschalen sollen ein möglichst hohes Flächengewicht aufweisen und werden deshalb häufig aus anderem Material errichtet als die Außenwände. Die schalltechnische Fuge in der Gebäudetrennwand sollte auch durch Bodenplatte und Fundamente gehen. Andernfalls würde zum Beispiel bei nicht unterkellerten Reihenhäusern der volle Schallschutz erst zwischen den Obergeschossräumen erreicht. Bei Doppel- und Reihenhäusern ist die Vereinbarung der Schallschutzstufe II oder III nach VDI 4100:2012-10 dringend zu empfehlen. Sie soll dem Auftraggeber auch eine klarere Anspruchsgrundlage bei mangelhafter Ausführung verschaffen. (Siehe Kapitel 3.11 „Schallschutz" auf den Seiten E 43 ff.)

4.3.3 Innenwände im Erd-, Ober- und Dachgeschoss

Formular siehe Seite F 37

Bei den Innenwänden unterscheidet man tragende und nicht tragende Wände. Natürlich können alle bei der Außenwand schon genannten Wandbaustoffe für Innenwände verwendet werden, soweit es die Statik zulässt (siehe Abschnitt 4.3.1 „Außenwände" auf den Seiten E 67 ff.). Bei einschaligen Innenwänden sind schwere Materialien hinsichtlich des Schallschutzes den leichteren überlegen. Leichtbauwände sind mit Span- oder Gipsbauplatten beplankte Holz- oder Metallkonstruktionen, die bei entsprechender Ausführung geringes Gewicht und hohen Schallschutz vereinen können.

Leichtbauwände

4.3.4 Decken

Formular siehe Seite F 37

Stahlbetondecken

Decken werden entweder in Ortbetonbauweise konventionell geschalt oder als Fertigteildecken erstellt. Fertigteildecken brauchen nicht mehr verputzt, sondern lediglich die Plattenstöße verspachtelt und gestrichen oder tapeziert zu werden. Diese Bauweise ist preiswerter als der Einsatz reiner Ortbetondecken und hat den zusätzlichen Vorteil, dass die Bauzeit um einige Tage verkürzt werden kann. Fertigteildecken können als Filigrandecken oder als Vollmontagedecken ausgeführt werden. Bei Ersteren handelt es sich um fünf Zentimeter dicke Stahlbetonplatten. Sie dienen als Schalung für den sogenannten Aufbeton, der später eingebracht wird. Vollmontagedecken sind dagegen fertige Stahlbeton-Hohlplattendecken. Sie sind unmittelbar nach dem Verlegen begeh- und belastbar.

Holzbalkendecken

Nach wie vor werden auch Holzbalkendecken eingesetzt, vor allem bei Fertighäusern in Leichtbaukonstruktion oder als Kehlbalkendecke im Massivbau. Eine im Vergleich zu massiven Decken gleichwertige Schalldämmung ist bei ihnen allerdings nur mit erhöhtem Aufwand zu erreichen.

Spitzboden

Die Decke über dem obersten Wohngeschoss ist in der Regel die Kehlbalkenebene des Daches oder der Boden für den Spitzboden. Sofern der Spitzboden nicht zu Wohnzwecken genutzt wird, bildet die Decke die wärmedämmende und luftdichte Hülle des Hauses. Wenn der Spitzboden ungenutzt bleibt, wird die Decke einfach nur mit Dämmmaterial ausgelegt. Eine begehbare Fläche wird in diesem Fall nicht hergestellt, sofern es nicht ausdrücklich vereinbart ist.

***Tipp:** Achten Sie darauf, dass der Spitzboden ausdrücklich begehbar, das heißt, mit einer Schalung für den Fußboden ausgestattet ist, vor allem, wenn Sie diesen Bereich als Lagerraum oder als Zuwegung zur Reinigungsöffnung des Schornsteins für den Schornsteinfeger nutzen wollen.*

4.3.5 Estrich

Formular siehe Seite F 38

Estriche sind glatte und begehbare Fußbodenschichten auf tragfähigem Untergrund. Sie bilden die Oberfläche des Fußbodens oder die Unterlage für weitere Fußbodenbeläge. Beim „schwimmenden Estrich“ vermindert

Trittschalldämmung

die Trittschalldämmung die Weiterleitung der beim Begehen entstehenden Schallwellen vom Estrich in Betondecke und angrenzende Wände. Als Trittschalldämmmaterial werden meist speziell gefertigte Mineralfaser- oder gewalkte Polystyrolschaumplatten eingesetzt. Die Dicke der Trittschalldämmung richtet sich nach Gewicht und Belastung des Estrichs. Sie ist weich-elastisch und lässt sich zum Beispiel bei einer Dicke von 35 Millimetern um bis zu fünf Millimeter zusammendrücken.

Wärmedämmung

Estriche auf der Bodenplatte zum Erdreich (Erdgeschoss oder Keller) benötigen eine Wärmedämmung, die häufig unter dem Estrich eingebaut wird. Damit die Feuchtigkeit der Bodenplatte nicht in die Wärmedämmung eindringt, muss die Bodenplatte nach DIN 18195 gegen Feuchtigkeit abgedichtet werden.

Estricharten

Es gibt verschiedene Estricharten: Trockenestrich besteht aus fertigen Platten wie zum Beispiel Gipsbau- oder Gipszelluloseplatten, die mit Nut und Feder ausgestattet sind und eine glatte und feste Oberfläche bilden. Der Vorteil des Trockenestrichs besteht darin, dass keine Trocknungszeiten zu berücksichtigen sind. Der Nachteil besteht in der geringeren Masse der Platten gegenüber dem Zementestrich und damit einem schlechteren Schallschutz. Trockenestrich sollte immer schwimmend verlegt werden, das heißt auf einer Schalldämmung.

Alle nachfolgenden Estricharbeiten werden „nass“ auf der Baustelle eingebracht. Man bezeichnet sie von daher als Nassestrich. Sie können entweder im Verbund mit der Unterkonstruktion (Verbundestrich) oder als schwimmender Estrich mit Trittschall- und Wärmedämmung hergestellt werden.

Zementestrich: Diese Estrichart wird am häufigsten verwendet und ist wie der Anhydritestrich besonders für Fußbodenheizung geeignet. Die Dicke des Estrichs ist in der Regel 50 Millimeter. Er ist für alle Kleber geeignet und bietet einen guten Schallschutz. Das Austrocknen des Estrichs kann bis zu sechs Wochen dauern. Je nach Belag darf er eine bestimmte Restfeuchte nicht überschreiten. Man spricht hier von Belegreife. Diese Prüfung muss besonders bei Parkett oder Laminat von einer Fachperson vorgenommen werden.

Anhydritestrich: Das Bindemittel besteht aus Gips. Er trocknet schneller als Zementestrich. Bei längerer Feuchtigkeitseinwirkung nimmt er allerdings Schaden. Dieser Estrich eignet sich nicht für Nassräume und Keller. Unterschieden wird bei dieser Estrichart zwischen dem konventionellen Anhydritestrich, der erdfeucht wie der Zementestrich eingebracht wird und dem Fließestrich, der gegossen wird. Sollen Teppichboden oder Fliesen auf Fließestrich verlegt werden, muss er in der Regel noch einmal abgeschliffen werden, da sich auf der Estrichoberfläche nach dem Vergießen eine Sinterschicht ausbildet, die den Verbund mit dem Untergrund verhindert.

Gussasphaltestrich: Er ist weitgehend feuchtigkeitsundurchlässig und deshalb auch für Böden mit Kontakt zum Erdreich gut geeignet. Weitere Vorteile sind seine schnelle Begeh- und Belegbarkeit, die geringe Einbauhöhe und seine Rissfreiheit selbst bei größeren Flächen. Wirtschaftlich ist Gussasphalt-Estrich jedoch erst bei größeren Mengen.

4.3.6 Balkone und Dachterrassen

Formular siehe Seite F 38

Balkone an Wohnhäusern sind grundsätzlich schadensanfällig, dies gilt sowohl für den Bau als auch für die Instandhaltung. Neben den vielen technischen Problemen ist der Nutzwert eines Balkons häufig durch eine zu geringe Größe oder durch die Lage (zum Beispiel vor dem Schlafzimmer) eingeschränkt.

Wärmebrücken

Bei der Planung und Ausführung sollten Sie besonderen Wert auf die Vermeidung von sogenannten Wärmebrücken legen. (Wärmebrücken sind Stellen, an denen die Wärme des Hauses über Wärme leitende Bauteile abfließt). Eine typische Wärmebrücke ist beispielsweise eine auskragende (das heißt von innen nach außen durchlaufende) Balkonplatte aus Stahlbeton. Sie kann vermieden werden, indem Balkon- und Deckenplatte durch Dämmstreifen thermisch getrennt werden. Hierfür gibt es Spezialelemente mit durchlaufender Bewehrung und vorgefertigter Dämmung auf dem Markt.

Vorgesetzte Balkonkonstruktion

Vorgesetzte Balkonkonstruktionen bestehen aus Holz oder Stahl. Sie werden vor die Hauswand gestellt oder gehängt. Diese Variante bietet sich insbesondere für eine spätere Nachrüstung an. In diesem Fall sollten Sie auf ausreichenden Platz in der Außenwand für die Balkontür achten.

Der Spritzwasserbereich des Balkons muss ausreichend abgedichtet sein und der Balkonboden aus einer dichten, Wasser abführenden Schicht mit Gefälle bestehen. Stehendes Wasser auf dem Balkon ist eine häufige Ursache für Gebäudeschäden.

Geeignete Beläge sind Holzlattenroste oder großformatige Platten auf Stelzlagern oder Split. Fliesen sind nicht empfehlenswert.

An den Schwellen von Balkon- und Terrassentüren muss nach DIN 18195 die Abdichtung von anschließenden waagrechten Bauteilen 15 cm hochgezogen und gesichert werden, um das Eindringen von Schnee, Spritz- oder kurzfristig angestautem Wasser zu verhindern. Messpunkte sind hierbei die Oberkante des Plattenbelages, nicht die der wasserführenden Schicht, und der Falzbereich des Türrahmens. Sonderlösungen sind bei wettergeschützter Lage der Tür oder Abwasserrinnen mit Gitterrosten vor der Tür möglich und im barrierefreien Bauen nach DIN 18040-2 erforderlich.

4.3.7 Dach

Dachkonstruktion

Formular siehe Seite F 39

Dach als Holzkonstruktion

In aller Regel wird das Dach von Zimmerleuten als Holzkonstruktion errichtet. Die Ausführung als Massivdach (Beton-, Leichtbeton- oder Ziegelelemente) ist bei Satteldächern die Ausnahme, bei Flachdächern die Regel. Bei den geneigten Dächern gibt es verschiedene Formen (siehe auch Kapitel 3.6 „Dach" auf der Seite E 26 ff.):

- **Satteldach:** Zwei Dachschrägen stehen sich gegenüber, es gibt jeweils zwei Trauf- und zwei Giebelseiten.
- Wird das Dach durch vier gleichmäßige Schrägen gebildet, nennt man es **Zeltdach**.
- Stehen Teilflächen des Satteldaches fast senkrecht, nennt man es **Mansarddach**.
- **Pultdach:** Eine einzelne Dachschräge bedeckt das Dach oder ist höhenversetzt gegen andere Dachflächen.
- **Walmdach:** Je zwei gegenüberliegende gleichmäßige Dachschrägen bedecken das Haus, es gibt nur Trauf- und keine Giebelseiten. Eine oben leicht angeschnittene Giebelwand nennt man **Krüppelwalm** – also ein verkümmerter Walm.

Die Art der Dachkonstruktion erhält spätestens dann besondere Bedeutung, wenn das Dach ausgebaut werden soll. Bei Satteldächern unterscheidet man grundsätzlich zwischen Sparren- beziehungsweise Kehlbalkendach, dem Pfettendach und dem Binderdach.

Das Sparren- und Pfettendach bildet einen weitgehend stützenfreien Dachraum, sodass der Grundriss nicht beeinträchtigt wird. Beim Sparrendach werden die Lasten von den Außenwänden aufgenommen. Beim Pfettendach werden sie über Längsträger (Pfetten) auf tragende Bauteile sowohl auf die Außen- als auch zum Teil auf die Innenwände des Gebäudes abgeleitet. Dazu sind möglicherweise Stützen notwendig, die eine freie Grundrissgestaltung einschränken können. Pfettendächer sind bei größeren Gebäudebreiten wirtschaftlicher. Bei Binderdächern sind die Sparren durch kostengünstigere und weniger voluminöse Brettschichthölzer oder Holzlamellen ersetzt. Es gibt sie in einer nicht begehbaren und einer begehbaren Variante, dem Studiobinder. Die nicht begehbare Variante ist mit Stützen und Streben voll gestellt und bietet keinen Platz für Stellfläche.

Dachgauben

Dachgauben sind eine relativ aufwändige Angelegenheit, da sie viele Anschlussdetails haben können. Welche Form sie haben sollen, ist weitgehend Geschmackssache. Sie sollten sich harmonisch in das Erscheinungsbild des gesamten Hauses und in die umgebende Bebauung einfügen. Der Bebauungsplan kann unter Umständen zur Gestaltung von Dachgauben genaue Vorgaben machen.

Tipp: Sollten Sie Wert auf die Gestaltung besonderer Details legen, ist es wichtig, diese möglichst genau zu beschreiben. Sie können auch im Vertragstext auf ein Musterhaus oder eines in Ihrer Nachbarschaft hinweisen. Zudem sollten Aufbau und Wärmedämmung der Gaubenseitenwände exakt festgelegt sein.

Holzschutz

Die Dachkonstruktion muss vor Pilz- und Insektenbefall geschützt werden. Hierbei ist der konstruktive Holzschutz dem chemischen vorzuziehen. Auf eine chemische Behandlung kann verzichtet werden, wenn die Hölzer des Dachstuhls zu drei Seiten offen und kontrollierbar bleiben (Beispiel: sichtbare Dachkonstruktion) oder wenn sie allseitig geschlossen verkleidet werden. Sind diese Umstände nicht gegeben, muss der Dachstuhl mit Borsalz imprägniert werden. Dieses Mittel ist unter Gesundheitsaspekten unbedenklich.

Weitere chemische Holzschutzmittel sollten nur unter besonderen Ausnahmeumständen angewendet werden, die jeweils im Einzelfall zu überprüfen sind. Im Innenbereich sind chemische Holzschutzmittel vollständig tabu.

Tipp: Achten Sie beim Dachüberstand und allen weiteren Holzteilen im Außenbereich darauf, wer den Anstrich übernimmt. Häufig werden die Anstricharbeiten den Malerarbeiten zugeordnet, und diese sind in vielen Fällen Eigenleistung. Um einen optimalen Holzschutz zu erreichen, sollte der Anstrich deckend sein, das heißt ein Voranstrich und zwei Endanstriche. Der Grund- und – bei farbigen Anstrichen – auch der Deckanstrich sollten vor dem Einbau erfolgen, da sonst unschöne Arbeitsfugen entstehen.

Dachdeckung

Formular siehe Seite F 40

Die gebräuchlichsten Deckmaterialien für Steildächer sind Betondachsteine und Tondachziegel. Auch Metall- und Schieferbedeckungen, Rohr- oder Schilfdeckungen sind möglich, müssen sich jedoch in die jeweilige Umgebung einfügen (vielerorts wird das Material durch den Bebauungsplan oder eine Gestaltungssatzung vorgeschrieben). Betondachsteine sind für den Laien optisch nicht von Tondachziegeln zu unterscheiden, Formen und Farben ähneln sich. Tondachziegel sind in der Regel etwas teurer, haben dafür aber eine längere Lebensdauer und bieten durch ihre Patina ein lebendiges Erscheinungsbild.

Betondachsteine und Tondachziegel

Ortgang

Der Ortgang bildet den seitlichen Abschluss des Daches an der Giebelseite. Er wird mit speziell geformten Dachziegeln beziehungsweise Dachsteinen von oben und mit Holzbrettern von unten verkleidet. Die Traufe kann mit einem Dachkasten aus Holz verkleidet oder auch offen sein, sodass die Sparren und die darüber liegende Schalung zu sehen sind.

Tipp: Achten Sie bei Tonziegeldächern darauf, dass besonders geformte Dachsteine wie zum Beispiel Dunstrohre aus dem gleichen Material mit im Preis enthalten sind. Diese Sondersteine sind deutlich teurer als die Kunststoffausführungen.

Die „Fachregeln für Dachdeckungen mit Dachziegeln und Dachsteinen" schreiben seit 2011 neue Regeln zur Sturmsicherung von Dächern vor. Wie und in welchen Abständen gesichert werden muss, hängt neben der geografischen Lage, der Höhe, der Größe, der Form und dem Standort des Gebäudes, auch von der Dachform und der Neigung des Daches ab. Die Fachregeln gehen dabei weit über das bisherige Regelwerk hinaus. Selbst für niedrige und kleine Gebäude in relativ sturmsicherer Lage sind jetzt Sturmsicherungen zwingend vorgeschrieben. Diese neuen Anforderungen der Sturmsicherung werden vermutlich nicht immer voll umgesetzt, da sie sehr zeitaufwändig sind und damit auch teuer werden. Deshalb müssen Sie als Hauseigentümer bei der Dachdeckung auf eine fachgerechte Ausführung der Sturmsicherung achten, da im Schadensfall eventuell der Versicherungsschutz nicht greifen könnte.

Unterdach/Unterspannbahn

Formular siehe Seite F 40

Unterdach

Das Unterdach wird direkt auf die Sparren aufgebracht und hat die Aufgabe, die Dachkonstruktion vor Feuchtigkeit durch eine defekte Dacheindeckung, Tauwasser oder Flugschnee zu schützen. Dafür werden entweder bituminierte Pappen auf einer Holzschalung oder spezielle Kunststofffolien (sogenannte Unterspannbahnen) beziehungsweise wasserdampfdurchlässige, feuchtestabile Pappen (Bio-Bau-Papiere) verwendet. Alle Systeme sind wasserdampfdurchlässig. Eine etwas stabilere Ausführung ist das „Harzer Dach". Hier ist die wasserführende Schicht auf einer Holzschalung aufgebracht. Eine weitere Alternative dazu sind bituminierte Holzweichfaserplatten, die gleichzeitig den Wärme- und Schallschutz des Dachaufbaus verbessern.

Flachdach

Soweit es sich um ein Flachdach handelt, muss es entsprechend DIN 18195 abgedichtet werden. Als Materialien kommen dafür besondere Bitumenschweißbahnen oder Folien aus Kunststoffen in Frage. Ein guter Beitrag zur Ökologie und zum optischen Erscheinungsbild des Hauses ist das Gründach. Hier ist besonders der Grad der Vegetation zu vereinbaren, also eine extensive oder intensive Begrünung. Das Gründach kann auch unter besonderen Umständen geneigte Dächer zieren.

Dachdämmung

Formular siehe Seite F 40

Aufsparrendämmung

Zwischensparrendämmung

Bei ausgebauten und den meisten ausbaufähigen Dachgeschossen werden die Wärmedämmschichten zwischen, über oder unter den Sparren angeordnet. Bei der Aufsparrendämmung wird die Dämmung auf einer Schalung oberhalb der Sparren montiert. Die Oberfläche der Dämmung bildet die zweite wasserführende Schicht. Die Aufsparrendämmung hat im Gegensatz zur Zwischensparrendämmung den Vorteil, dass sie wärmebrückenfrei ist (die Sparren gelten als leichte Wärmebrücken, sind aber zu akzeptieren, sofern sie in die Gesamtberechnung des Energieausweises eingehen).

Zwischensparren- und Aufsparrendämmung können kombiniert werden, ebenso kann durch eine Kombination von Zwischensparren- und Untersparrendämmung die Wärmebrückenwirkung der Sparren vermindert werden.

Bei Passivhäusern sind aufgrund der erforderlichen Dämmstoffdicke meist Kombinationen aus Dämmung unter und zwischen den Sparren beziehungsweise über und zwischen den Sparren üblich.

1 Hobeldielen
2 Unterlattung oder Gipsfaserplatte
3 Dampfbremse oder Luftdichtheitsschicht
4 Rauhspundschalung
5 Zellulose-Einblasdämmung
6 Sparren
7 Holzfaserdämmplatte 19 mm
8 Konterlattung Unterlüftung
9 Dachlattung
10 Dachziegel

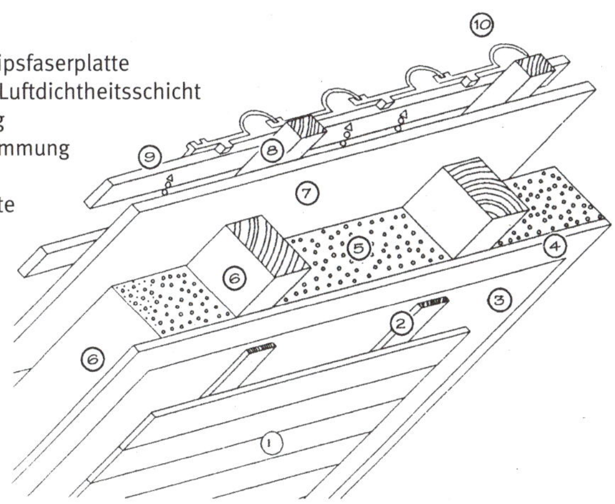

Ausgebautes Dach mit Sparrenvolldämmung

1 Sparren, sichtbar Zulage für Hobeln
2 Sichtschalung
3 Dampfbremse oder Luftdichtheitsschicht
4 Holzweichfaserdämmplatten
5 Holzfaserdämmplatte mit Fremdfeder, 19 mm
6 Konterlattung
7 Unterlüftung
8 Dachlattung
9 Ziegeldeckung

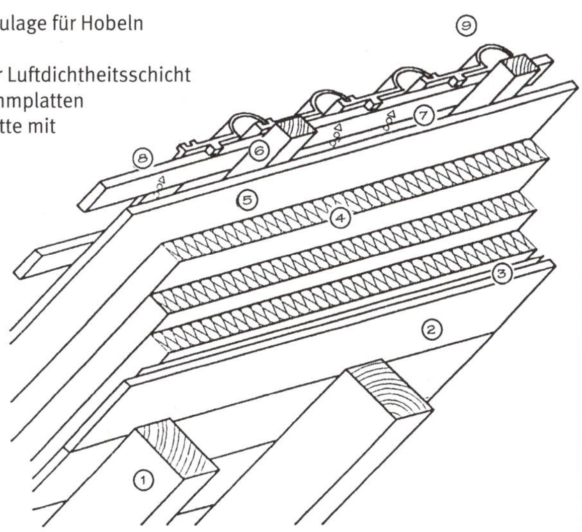

Ausgebautes Dach mit Dämmung über dem Sparren

Dampfbremse

Die Innenseite der Wärmedämmschicht muss mit einer Dampfbremse luftdicht hergestellt werden, damit kein Wasserdampf in die Dämmschicht eindringen und dort kondensieren kann.

Formular siehe Seite F 41

Raumseitige Innenverkleidung

Formular siehe Seite F 41

Für die Beplankung der Dachschrägen werden entweder Holzwerkstoffe oder Gipsleichtbauplatten eingesetzt.

Als Materialien werden angeboten:

Mehrschichtplatte: Vier bis zehn Millimeter starke und 80 Millimeter breite Bretter aus Fichte, Kiefer, Eiche oder Erle werden in drei oder fünf Schichten kreuzweise übereinander geleimt, sodass äußerlich das Bild einer Massivholzplatte mit 12 bis 30 Millimetern Stärke entsteht.

Dachausbau

Spanplatte, kunstharzgebunden: Holzspäne werden mit Bindemittel benetzt und verpresst. Die Stärke der Platten bewegt sich zwischen 6 und 50 Millimetern. Es sind verschiedene Härten und Oberflächenbeschichtungen aus Furnieren oder Kunstharz erhältlich. Zu empfehlen sind Spanplatten mit dem Umweltzeichen „Blauer Engel". So stellen Sie sicher, dass keine gesundheitsschädigenden Stoffe abgegeben werden.

Spanplatte, mineralisch gebunden: Es gibt sie als gips- oder zementgebundene Platten, die sogar Feuer hemmend sind.

Holzweich- und Holzhartfaserplatten: Aus Sägewerksresthölzern werden die Holzfasern herausgelöst und mit dem holzeigenen Harz zu lockeren Faserplatten verklebt. Für Hartfaserplatten wird dasselbe Material hoch verdichtet. Diese Platten gibt es in den Stärken 3 bis 8 und 8 bis 20 Millimeter.

OSB-Platten: Die Platten werden aus großflächigen, parallel zur Plattenoberfläche liegenden Langspänen aufgebaut. Die Langspäne verlaufen in den Deckschichten parallel und in der Mittelschicht quer zur Fertigungsrichtung. Dadurch weisen die OSB-Platten in Längs- und Querrichtung unterschiedliche Eigenschaften auf.

Gipsbauplatten: Dabei handelt es sich um 10 bis 20 Millimeter starke, durch beidseitige Kartonbeschichtung stabilisierte Gipsplatten. Spezielle Feuchtraum- und Brandschutzplatten benötigen zusätzlich eine Kunstharz-Imprägnierung beziehungsweise ein Glasfasergewebe.

Gipsfaserplatten: Das sind 10; 12,5; 15 oder 18 Millimeter starke Platten aus mit Papierzellstoff durchmischtem Naturgips, die ohne zusätzliche Beschichtung stabil sind. Sie sind schwerer als Gipsbauplatten, lassen sich wie Holzwerkstoffe verarbeiten und sind auch für Feuchträume und als Brandschutzplatte geeignet.

Gips-Holzspanplatten: Sie sind wie Gipsfaserplatten beschaffen, haben aber Holzspäne statt Zellulose als Zuschlagstoff.

Dachzubehör

Schneefanggitter schützen nicht nur Passanten vor abrutschenden Schneemassen, sie entlasten auch die Regenrinnen.

Formular siehe Seite F 41

Schneefanggitter

Sicherheitstritte, Dachausstieg und Sicherheits-Laufrost sind für den Schornsteinfeger notwendig, wenn er auf das Dach steigen muss (in der Regel nur bei Feuerstätten mit festen Brennstoffen notwendig). Die Ausführung und Lage sollten Sie deshalb mit ihm besprechen, um spätere Probleme zu vermeiden. Eine einfachere Variante sind Leiterhaken. Sie dienen dem Einhängen von Leitern, sodass das Dach begangen werden kann.

Sicherheitstritte und Leiterhaken

Wohngebäude erhalten im Allgemeinen nur dann einen Blitzableiter, wenn eine besondere Blitzgefährdung vorliegt. Das trifft für Gebäude mit besonders großer Grundfläche oder in exponierter Lage zu, zum Beispiel an einem Hang, auf einer Hügelkuppe oder einem Berg. Außerdem ist ein Blitzschutz auf jeden Fall vorzusehen bei Häusern mit weicher Bedachung (zum Beispiel Reet).

Blitzableiter

Dachentwässerung und Dachanschlüsse

Dachrinnen und Fallrohre dienen der Entwässerung des Daches. Der Anschluss der Fallrohre an die Entwässerung erfolgt über ein stabiles Standrohr.

Formular siehe Seite F 41

Standrohr

Bei Winkelbauten müssen die Kehlen (Übergänge zwischen den Dachflächen) sorgfältig abgedichtet werden, damit hier kein Wasser eindringen kann.

Die genannten, sowie alle sonstigen Dachan- und -abschlüsse können aus Zink, verzinktem Stahl, Kupfer, Edelstahl oder Kunststoff hergestellt sein. Am Dach dürfen keine unterschiedlichen Metalle verwendet werden, da sie sonst durch Korrosion zerstört werden können.

***Tipp:** Häufig wird laut Vertrag die Entwässerung nur bis zum Standrohr oder bis zur Kellerdecke geführt. Sobald Regenrinne und Fallrohr montiert sind, sollte aber auch der Anschluss an die Grundleitung erfolgen!*

Blitzschutz

Eine der Hauptursachen für Überspannungen sind Blitzeinschläge. In Deutschland werden pro Jahr etwa eine Million Blitzeinschläge registriert. Besonders wichtige oder gefährdete Gebäude werden daher entsprechend den Landesbauordnungen mit Blitzschutzsystemen ausgerüstet. Dazu gehören der äußere Blitzschutz mit seinen Fangleitungen, Ableitern und Fundamenterdern sowie der innere Blitzschutz. Der innere Blitzschutz umfasst alle Maßnahmen gegen die Auswirkungen des Blitzstroms. Dazu gehören hauptsächlich der Potentialausgleich und der Überspannungsschutz.

Formular siehe Seite F 42

Äußerer Blitzschutz

Wie der Blitzschutz aufgebaut werden muss, ist in der DIN-Blitzschutznorm VDE 0185 beschrieben. Hier ist festgelegt, dass ein äußerer Blitzschutz mit der Erdung und dem Potentialausgleich des Gebäudes verbunden werden muss. Im Falle eines Einschlags von angenommenen 10.000 Volt wird etwa die Hälfte in das Erdreich abgeleitet. Die andere Hälfte wird kurzzeitig über den Potentialausgleich in das Haus geleitet.

Die Blitzschutzsysteme sollen bauliche Anlagen vor Brand oder mechanischer Zerstörung und Personen vor Verletzung oder gar Tod bewahren. Blitzschutzeinrichtungen werden in Schutzklassen I bis IV definiert. Da es keinen hundertprozentigen Schutz vor Blitzeinschlägen gibt, wird in der höchsten Schutzklasse I von einer neunundneunzigprozentigen Sicherheit ausgegangen.

Die Ableitungen verbinden die Fangeinrichtung mit dem Fundamenterder. Die Ableitung zur Erde sollte so kurz wie möglich verlegt werden. Zur Sicherheit und zur Verteilung des Stromes sollten mehrere Strompfade zur Erde installiert werden.

Da das Erdermaterial besonders durch Korrosion beansprucht wird, besteht es meist aus feuerverzinktem Stahl und wird an der Anschlussstelle über dem Erdboden noch mal gesondert geschützt.

Innerer Blitzschutz

Der innere Blitzschutz besteht aus dem Potentialausgleich und dem Überspannungsschutz. Der Potentialausgleich ist gesetzlich vorgeschrieben, kann aber durch Verschleiß und Korrosion seine Funktion verlieren. Ein funktionierender Potentialausgleich ist lebenswichtig und immer auch eine notwendige Voraussetzung für den Überspannungsschutz.

Die VDE 0185 schreibt an jedem Übergang von einer Blitzschutzzone zur nächsten einen Überspannungsschutz vor. Je nach Übergang sind die Schutzstufen I (Grobschutz), II (Mittelschutz) und III (Feinschutz) definiert.

Am Grobschutz wird die Überspannung auf etwa 4 kV reduziert. Der Mittelschutz reduziert die Überspannung auf 2,5 kV und der Feinschutz auf 1,5 kV. Diese 1,5 kV werden vielfach selbst abgebaut. In vielen Fällen kann auf den Mittelschutz verzichtet werden, sofern der Grobschutz die Überspannung bereits auf 2,5 kV reduziert.

Eine Fotovoltaik-Anlage (auch wenn sie für später geplant ist) ist in das Blitzschutzkonzept des Hauses einzubeziehen. Das gilt sowohl für den äußeren Blitzschutz (insbesondere bei auf einem Flachdach aufgeständerten Anlagen) als auch für den inneren Blitzschutz, da Fotovoltaikanlagen gegen Überspannungen sehr empfindlich sind. Viele Versicherungen machen den Versicherungsschutz abhängig von bestimmten Blitzschutzmaßnahmen.

4.3.8 Fenster

Dachflächenfenster

Formular siehe Seite F 42

Verglasung

Wenn eine (ausreichende) Belichtung eines Raumes im Dachgeschoss über ein Giebelfenster beziehungsweise ein Gaubenfenster nicht möglich ist, kann ein Dachflächenfenster eingebaut werden. In Bezug auf Material und Verglasung existieren die gleichen Möglichkeiten wie bei einem herkömmlichen Fenster.

Öffnungsarten

Die Öffnungsarten reichen vom einfachen Schwenkmechanismus, bei dem der Schwerpunkt mittig oder oben liegt (Schwingflügel), bis zum seitlichen Schieben oder Klappen auf die Dachfläche (Schiebeflügel, Klappflügel). Bei den letztgenannten Varianten sollten Sie darauf achten, dass sich die Fenster gut reinigen lassen.

Sonnenschutz der Dachflächenfenster

Formular siehe Seite F 42

Rollläden und Jalousien

Da das Licht in einem günstigeren Winkel einfällt, ist der Gewinn an Helligkeit bei Dachflächenfenstern wesentlich höher als bei stehender Verglasung (Giebel, Gaube). Damit nimmt aber auch die Sonneneinstrahlung zu, was im Sommer zu einer unangenehmen Aufheizung der Räume führen kann. Vor allem Dachflächenfenster mit Süd-, Ost- oder Westorientierung bringen solche thermischen Probleme mit sich. Einen guten Schutz vor der Sonne bieten Außenrollläden. Innen liegende Jalousien sind eine gute Ergänzung, für den alleinigen Sonnenschutz reichen sie aber nicht aus. Alternativen sind Sonnenschutzmarkisen und Multifunktionsscheiben mit Hitzeschutz.

Fenster im Erd- und Obergeschoss

Formular siehe Seite F 43

Je nachdem, ob das Haus in einer ruhigen Wohngegend oder an einer viel befahrenen Straße gebaut wird, müssen alle seine Außenbauteile gemeinsam ein bestimmtes Schalldämmmaß erfüllen. Fenster und ihre Anschlüsse zum Mauerwerk sind für störenden Außenlärm besonders durchlässig. Deshalb ist es wichtig, dass ihre Schallschutzklasse dem Lärmpegelbereich der Wohngegend entspricht. Welcher das ist, können Sie bei Ihrem zuständigen Straßenverkehrsamt erfahren. Fenster werden den Lärmpegelbereichen entsprechend sechs verschiedenen Schallschutzklassen zugeordnet. An viel befahrenen Straßen sollten sie mindestens der Schallschutzklasse 3 entsprechen (etwa 50 dB). (Siehe dazu auch das Kapitel 3.11 „Schallschutz“ auf Seite E 43 ff.)

Fenstereinbau

Der Wärmedurchgangskoeffizient U von Fenstern und Außentüren muss bestimmten Anforderungen genügen. Die Anforderungen werden durch die Energieeinsparverordnung geregelt. Die Ergebnisse der Berechnung für das auszuführende Objekt sollten in der Tabelle (siehe Seite E 37 bis E 39) in Gegenüberstellung zum Referenzobjekt enthalten sein. Je kleiner der U-Wert, desto geringer der Energieverlust.

Fenstereinbau

Formular siehe Seite F 43

Auf keinen Fall ist es ausreichend, wenn Fenster beim Fenstereinbau nur durch Ausschäumen in der Wand fixiert werden. Die Befestigung sollte unbedingt mit Hilfe von Dübeln, Schrauben, Winkeln oder Konsolen entsprechend den Richtlinien für den Fenstereinbau erfolgen, um die notwendige Stabilität zu gewährleisten.

Fugenverfüllung

Auch für die Fugenverfüllung sind Montageschäume wegen der schnellen Verarbeitbarkeit ein bei Handwerkern beliebtes Material. Diese Schäume sind nicht unumstritten, was ihre Haltbarkeit und Gesundheitsverträglichkeit angeht. Alternative Füllmaterialien sind zum Beispiel Mineralwolle oder die im konventionellen Hausbau kaum eingesetzten Alternativen Schafwolle, Hanf, Jute oder Baumwolle. Die Fugenverfüllung dient allerdings immer nur zur Verbesserung der Wärme- und Schalldämmung, eine dauerhafte Luftdichtung kann dadurch nicht erreicht werden.

Daher muss die Anschlussfuge nach dem Ausfüllen auf der Innenseite ringsum durch spezielle Bauabdichtungsfolien luftdicht verschlossen und nach außen gegen Regen und UV-Strahlung durch vorkomprimierte Dichtbänder oder Dichtstoffe geschützt werden. Bauabdichtungsfolien bestehen aus wechselseitig selbstklebenden Aluminium- oder Butylkautschukbändern mit verschiedenen Oberflächen. Diese können vliesbeschichtet sein zum Überputzen innen, oder gegebenenfalls aluminiumbeschichtet zur UV-Beständigkeit beim Einsatz außen. Sie werden an der Rückseite des Fensterrahmens angeklebt, über die Dämmfuge geführt und ebenfalls auf dem Mauerwerk angeklebt.

Hinweis: Eine Variante des luftdichten Einbaus von Fenstern und Türen ist die RAL-Montage, die nur durch einen Fensterbaubetrieb, der das RAL-Gütezeichen Montage trägt, ausgeführt werden darf.

Material der Fensterrahmen und -flügel

Formular siehe Seite F 43

Es stehen Fensterrahmen aus Kunststoff, Holz und Aluminium sowie als Kombination von Aluminium und Holz zur Auswahl. Als Kunststoffrahmen werden fast ausschließlich PVC-Rahmen angeboten, obwohl es inzwischen auch andere umweltverträglichere Kunststoffrahmenmaterialien gibt. Rahmen mit dem RAL-Gütezeichen bieten hinsichtlich Bauphysik, Wirtschaftlichkeit und Wartung eine Sicherheit für gute Qualität.

Holz

Holz bietet als altbewährtes Material für den Fensterbau eine Reihe von Vorteilen. Holzrahmen haben einen breiten Spielraum bei der Formgestaltung, gute Wärmedämmeigenschaften, eine geringe Wärmeausdehnung und sind gut zu bearbeiten. Verwendet werden meistens Eichen-, Kiefern-, Fichten- oder Tropenhölzer. Bei der Verwendung von Tropenhölzern sollten Sie darauf achten, dass Hölzer aus zertifiziertem Anbau (zum Beispiel FSC-Zertifikat) zum Einsatz kommen. Holzfenster haben bei guter Pflege und regelmäßiger Wartung eine lange Lebensdauer. Der Einsatz von Aluminium-Deckprofilen auf der Außenseite (Holz-Aluminium-Fenster) kann den Instandhaltungsaufwand deutlich vermindern.

Kunststoff

Die Stärken von Kunststoff (meist PVC) in seinem vergleichsweise günstigen Preis und in seiner besonderen Pflegeleichtigkeit. Lediglich die Beschläge müssen gewartet werden, das regelmäßige Streichen entfällt. PVC-Fenster haben dem Holz vergleichbare Wärmedämmeigenschaften. Nachteilig ist dagegen ihre hohe Wärmeausdehnung, die breitere Dehnungsfugen um die Rahmen herum notwendig macht und damit ein größeres Risiko von Undichtigkeiten mit sich bringt. Die Profile bieten nur wenige Variationsmöglichkeiten. PVC ist ein aus ökologischer Sicht nicht unbedenklicher Werkstoff, weil zu seiner Herstellung und Entsorgung sehr viel Energie eingesetzt werden muss. Bei seiner Beseitigung in der Müllverbrennungsanlage entstehen große Mengen an Salzsäure. Im Fall von Wohnungsbränden werden zusätzlich hochgiftige Dioxine gebildet. Die Möglichkeiten des Recyclings werden leider noch nicht ausreichend genutzt.

Aluminium

Die Vorteile von Aluminiumfenstern liegen in ihrer hohen mechanischen Festigkeit und im geringen Pflegeaufwand. Sie sind in nahezu allen Farben erhältlich (eloxiert oder lackiert). Ein Schutzanstrich ist nicht notwendig. Nachteilig ist die hohe Wärmeleitfähigkeit des reinen Aluminiums. Heutige Aluminiumfenster sind deshalb besonders wärmegedämmt. Sie sind teurer als Holz- oder Kunststofffenster. Wegen des hohen Energieeinsatzes bei der Herstellung ist Aluminium unter Umweltgesichtspunkten nicht die erste Wahl.

Öffnungsrichtung und Öffnungsart

Formular siehe Seite F 43

Mit der Öffnungsart der Fenster wird festgelegt, wie der Raum belüftet und die Fenster gereinigt werden können. Kostengünstige fest verglaste Fenster können verwendet werden, wenn über andere Fenster oder Türen eine Belüftung möglich ist und das Fenster von außen im Erdgeschoss oder vom Balkon aus gereinigt werden kann. Drehflügelfenster sind für die Stoßlüftung geeignet.

Kippfenster eignen sich dagegen zur Dauerlüftung. Um keine Energie zu verschwenden, ist Dauerlüftung in der kalten Jahreszeit nicht zu empfehlen.

Das gebräuchlichste Fenster ist heute die Kombination dieser beiden Öffnungsarten, das Dreh-Kipp-Fenster.

Tipp: *Achten Sie besonders bei bodentiefen Fenstern auf die Funktionen: Eine Festverglasung könnte Ihnen den Weg in den Garten versperren. Ebenso sind Mittelpfosten bei zweiflügligen Fenstern ungeeignet, weil sie die Sicht einschränken und bei schmalen Flügeln den Durchgang erschweren.*

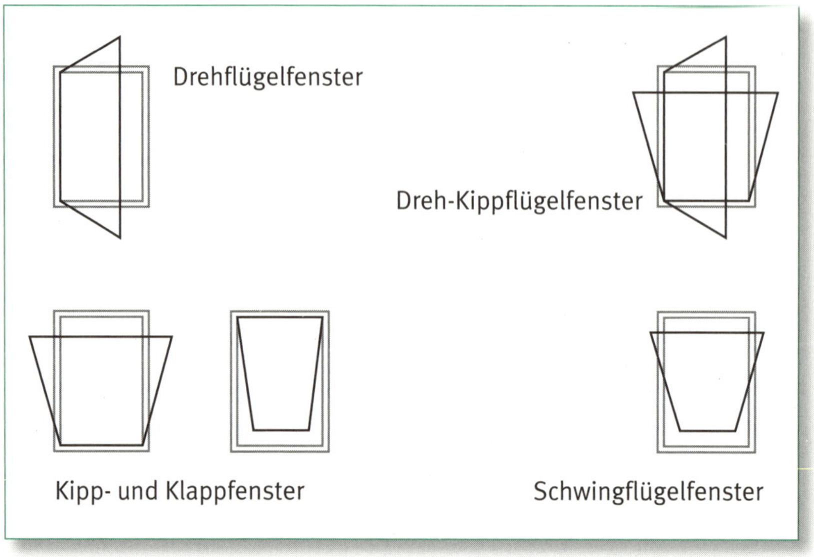

Oberflächenbehandlung

Formular siehe Seite F 43

Von den zur Verfügung stehenden Rahmenmaterialien besteht lediglich bei Holzrahmen die Notwendigkeit einer Oberflächenbehandlung – soweit es sich nicht um Tropenhölzer handelt. Unter den Anstrichmitteln gibt es eine größere Auswahl umweltschonender Lacke und Lasuren. Die umweltschonendste Variante sind einheimische Hölzer mit umweltverträglicher Oberflächenbehandlung, zum Beispiel Lacke und Lasuren mit dem „Blauen Engel“.

Gelegentlich wird auch Aluminium als Material für Fensterrahmen und -flügel beschichtet. Man unterscheidet hierbei zwischen einbrennlackierten und farbbeschichteten Oberflächen, wobei die ersteren qualitativ hochwertiger und langlebiger sind. Des Weiteren gibt es kunststoffbeschichtete Aluminiumfenster. Hier werden die positiven Eigenschaften des Materials, was den Widerstand gegen Bewitterung angeht, allerdings wieder zunichtegemacht. Ist der Kunststoffüberzug einmal beschädigt, so ist eine Reparatur kaum möglich.

Verglasung

Formular siehe Seite F 44

Wärmeschutzverglasung

Eine Wärmeschutzverglasung besteht aus zwei oder drei Glasscheiben, die am Rand staub-, luft- und feuchtigkeitsdicht miteinander verbunden sind. Die raumseitige Glasscheibe ist im Scheibenzwischenraum mit einer hauchdünnen, nicht sichtbaren Edelmetallbeschichtung versehen. Sie lässt die Sonnenstrahlung herein und unterdrückt die Wärmestrahlung von der inneren zur äußeren Scheibe. Der Scheibenzwischenraum kann zusätzlich mit trockener Luft oder einem speziellen Gas (Argon oder Krypton) gefüllt sein.

Über den vorgeschriebenen Wärmeschutz hinaus können Fensterverglasungen weitere Funktionen erfüllen:

Sonnenschutzglas

Sonnenschutzglas schwächt durch mehr oder weniger intensive Tönung den sichtbaren Anteil der Sonnenstrahlung ab. Gleichzeitig unterdrückt eine Metallbeschichtung im Scheibenzwischenraum die Wärmestrahlung von der äußeren auf die innere Scheibe. Das führt zu dem – gewünschten – Effekt, dass bei hoher Sonneneinstrahlung im Sommer das Aufheizen der betreffenden Räume gemindert wird. Bei geringer Sonneneinstrahlung werden jedoch die solaren Energiegewinne genauso gemindert, was zu einem höherem Heizenergieverbrauch führt. Ein weiterer Nachteil solcher Verglasungen besteht in der Abschwächung des Tageslichtes.

Schallschutzglas

Schallschutzglas ist ein gegen Schallübertragung besonders gedämmtes Isolierglas aus zwei oder drei Scheiben meist unterschiedlicher Glasdicke und einem größeren mit Schwergas gefüllten Scheibenzwischenraum. Durch Metallbeschichtung der Scheiben lassen sich Schallschutz und Wärmeschutz kombinieren.

Widerstandsklassen

Alle leicht erreichbaren Fenster sollten mit einbruchhemmender Verriegelung und Verglasung nach DIN EN 1627 ausgerüstet sein. Einbruchhemmende Fenster werden in sechs Widerstandsklassen (Resistance Classes) RC 1–RC 6 eingeteilt, wobei RC 6 für die höchste Widerstandsklasse steht. Empfehlenswert sind Fenster ab der Widerstandsklasse RC 2. RC 2-Fenster sollen nach DIN den Einbruch um mehr als drei Minuten verzögern. RC 3-Fenster sollen einem mit Werkzeugen ausgestatteten Einbrecher fünf Minuten lang widerstehen. RC 4-Fenster sind mit durchbruchhemmendem Glas ausgestattet und sollen nach der DIN erfahrenen Einbrechern mit noch besserem Werkzeug den Weg für mindestens zehn Minuten versperren.

Diese Fenster werden einer praxisgerechten Einbruchprüfung unterzogen. So ist sichergestellt, dass es in der Gesamtkonstruktion (Rahmen, Beschlag, Verglasung) keinen Schwachpunkt gibt. Es handelt sich damit um ein Fensterelement „aus einem Guss“. Gleichwertig sind Fenster, die nach der bisherigen, bis September 2011 gültigen Vornorm, der DIN V ENV 1627 geprüft wurden. In der Widerstandsklasse RC 2 N wird auf die Sicherheitsverglasung verzichtet (nur empfehlenswert, wenn kein direkter Angriff auf die Verglasung zu erwarten ist).

Die Klasse RC 1 N kann als Grundsicherung für Fenster bei erhöhtem Einbau eingesetzt werden, wenn mangels Standfläche (zum Beispiel Balkon) eine Aufstiegshilfe erforderlich ist. (Einsatzmöglichkeiten sollten im Rahmen einer (kriminal-)polizeilichen Beratung geklärt werden.) Die Zuordnung der einzelnen Widerstandsklassen ist mit nachfolgender Tabelle annähernd möglich:

„neue" DIN EN 1627	„alte" DIN V ENV 1627
RC 1 N	
RC 2 N	WK 2 (ohne Sicherheitsverglasung)
RC 2	WK 2
RC 3	WK 3
RC 4	WK 4
RC 5	WK 5
RC 6	WK 6

im privaten Bereich üblicherweise ausreichend

Übliche Isolierverglasungen haben keine einbruchhemmende Wirkung. Schutz bieten einbruchhemmende Verglasungen (Panzerglas oder Verbund-Sicherheitsglas) nach der DIN EN 356. Sie werden mit dem Buchstaben P, einer aufsteigenden Nummer sowie einem zusätzlichen Kennbuchstaben bezeichnet (zum Beispiel P3A). Der Kennbuchstabe A steht für durchwurfhemmende Verglasung und der Kennbuchstabe B für eine durchbruchhemmende Verglasung.

Sicherheitsglas soll einbruchhemmend wirken, vor Verletzungen durch Glasscherben schützen und nötigenfalls auch die Ausbreitung von Bränden verzögern. Einscheibensicherheitsglas (ESG) wird überall dort angewendet, wo an die Sicherheit und Haltbarkeit hohe Ansprüche gestellt werden, wie zum Beispiel bei Ganzglastüren oder Verglasungen im Dachbereich. Einscheibensicherheitsglas kann Bestandteil einer Wärme- oder Schallschutzverglasung sein.

Beschläge

Formular siehe Seite F 45

Als Beschläge werden heute fast nur noch Einhand-Drehkipp-Beschläge mit verdeckt liegender Mechanik angewandt, die sehr einfach zu handhaben sind: Durch Drehen eines Fenstergriffs in unterschiedliche Richtungen lässt sich das Fenster entweder drehen, kippen, öffnen oder schließen.

Fenstersprossen

Formular siehe Seite F 45

Fenstersprossen können entweder aufgeklebt oder als Glas teilende Sprossen ausgebildet sein. Darüber hinaus werden vorgesetzte und innen liegende Sprossen angeboten. Glas teilende und innen liegende Sprossen verschlechtern Wärme- und Schallschutz erheblich. Welche Variante Sie bevorzugen, ist weitgehend Geschmackssache – sofern Sie nicht gleich ganz darauf verzichten.

Fensterbänke

Formular siehe Seite F 45

Innenfensterbänke

Innenfensterbänke decken die Brüstung ab. Ihre Tiefe ist auch davon abhängig, ob das Fenster in der Mitte des Mauerquerschnittes oder außenbündig montiert wird. Dies kann sich auf die Nutzbarkeit als Blumenfenster auswirken. Die Fensterbank kann aus Holz, Naturstein, Kunststein (dekorativer Betonwerkstein), gegebenenfalls auch aus Kunststoff bestehen oder gefliest sein. Vor dem Einbau der Fensterbank sollte auf jeden Fall, nicht nur im Bereich des Fensters, sondern vollflächig, ein Glattstrich auf der Brüstung erfolgen.

Außenfensterbänke

Außenfensterbänke haben vor allem die Aufgabe, das darunter liegende Mauerwerk vor dem vom Fenster ablaufenden Wasser zu schützen. Als Material sind Klinkerplatten, Kunststein, Kunststoffe, kunststoffverkleidete Pressspanplatten und Zink oder Aluminium möglich. Bei Metallen sollten Sie allerdings an die Geräuschentwicklung bei Regen denken. Damit Außenlärm allgemein nicht über die Fensterbänke in die Wand übertragen wird, müssen sie akustisch entkoppelt befestigt werden. Dazu wird zwischen Fensterbank und Mauerwerk ein Dämmstreifen gelegt, der eine starre und damit Schall leitende Verbindung verhindert.

Rollläden, Klappläden, Sonnenschutz

Formular siehe Seite F 45

Rollläden dienen dem Sicht-, Sonnen- und bedingt dem Einbruchsschutz. Kritische Punkte hinsichtlich der Wärmeverluste sind die in der Wand integrierten Rollladenkästen. Sie müssen zur Vermeidung von Wärmebrücken gut wärmegedämmt ausgeführt und luftdicht eingebaut werden. Vor die Wand gesetzte Rollläden mit Kurbel- oder elektrischer Bedienung bieten hier eine energiesparende Alternative.

Außenjalousien sorgen mit ihren verstellbaren Lamellen, Markisen durch eine oder mehrere Stoffbahnen für Sonnen- und Sichtschutz. Die dekorativen **Klapp- oder Schiebeläden** haben ihrer Stabilität wegen eine zusätzliche Schutzfunktion. Ein echter Einbruchschutz wird durch Rollläden aus Kunststoff nicht gewährleistet. selbst dann nicht, wenn sie abschließbar sind. Zudem signalisieren herabgelassene Rollläden die Abwesenheit der Bewohner.

Die Einteilung einbruchhemmender Rollläden in Widerstandsklassen (Resistance Classes) (RC) erfolgt nach der Zeit, die ein Einbrecher zu ihrer Überwindung benötigt. Empfehlenswert sind Rollläden ab Widerstandsklasse RC 2. Gleichwertig sind Rollläden, die nach der bisherigen, bis September 2011 gültigen Vornorm, der DIN V ENV 1627, geprüft wurden. Nach dieser Vornorm hießen die Klassen „WK", der Zahlenwert ist gleich.

Widerstandsklasse	Belastung	Widerstandszeit
RC 1	3 kN	–
RC 2	3 kN	3 Minuten
RC 3	6 kN	5 Minuten
RC 4	10 kN	10 Minuten
RC 5	15 kN	15 Minuten
RC 6	15 kN	20 Minuten

Bedienung

Bei größeren Fensterbreiten oder wenn aus Gründen des Einbruchschutzes massive Rollläden gewählt wurden, kann die manuelle Bedienung mit einem Aufzugsgurt oder etwa einer Handkurbel mühselig werden. In diesen Fällen bieten sich elektrisch bedienbare Rollläden an. Dabei werden kleine Elektromotoren in die Welle oder den Gurtwicklerkasten eingebaut. Komfortabler ist eine zusätzliche Zeitschaltuhr für die automatisch gesteuerte Betätigung auch bei Abwesenheit.

4.3.9 Außentüren im Erd- und Obergeschoss

Formular siehe Seite F 47

Die Energieeinsparverordnung (EnEV 2009) stellt spezielle Anforderungen an den Wärmedurchgang von Außentüren. Die Ergebnisse der Berechnungen für das auszuführende Objekt sollten in der Tabelle (siehe Seite E 37 bis E 39) in Gegenüberstellung zum Referenzobjekt enthalten sein (siehe auch Kapitel 3.9 „Wärmeschutz", Seite E 30 ff.). Allerdings sind dort nur die Mindestanforderungen geregelt, es gilt jedoch: Je schlechter die wärmeschützenden Eigenschaften von Türen und Fenstern sind, desto besser müssen die der anderen Bauteile sein. Ausreichend niedrige **U-Werte** haben wärmegedämmte Holz- und Kunststofftüren. Spezielle Schallschutztüren haben einen Vollkern und zusätzlich Dichtungen im Anschlag und am Boden. Der Schalldämmwert wird im Kapitel 3.11 „Schallschutz" auf Seite E 43 ff. erläutert

Haustür

Gemäß ihrer einbruchhemmenden Wirkung werden Wohnungs- und Haustüren sowie Kelleraußentüren analog zu Fenstern in Widerstandsklassen von RC 1–RC 6 eingeteilt. Die Türen sind im Handel entsprechend gekennzeichnet, zum Beispiel als Tür DIN EN 1627 RC 2 (Tür der Widerstandsklasse 2):

Widerstandsklasse RC 2 bezeichnet einen für drei Minuten ausreichenden Schutz gegen Einbrecher ohne Werkzeuge (Gelegenheitstäter), die eine Tür lediglich mit Einsatz körperlicher Gewalt durchstoßen wollen.

Widerstandsklasse RC 3 genügt fünf Minuten lang dem Schutz gegen Eindringlinge, die eine Tür zusätzlich mit einfachen Hebelwerkzeugen (zum Beispiel Schraubendreher) aufzubrechen versuchen.

Widerstandsklasse RC 4 schützt zehn Minuten vor erfahrenen Einbrechern, die eine Tür mit dem Einsatz von Hebel- und Schlagwerkzeugen (zum Beispiel Brecheisen, Kuhfuß) aufzubrechen versuchen. Diese Türen werden einer praxisgerechten Einbruchprüfung unterzogen So ist sichergestellt, dass es in der Gesamtkonstruktion (Türblatt, Zarge, Schloss und Beschlag) keinen Schwachpunkt gibt. Es handelt sich damit um ein Türelement „aus einem Guss". Gleichwertig sind Türen, die nach der bisherigen, bis September 2011 gültigen Vornorm, der DIN V ENV 1627, geprüft wurden. Die Zuordnung der einzelnen Widerstandsklassen ist mit nebenstehender Tabelle annähernd möglich.

„neue" DIN EN 1627	„alte" DIN V ENV 1627	
RC 2	WK 2	Einbruchhemmung steigend ↓
RC 3	WK 3	
RC 4	WK 4	
RC 5	WK 5	
RC 6	WK 6	

(farbig markiert:) im privaten Bereich üblicherweise ausreichend

***Tipp:** In der Regel ist für Wohnungsabschlusstüren die Widerstandsklasse RC 2 ausreichend. RC 3-Türen verfügen zusätzlich über eine bessere Schalldämmung.*

Material

Formular siehe Seite F 47

Als Materialien können nur Holz und Aluminium uneingeschränkt eingesetzt werden. Dabei ist es empfehlenswert, die Gestaltung der Tür auf das Material und die Farbe der Fenster abzustimmen. Kunststoffe können für größere Türflächen nur mit Verstärkung eingesetzt werden, da die Steifigkeit eines Kunststoffprofils allein zu gering ist. Daher werden meist nur einflügelige Hauseingangstüren aus Kunststoff eingesetzt (üblicherweise aus PVC).

Oberflächenbehandlung

Formular siehe Seite F 47

Unter den Anstrichmitteln für Holz gibt es eine größere Auswahl umweltschonender Lacke und Lasuren. Die umweltschonendste Variante sind einheimische Hölzer mit umweltverträglicher Oberflächenbehandlung, zum Beispiel Lacke und Lasuren mit dem „Blauen Engel".

Aluminium als Material für Türen wird in der Regel beschichtet. Man unterscheidet zwischen einbrennlackierten und farbbeschichteten Oberflächen, wobei die ersteren qualitativ hochwertiger und langlebiger sind.

Des Weiteren gibt es kunststoffbeschichtete Holz- und auch Aluminiumtüren. Bei Aluminium werden allerdings die positiven Eigenschaften des Materials, was den Widerstand gegen Bewitterung angeht, wieder zunichte gemacht. Und ist ein Kunststoffüberzug einmal beschädigt, so ist eine Reparatur der Tür – ob Holz oder Aluminium – kaum möglich. Kunststofftüren benötigen keinerlei Oberflächenbehandlung.

Verglasung/Lichtausschnitt

Formular siehe Seite F 47

Was die Verglasung von Außentüren betrifft, so gilt für sie im Wesentlichen das Gleiche, wie für Fenster. Die entsprechenden Erläuterungen finden Sie deshalb im Kapitel 4.3.8 „Fenster" auf Seite E 85 ff.

Die Form des Lichtausschnitts ist dagegen Geschmackssache. Er sollte sich allerdings, wie die Gestaltung der Außentür insgesamt, harmonisch in das Äußere des Hauses einfügen.

Beschläge

Formular siehe Seite F 48

Zu den Beschlägen im eigentlichen Sinn zählen alle Teile aus Metall oder Kunststoffen, die dazu dienen, bewegliche Bauteile festzumachen, zu verbinden, beweglich zu machen oder zu verschließen. Mit dem Begriff „Türbeschlag“ wird häufig jedoch fälschlicherweise nur der Türgriff bezeichnet. Er besteht aus Außen- und Innenschild sowie Türdrückern und Drückerstift.

Zubehör

Formular siehe Seite F 48

Der bei Türen erforderliche Bodenabstand kann durch Bodendichtungen wirksam gegen Zugluft abgedichtet werden. Je nach Hersteller gibt es verschiedene Systeme (zum Beispiel Anschlagdichtungen, absenkbare Dichtungen, Auflaufdichtungen mit Bürste).

***Tipp:** Bei der Hauseingangstür entscheidet für die meisten Bauherren in erster Linie die Optik. Um vor Vertragsunterschrift genau festzulegen, welche Haustür eingebaut wird, sollte ein Foto oder eine Zeichnung als Referenz für die gewünschte Gestaltung und Ausführung herangezogen und ein Preisrahmen vereinbart werden.*

4.3.10 Treppen

Hauseingangstreppe

Formular siehe Seite F 48

Die Trittstufen der Hauseingangstreppe werden meist mit Fliesen, Naturwerkstein oder Betonwerkstein belegt. Bei dem zuletzt genannten handelt es sich um kleinere Natursteine, die mit Zement zu Platten zusammengefügt sind.

Die am häufigsten verwendeten Naturwerksteine sind Granite, Schiefer, Quarzid und Kalksteine, wie zum Beispiel Juramarmor, Travertin, Solnhofener, Marmor. Handelsüblich werden alle polierbaren Kalksteine als „Marmor“ bezeichnet.

Beläge für die Hauseingangstreppe müssen frostsicher sein, wie auch für Balkone oder andere Freiplätze.

Der Verschleiß, dem Bodenbeläge ausgesetzt sind, wird durch Sand- und andere Schmutzpartikel an den Schuhsohlen verursacht. Die Böden im Eingangs- und Flurbereich sind dadurch besonders betroffen. (Im Kapitel 4.5.3 „Fliesen- und Natursteinbeläge“ auf Seite E 118 ff. finden Sie weitere Hinweise zum Thema „Abriebgruppen“)

***Tipp:** Fliesen und Platten, die auch nach Schneefall begangen werden, sollten möglichst rau sein. Glatte Fliesenbeläge mit einer Schneeauflage sind beispielsweise ähnlich glatt wie eine Eisfläche!*

Erd- und Obergeschosstreppe

Formular siehe Seite F 49

Wenn die Treppenstufen entweder in Holz eingestemmt oder in Eisenträger verschraubt, also zwischen die seitlichen Wangen gespannt sind, spricht man von eingestemmten Trittstufen. Einmal eingebaut, können sich diese Holzstufen nicht mehr verziehen. Aufgesattelte Trittstufen ruhen dagegen auf der stufenförmig ausgeschnittenen Wange.

Sollen Fliesen oder Natursteinplatten den Stufenbelag bilden, wird man auf eine massive Stahlbetontreppe zurückgreifen. Es sind aber auch Holz, Teppichboden und alle anderen Beläge wie bei den Stahl-, Holz- oder Stahl-Holztreppen möglich.

Steigung

Die Steigung entspricht der Höhe einer einzelnen Treppenstufe. Sie sollte nicht größer als 19 Zentimeter sein. Die nutzbare Treppenlaufbreite sollte mindestens 90 Zentimeter betragen und durch die Geländerkonstruktion nicht eingeschränkt werden.

Neben Treppen mit geradem oder gewendeltem Lauf gibt es auch Raumspar- und Einschubtreppen, vor allem zum Spitzboden, aber auch als Nebentreppen.

Handläufe können aus Metall, Kunststoff oder Holz sein. Klären Sie auch, ob die Oberflächen der Treppe endbehandelt sind.

Treppe zum Spitzboden/Nebentreppe

Formular siehe Seite F 49

Raumspartreppen ermöglichen aufgrund ihrer besonderen Stufenform ein großes Steigungsverhältnis. Sie liegen im Raumbedarf und in Bezug auf Komfort und Sicherheit zwischen einer normalen Geschosstreppe und einer Einschubtreppe. Für kleine Kinder und ältere Menschen können sie konstruktionsbedingt zu Hindernissen werden.

Treppe im Rohbau

Bei noch größerem Platzmangel werden Einschubtreppen eingebaut. man klappt oder schiebt sie mittels einer Stange in den Spitzboden. Bei einer wärmegedämmten Geschossdecke sollte auch eine wärmegedämmte und luftdichte Luke (Kastendeckel der Einschubtreppe) eingebaut werden.

Tipp: *Um eine ausreichende Schalldämmung zu erreichen, müssen die Treppenkonstruktion und das Stufenauflager entsprechend schallentkoppelt geplant und ausgeführt werden.*

4.4 Haustechnik

4.4.1 Elektroarbeiten – Rohinstallation

Formular siehe Seite F 50

Hausanschluss

Hauptleitung

Der Hausanschluss ist die Schnittstelle zwischen dem Stromnetz des Versorgers und der Hausinstallation. Seine Absicherung bestimmt die maximal entnehmbare elektrische Leistung. Die Elektroarbeiten umfassen normalerweise die komplette Stark- und Schwachstrominstallation ab dem Hausanschluss. Manche Anbieter übernehmen die Elektroarbeiten lediglich ab dem Verteilerkasten. Dann muss geklärt werden, ob der Hausanbieter die Kosten für die Hauptleitung zwischen Hausanschluss und Messeinrichtungen trägt, oder ob Sie diese extra bezahlen müssen.

Der Verteilerschrank sollte grundsätzlich so bemessen sein, dass eine spätere Erweiterung der Elektroanlage möglich ist. Mehrere Zählerplätze und zusätzliche Stromkreise können zum Beispiel erforderlich werden, wenn Sie später eine Photovoltaikanlage betreiben oder eine Einliegerwohnung abtrennen wollen.

Leitungen

Leitungen: Aufputz-Leitungen sind kostengünstig zu verlegen und werden daher in untergeordneten Räumen eingesetzt. Wände mit Aufputz-Leitungen sind allerdings später nur mit größerem Zeit- und Arbeitsaufwand zu tapezieren und zu streichen.

Unterputz-Leitungen sind vor allem in Wohnräumen üblich. Sie müssen nach einem genauen Plan horizontal und vertikal, dürfen aber niemals diagonal verlegt werden. Die Lage der Schalter und Steckdosen lassen später den ungefähren Verlauf der Leitungen erkennen.

Für Leitungen in Leerrohren wird zuerst das Installationsrohr beim Massivbau in vorher ausgefrästen Schlitzen verlegt und nach Abschluss der Putzarbeiten die Leitungen eingezogen. Diese Installationsart hat den Vorteil, dass zusätzliche Kabel für Sonderwünsche oder aufgrund von Nutzungsänderungen ohne aufwändige Stemm-, Putz- und gegebenenfalls Tapezierarbeiten verlegt werden können. Wegen möglicher Weiterentwicklungen bei Telefon-, Daten- und Nachrichtentechnik oder zur Beschallung sind Leerrohre für deren Schwachstromleitungen eine Überlegung wert.

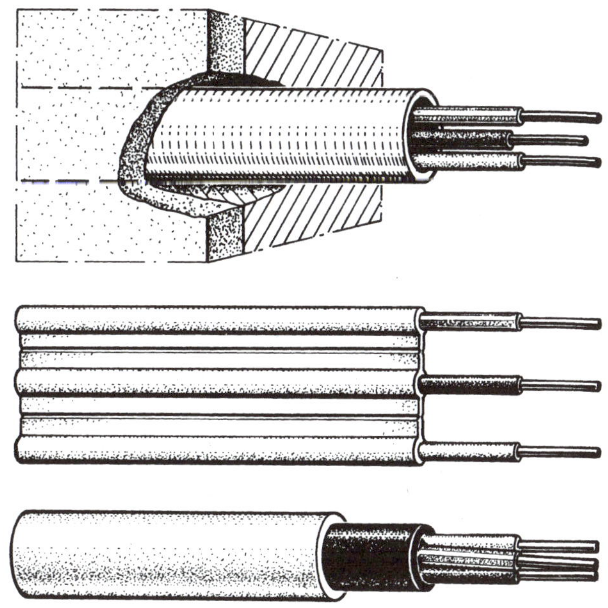

a) Rohr-Installation mit H07V-U (NYU), b) Stegleitungen, c) Mantelleitung

Bei der Stegleitung sind die einzelnen Adern mit einem Gummisteg zusammengefasst. Sie ist flach und wird auf der Rohwand befestigt. Anschließend muss sie auf ihrem gesamten Verlauf mit Putz bedeckt sein. Die Verlegung ist nur in trockenen Räumen in oder unter Putz gestattet. In Feuchträumen wird meist die runde Mantelleitung verwendet. Im Gegensatz zur Stegleitung hat sie einen zusätzlichen Kunststoffmantel als mechanischen Schutz. Sie kann auf oder unter Putz verlegt werden.

Bus-System

Mit einem sogenannten Bus-System (zum Beispiel EIB **E**uropäisches **I**nstallations-**B**us-System) können alle elektrischen Vorgänge automatisiert werden. Beispielsweise können damit elektrisch betriebene Rollläden von einer einzigen Stelle aus betätigt oder so programmiert werden, dass sie sich zu bestimmten Zeiten öffnen oder schließen, selbst wenn die Hausbewohner im Urlaub sind. Der Verkabelungsaufwand für die gesamte Elektroinstallation kann durch ein Bus-System drastisch gesenkt werden. Dem stehen allerdings hohe Kosten für die Elektronik gegenüber, sodass Bus-Systeme derzeit fast nur in den Eigenheimen finanzstarker Technikfanatiker zum Einsatz kommen.

Tipp: *Deckenlichtauslässe werden meist schon beim Betonieren der Decke hergestellt. Daher sollten Sie ihre Lage sehr frühzeitig festlegen. Überlegen Sie sich auch, von welchen Stellen aus das Licht geschaltet werden soll. Die Lage der Steckdosen usw. sollten Sie bis Fertigstellung des Rohbaus durchgeplant haben. Für die Küche sollte der Elektriker einen Einrichtungsplan, zum Beispiel des Küchenanbieters, erhalten. Lassen Sie sich für spätere Arbeiten den Werk- und Schaltplan des Elektrikers aushändigen. Gegebenenfalls vereinbaren Sie das bereits mit dem Anbieter des Hauses.*

4.4.2 Stromerzeugung mit Fotovoltaikanlage

Formular siehe Seite F 51

In manchen Hausangeboten ist eine Fotovoltaikanlage als fester oder wählbarer Bestandteil enthalten. Wenn Sie sich dafür interessieren, empfehlen wir Ihnen, sich eine detaillierte technische Beschreibung der vorgesehenen Anlage geben zu lassen und damit fachlichen Rat einzuholen. Sie sollten eine realistische Vorstellung über die Leistungsfähigkeit und Qualität der Anlage erhalten. Vergleichen Sie die Anlage mit anderen Angeboten des Marktes. Gegebenenfalls müssen Sie verhindern, dass die Baufirma einen für Sie ungünstigen Einspeisevertrag abschließt, in den Sie mit dem Kauf des Hauses einsteigen müssen. Sehr oft werden die Anlagenbetreiber in den Einspeiseverträgen schlechter gestellt als nach dem Erneuerbare-Energien-Gesetz. Dabei ist für Anschluss, Einspeisung und Vergütung ein Einspeisevertrag gar nicht erforderlich. Nähere Informationen und Beratung bieten zum Beispiel die Clearingstelle EEG (www.clearingstelle-eeg.de) und der Solarförderverein Deutschland e. V. (www.sfv.de). Solare Stromerzeugung in einer Fotovoltaikanlage wird für das Erneuerbare Energien-Wärme-Gesetz nicht anerkannt.

4.4.3 Heizungsinstallation

Raumtemperatur

Formular siehe Seite F 51

Wer eine Heizung neu errichtet oder erneuert, muss die notwendige Größe der Heizung vorher errechnen. Grundlage ist die europaweit gültige Norm EN 12831. Der Wärmebedarf eines Hauses oder Raumes ist eine sich stündlich verändernde Größe. Sie hängt ab von äußeren Klimabedingungen wie Außentemperatur, Bewölkung, Windstärke, Niederschlag, Sonneneinstrahlung und der im Haus erwünschten Temperatur. Um Ihr Haus bei niedriger Außentemperatur immer gleichmäßig angenehm zu temperieren, muss Ihre Heizquelle stets so viel Wärme nachliefern, wie durch Wände und Fenster wieder abfließt: die Heizlast. Auch bei der kältesten Außentemperatur, die in den letzten 20 Jahren zehnmal andauernd über zwei Tage erreicht wurde, muss die Heizungsanlage die sogenannte „Auslegungstemperatur" erreichen. Dies sind üblicherweise Raumtemperaturen von 20 °C in Wohnräumen und 24 °C im Bad. Abweichende Raumtemperaturen sind ausdrücklich zu vereinbaren.

Primärenergie

Formular siehe Seite F 52

Die Entscheidung für einen Energieträger wirkt sich direkt auf die Technik der Heizanlage und auf die künftigen Energiekosten aus. Zusätzlich verpflichtet das Erneuerbare-Energien-Wärme-Gesetz (EEWärmeG) zur Nutzung bestimmter Anteile erneuerbarer Energie (siehe Erläuterungen auf Seite E 40).

Heizöl

Brennstofflager: Zur Lagerung von Heizöl ist ein entsprechender Tank im Keller oder – vor Temperaturen unter 8 °C geschützt – außerhalb des Gebäudes erforderlich. Das Öl wird in doppelwandigen Stahl- oder glasfaserverstärkten Kunststofftanks (GFK) beziehungsweise in Beton-/

Kunststoffkugeltanks gelagert. Einwandige Kellertanks müssen grundsätzlich in Auffangräumen aus Stahlbeton oder verputztem Mauerwerk aufgestellt werden. Alternativ dazu ist die Aufstellung sogenannter Batterietanks möglich. Dabei handelt es sich um einen oder mehrere Einzelbehälter mit jeweils 1.000, 1.500 oder 2.000 Litern Inhalt. Sie bestehen aus glasfaserverstärktem Kunststoff, Polyäthylen (PE) oder Polyamid (PA). Nicht glasfaserverstärkte Tanks dürfen nur in Auffangräumen aufgestellt werden. Auffangräume müssen dicht sein, dürfen keine Fugen und Bodenabläufe haben und sind aus Stahlbeton oder Mauerwerk zu errichten. Im letzten Fall muss der Boden mit einem Zementestrich und das Mauerwerk mit einem Zementputz versehen sein. Die Dichtheit wird durch eine spezielle Beschichtung erreicht. In Kellerräumen kann der Auffangraum durch einen speziellen mehrlagigen Schutzanstrich oder durch Auskleiden der Auffangwanne mit dicht verschweißten Kunststoffbahnen abgedichtet werden.

Vor der Entscheidung für Heizöl ist bei der Baubehörde nachzufragen, ob am Gebäudestandort gegen die Lagerung von Heizöl Bedenken bestehen (Grundwasserschutz).

Erdgas

Brennwertgeräte können aus Erdgas besonders viel zusätzliche Wärme herausholen. Deshalb sollte eine neue Erdgasheizung immer als Brennwertheizung ausgeführt werden.

Flüssiggas

Wer plant, seine Heizung mit Flüssiggas zu betreiben, sollte rechtzeitig die unterschiedlichen Möglichkeiten der Beschaffung einer Tankanlage abwägen. So kann solch ein Behältnis gemietet oder gekauft werden und auch ein Mietkauf ist möglich. Wer das Geld für einen Kauf nicht aufbringen kann, wird die auf lange Sicht teurere Variante der Miete wählen müssen. Eine Alternative dazu ist der Mietkauf, bei dem von vornherein festgelegt wird, dass der Kauf nach beispielsweise fünf Jahren unter Anrechnung der bis dahin gezahlten Gelder erfolgt.

Wesentlich wichtiger ist aber die Sicherung der flexiblen Einkaufsmöglichkeiten des Flüssiggases selbst, da die Preisunterschiede der Anbieter enorm sind. Marktbeobachtungen der Verbraucherzentralen zeigen, dass diese Unterschiede teilweise mehr als das Doppelte betragen. Vorsicht: Tankmietverträge enthalten oft das Alleinbelieferungsrecht eines Flüssiggashändlers. Noch ungünstiger sind Verträge, bei denen der Händler bestimmt, zu welchem Zeitpunkt und zu welchem Preis er den Tank auffüllt.

Flüssiggastanks werden prinzipiell außerhalb des Gebäudes, unter- oder oberirdisch, untergebracht. Die gängigsten Behältergrößen für Flüssiggas sind 2.700, 4.800 und 6.700 Liter.

Tipp: *Wenn Sie Flüssiggas als Heizenergie nutzen, können Sie den Liefervertrag vor Vertragsschluss von einem Berater Ihrer Verbraucherzentrale prüfen lassen. So können Sie gegebenenfalls verhindern, dass Sie sich unnötig eng an einen bestimmten Lieferanten binden.*

Biogas Am Markt ist Erdgas mit unterschiedlichen Anteilen von Biogas erhältlich. Nach dem Erneuerbare Energien-Wärme-Gesetz (EEWärmeG) gibt es die Möglichkeit, 30 Prozent des Wärmebedarfs mit Biogas zu decken. Das kann beim Neubau aber nicht einfach dadurch geschehen, dass man im Heizkessel Erdgas mit 30 Prozent Biogasanteil verfeuert. Denn wegen des hohen Bedarfs an Biogas in der Stromerzeugung erlaubt das EEWärmeG die Verwendung von Biogas ausschließlich in einem Blockheizkraftwerk (mit Gasmotor), das neben Wärme auch Strom liefert. Der Betreiber muss durch Bescheinigungen des Gaslieferanten nachweisen, dass er tatsächlich Biogas genutzt hat.

Bioöl Erneuerbare Energie kann ökologisch bedenklich sein. Beispielsweise, wenn tropische Wälder abgeholzt und Kleinbauern vertrieben werden, um zusätzliche Anbaufläche für Ölpalmen zu gewinnen. Deshalb schreibt das EEWärmeG vor, dass nur solches Bioöl genutzt werden darf, das nach einem in der Nachhaltigkeitsverordnung festgelegten Verfahren auf Unbedenklichkeit geprüft und zertifiziert ist. Solches Öl dürfte deutlich teurer sein, als das in Zukunft auf dem Markt angebotene Standard-Bioöl. Der Betreiber muss durch Bescheinigungen des Öllieferanten nachweisen, dass er tatsächlich zertifiziertes Bioöl genutzt hat. Außerdem darf das wertvolle Bioöl nur in einem Öl-Brennwertkessel (oder in einem Blockheizkraftwerk mit Dieselmotor) genutzt werden.

Holz und Holzpellets In kleinen Feuerungsanlagen (bis 50 kW) dürfen nur naturbelassenes Stückholz, Hackschnitzel oder Holzpellets verbrannt werden. Hackschnitzel und Holzpellets erlauben einen vollautomatischen Heizungsbetrieb; automatische Kleinkessel und Öfen sind jedoch überwiegend für Pellets erhältlich. Pellets sind meist sechs Millimeter starke und 10 bis 30 Millimeter lange, aus Holzabfällen gepresste Zylinder. Sie werden in Säcken geliefert oder mit Tankwagen in Behälter gefüllt, aus denen sie über eine Schnecke oder per Gebläse direkt zum Kessel befördert werden. Die Fördermenge richtet sich nach dem aktuellen Wärmebedarf. Diese vollautomatischen Holzfeuerungen lassen sich gut mit Solaranlagen kombinieren, die in den Sommermonaten die Warmwasserbereitung übernehmen. Zurzeit sind die Pellet-Anlagen allerdings noch teuerer als Niedertemperaturkessel oder Brennwertkessel. Zu möglichen Förderungen informiert Sie das Bundesamt für Wirtschaft und Ausfuhrkontrolle (BAFA) unter www.bafa.de.

Feuchtigkeit beeinträchtigt den Heizwert von Holz stark, weil die Verdampfung des Wassers Energie kostet. Holz aus dem Wald sollte drei Jahre trocknen – entsprechend muss das Holzlager den dreifachen Jahresbedarf fassen.

Solarwärme Die Sonne strahlt gerade im Winter am wenigsten. Deswegen kann ein Solarkollektor allenfalls in der Übergangszeit einen gewissen Beitrag zur Heizung leisten. Der Aufwand für Kollektoren, Speicher, die Einbindung der solaren Unterstützung in die Heizungsanlage und für den sommerlichen Überhitzungsschutz ist relativ hoch.

Dagegen kann eine gute Solaranlage die Brauchwassererwärmung im Sommerhalbjahr weitgehend übernehmen. Eine besonders hohe Ausnutzung lässt sich erreichen, wenn man die Warmwassernutzung an das Sonnenangebot anpasst und auf die Nacherwärmung durch den Heizkessel verzichtet.

Umweltwärme

Umweltwärme, auch die sogenannte oberflächennahe Geothermie, ist in Luft, Wasser oder Erdreich gespeicherte Sonnenenergie, die erst mit Hilfe einer Wärmepumpe auf ein nutzbares Temperaturniveau angehoben werden muss. Das macht nur Sinn, wenn man den Einsatz von Strom für den Antrieb der Wärmepumpe minimiert. Luft als Wärmequelle ist leicht und preisgünstig zu nutzen. Sie hat aber den Nachteil, dass sie gerade dann am wenigsten Wärme liefert, wenn die Heizung am meisten braucht. Der Ventilator des im Freien aufgestellten Wärmetauschers kann zu Lärmbelästigung führen. Grundwasser und Erdreich sind nur durch Bohrungen zu erschließen, haben jedoch in einigen Metern Tiefe auch in Kälteperioden annähernd gleiche Temperatur. Durch die Wärmeentnahme sinkt die Temperatur der Wärmequelle. Das kann den Nachbarn beeinträchtigen, wenn er ebenfalls Umweltwärme nutzen will.

Strom

Heizstrom ist teuer und in den letzten Jahren stark im Preis gestiegen. Die Elektroheizung kommt daher allenfalls für Passiv-Häuser mit tatsächlich sehr geringem Heizenergiebedarf in Frage.

Solare Raumheizung

Technisch ist es auch im mitteleuropäischen Klima möglich, im Sommer den Ertrag von Sonnenkollektoren in einem sehr großen Speicher einzulagern, um das Haus im Winter überwiegend oder vollständig daraus zu beheizen. Die Planung eines solchen Hauses erfordert Spezialwissen und umfangreiche Erfahrung.

Das Ziel eines ganzjährig warmen Hauses, weitgehend ohne Zukauf von Heizenergie, lässt sich allerdings auch mit einem guten Passivhaus erreichen – mit geringerem technischem und finanziellem Aufwand und mit größerer Freiheit in der Anordnung der Räume.

In jedem Haus leistet die Sonneneinstrahlung durch die Fenster einen Beitrag zur Raumheizung, der nur in engen Grenzen gesteigert werden kann. Darüber hinaus wird oft eine solare Brauchwasseranlage so erweitert, dass sie (vorwiegend in den Übergangsmonaten) günstigenfalls bis zu 20 Prozent des Jahresheizwärmebedarfs abdecken kann. Das erfordert eine drei- bis viermal größere Kollektorfläche, einen großen Solarspeicher für die Heizung und eine gut funktionierende Einbindung in die Heizanlage. Der im Sommer sehr hohe, aber nicht nutzbare Energieüberschuss muss gefahr- und schadlos abgeführt werden. Eine sorgfältige, auf das konkrete Objekt abgestimmte Planung ist zu empfehlen. Um die Anforderungen des Erneuerbare-Energien-Wärme Gesetzes (EEWärmeG) zu erfüllen, reicht zumeist eine solare Brauchwasseranlage.

Wärmeerzeuger

Formular siehe Seite F 52

Niedertemperaturkessel können je nach Außentemperatur mit sich ändernder (gleitender) Kesseltemperatur betrieben werden. Im Vergleich zu einem mit konstanter Temperatur betriebenen Kessel ist ihr Wärmeverlust geringer und damit die Energieausnutzung größer.

Brennwertkessel

Brennwertkessel erzielen nochmals höhere Wirkungsgrade. Sie können sowohl mit Gas als auch mit Öl betrieben werden. Das im Betrieb von Ölbrennwertkesseln anfallende saure Kondensat muss neutralisiert werden, bevor es ins Abwasser gelangt. Bei der Verwendung von schwefelarmem Heizöl kann auf die Neutralisation verzichtet werden. Die Nennleistung eines Wärmeerzeugers gibt sein maximales Leistungsvermögen in Kilowatt an. Sie richtet sich nach dem für den kältesten Tag errechneten Heizleistungsbedarf des Hauses unter Berücksichtigung des zusätzlichen Leistungsbedarfs für die Warmwasserbereitung. Die Brennerleistung kann innerhalb des Nennleistungsbereichs eingestellt werden.

Tipp: *Gas-Brennwert-Kessel oder -Thermen sind in der Regel nicht mehr viel teurer als Niedertemperaturgeräte. Handeln Sie deshalb möglichst den Einbau eines Brennwertgerätes aus.*

Wandhängende Heizkessel

Wandhängende Heizkessel sind platzsparend und eignen sich zum Einbau im Dachgeschoss. Dadurch können die Baukosten für Heizraum und Schornstein eingespart werden. Oft kommt man auch mit kürzeren Rohrlängen für die Warmwasserversorgung aus und kann auf die energiefressende Zirkulationseinrichtung verzichten.

Tipp: *Beim Einbau der Heizung im Dachgeschoss sollten Sie auf ausreichenden Schallschutz gegenüber Schlafräumen achten. Zudem sollte die Versorgungsleitung vom Gas-Hausanschluss bis zur Heizungsanlage im Leistungsumfang des Unternehmers enthalten sein.*

Wenn die Heizungsanlage die Verbrennungsluft aus dem Aufstellraum ansaugt, wird die Betriebsweise als raumluftabhängig bezeichnet. Raumluftunabhängig ist sie, wenn die Luft aus dem Freien über ein Rohr zum Brenner herangeführt wird. Wegen der Luftdichtheit der Gebäudehülle und der oft von Lüftungsanlagen beeinflussten Druckverhältnisse sind raumluftunabhängige Anlagen sinnvoller. Sie werden heute meist an ein Luft-Abgas-System (LAS) angeschlossen.

Der Jahresnutzungsgrad gibt die Energieausnutzung der Heizanlage an unter Berücksichtigung aller bei Betrieb und Betriebsbereitschaft auftretenden Verluste. Er ist nicht zu verwechseln mit dem meist deutlich höheren Kesselwirkungsgrad, der lediglich die Verluste im Volllastbetrieb berücksichtigt.

Der Normnutzungsgrad beschreibt die Energieausnutzung unter genormten, nicht unbedingt auch in der vorhandenen Heizanlage gegebenen Betriebsbedingungen. Er dient dem Vergleich verschiedener Wärmeerzeuger.

Nach dem EEWärmeG werden als Brennstoff für einen Heizkessel nur Holz oder Bioöl anerkannt. Bioöl darf nur in einem Brennwertkessel verbrannt werden. Die traditionelle Holzverbrennung war mit hoher Schadstoffbelastung verbunden, weil man die Verbrennung drosselte. Dagegen versucht man heute, Stückholz mit ausreichend Luft und mit voller Leistung zu verbrennen. In einem Holzvergaserkessel werden die brennbaren Gase besonders gut mit Luft gemischt und verbrennen restlos und schadstoffarm. Dabei wird in kurzer Zeit viel Energie frei, die in einem Pufferspeicher aufgenommen werden muss.

Bei den kleinen Pellets hat der Brennstoff ausreichend Kontakt zur Luft, Durch die automatische Dosierung und Zündung der Pellets lässt sich die Feuerungsleistung auch ohne Pufferspeicher gut an den Bedarf anpassen.

Wärmepumpenanlage

Eine Wärmepumpe macht Wärme von niedriger Temperatur nutzbar, wie sie zum Beispiel im Grundwasser, Erdreich, in der Außenluft oder in der Abluft von Lüftungsanlagen vorliegt. Die Wärmepumpe hebt sie mit Hilfe von (elektrischer) Zusatzenergie auf ein höheres Temperaturniveau an. Das erreicht man – ähnlich wie bei einem Kühlschrank – mit einem Kältemittelkreislauf. Nur dass hier der Verdampfer (Eisfach) außen liegt und der Umwelt Wärme entzieht, während der Verflüssiger (Abwärmegitter) seine Wärme an die Hausheizung abgibt.

Dieser Vorgang benötigt umso weniger Strom, je geringer der Temperaturunterschied zwischen Wärmequelle und Heizwasser ist. Deshalb ist eine Wärmequelle mit relativ hoher Temperatur wie Grundwasser (+10 °C) günstiger als Erdsonde (+6 °C) oder Außenluft (-7 °C). Die Heizung sollte am kältesten Tag mit höchstens 35 °C Heizwassertemperatur auskommen. Eine so niedrige Vorlauftemperatur ist praktisch nur mit einer entsprechend ausgelegten Fußboden-, Wand- oder Deckenheizung zu erreichen – im gesamten Haus, auch im Obergeschoss und in beheizbaren Kellerräumen!

Der für den Stromverbrauch der Wärmepumpe entscheidende Temperaturunterschied hängt stark von der Auslegung von Wärmequelle, Wärmepumpe und Heizsystem ab. Planungs- und Ausführungsfehler wirken sich stark aus. Beispielsweise müssen für jeden Raum der Wärmebedarf und die Heizflächen genau berechnet und die Heizwasserströme durch einen hydraulischen Abgleich eingestellt werden (siehe weiter unten Seite E 108).

Die Effizienz einer Wärmepumpenanlage wird ausgedrückt in der Jahresarbeitszahl (JAZ), die das Verhältnis von erzeugter Wärme zu Stromaufnahme wiedergibt. Werden beispielsweise im Jahresmittel mit 1 kWh Strom 4 kWh Heizwärme gewonnen, so beträgt die Jahresarbeitszahl 4,0.

In der Muster-Baubeschreibung wird eine Jahresarbeitszahl (JAZ) zugesichert, die der Planer aus den seiner Planung zugrundeliegenden Betriebsbedingungen errechnet. Sollte die Anlage diese JAZ nicht erreichen, kann es zu deutlich höherem Stromverbrauch kommen. Um die JAZ überhaupt nachweisen zu können, muss die Anlage mit einem Wärmemengen- und einem Stromzähler ausgestattet sein. Einige Förderprogramme und das Erneuerbare-Energien-Wärmegesetz fordern diese Messausstattung. Nach dem EEWärmeG kann sie nur dann entfallen, wenn Wärme aus Erdreich oder Grundwasser genutzt wird und die Heizwasservorlauftemperatur am kältesten Tag nachweislich höchstens 35 °C beträgt (festgelegt weiter unten in diesem Kapitel unter „Wärmeverteilung und Heizflächen“, Seite E 106).

Die fortlaufende Beobachtung der Jahresarbeitszahl ist auch hilfreich, um Betriebsstörungen wie zum Beispiel eine Vereisung der Erdsonden rechtzeitig zu bemerken. Dort, wo die Messausstattung nicht zwingend vorgeschrieben ist, sollte man daher wenigstens die Anschlüsse für den zeitweisen Einbau von Messgeräten schaffen.

Soll die Wärmepumpe die Anforderungen des Erneuerbare Energien-Wärme-Gesetzes erfüllen, dann muss sie mindestens die JAZ nach folgender Tabelle erbringen, die im Formular der Muster-Baubeschreibung einzutragen ist:

Bauart der Wärmepumpe		**Jahresarbeitszahl (JAZ)**		**Messausstattung**
		Nur Heizung	Heizung und Warmwasser	
Elektrisch angetrieben	Luft / Wasser	3,5	3,3	Wärme- und Stromzähler
	Luft / Luft	3,5	3,3	
	Sole / Wasser	4,0	3,8	Wärme- und Stromzähler, außer bei Heizvorlauftemp. max. 35 °C
	Wasser / Wasser	4,0	3,8	
Fossil angetrieben		1,2	1,2	

Der Auftraggeber erhält ein Exemplar der Planungsberechnungen. Schließlich bestätigt der Auftragnehmer die Übereinstimmung von Ausführung und Planung.

Der in der Muster-Baubeschreibung ausgewiesene Jahresstrombedarf ist nur als Orientierungswert zu verstehen. Der im Betrieb gemessene Stromverbrauch kann davon abweichen, sofern das tatsächliche Nutzerverhalten (Raumtemperaturen) sich von den Annahmen der Planung unterscheidet.

Um im Reklamationsfall die Einhaltung der Jahres*arbeits*zahl zu überprüfen, sollte ein Sachverständiger zunächst die Berechnung kontrollieren, die tatsächlichen Betriebsbedingungen überprüfen und zu den gemessenen Werten in Beziehung setzen.

Blockheizkraftwerke

Für größere Einfamilienhäuser, Mehrfamilienhäuser oder Hausgruppen können sich auch Blockheizkraftwerke lohnen. Sie nutzen das Prinzip der Kraft-Wärme-Kopplung: Die bei der Stromerzeugung anfallende Abwärme wird über Nahwärmeleitungen zur Gebäudeheizung und Warmwassererzeugung genutzt. Bei den privaten Blockheizkraftwerken treibt der wärmerzeugende Brennstoff, meist Gas oder Öl, auch einen Generator an, der Strom zur Einspeisung ins häusliche oder öffentliche Netz erzeugt. Da die Energieversorger den eingespeisten Strom oft unzureichend vergüten, rechnet sich der Einsatz kleinerer Anlagen selten wirtschaftlich. (Siehe Ratgeber „Heizung und Warmwasser“, www.vz-ratgeber.de.)

Um die Anforderungen des EEWärmeG mit einem Blockheizkraftwerk (BHKW) zu erfüllen, gibt es zwei Möglichkeiten:

- entweder betreibt man das BHKW mit „Bio-Erdgas“, für dessen Bezug 30 Prozent Biogas ins Erdgasnetz eingespeist werden,
- oder man bezieht Wärme aus einem „hocheffizienten“ BHKW. Das kann fossil angetrieben sein, benötigt aber weniger Primärenergie, als wenn man Strom und Wärme in getrennten Anlagen erzeugt hätte.

Nah-/Fernwärmeanschluss

Der Anschluss an ein Wärmenetz kann die Anforderungen des EEWärmeG erfüllen, vorausgesetzt, die Wärme stammt

- zu einem „wesentlichen“ Anteil aus erneuerbaren Energien,
- zu mindestens 50 Prozent aus Anlagen zur Nutzung von beispielsweise industrieller Abwärme,
- zu mindestens 50 Prozent aus Kraft-Wärme-Kopplungs-Anlagen oder
- zu mindestens 50 Prozent aus einer Kombination der in den ersten drei Punkten genannten Maßnahmen.

Abgasanlage

Formular siehe Seite F 55

Abgase von Feuerstätten für flüssige oder gasförmige Brennstoffe dürfen über Abgasleitungen abgeführt werden. Wenn diese Leitungen Geschosse überbrücken (die Heizzentrale also nicht im Dachgeschoss steht), ist ihre Unterbringung in eigenen Schächten vorgeschrieben (Siehe auch Kapitel 4.3.7 „Dach“, Abschnitt „Dachzubehör“ auf Seite E 83).

Abgase von Feuerstätten für feste Brennstoffe müssen in Schornsteine eingeleitet werden. Ein für den Trockenbetrieb ausgelegter Schornstein besteht aus einem Innenrohr, einer Dämmschicht und einer Außenhülle. Dadurch wird sichergestellt, dass sich die Abgase nicht zu stark abkühlen (und damit keinen eigenen Auftrieb mehr haben oder sogar kondensieren) sondern sicher und schadlos über das Dach abgeführt werden. Für den Nassbetrieb geeignete Schornsteine sind feuchtigkeitsunempfindlich und hinterlüftet. Sie werden eingesetzt, wenn die Kondensation der Abgase entweder nicht vermeidbar oder sogar gewünscht ist, wie zum Beispiel bei einer Brennwertheizung.

Der Schornsteinkopf muss passend zur Dacheindeckung verkleidet, abgedichtet und eventuell abgedeckt sein. Zudem benötigt der Schornsteinfeger im Verlauf des Schornsteines meist eine geeignete Reinigungsöffnung.

Pufferspeicher für Heizwärme

Pufferspeicher können erforderlich sein, wenn Wärmeerzeuger zeitweise mehr Wärme liefern als abgenommen wird. Das kann der Fall sein bei Holzkesseln, Wärmepumpen, Blockheizkraftwerken und bei der solaren Heizungsunterstützung. Vorgeschrieben sind Pufferspeicher im Zusammenhang mit handbeschickten Feststoffkesseln (zum Beispiel Stückholzkessel) über 15 kW. Zur Vermeidung des besonders umweltbelastenden Schwelbrandes dürfen solche Kessel nur mit Volllast betrieben werden. Der Pufferspeicher muss daher den Energieinhalt eines mit Holz vollgefüllten Kessels aufnehmen können.

Wärmeverteilung und Heizflächen

Formular siehe Seite F 55

Heizungsanlagen mit Heizkörpern oder Fußbodenheizung kommen mit einem Heizkreis aus. Wird teils mit Fußbodenheizung, teils mit Heizkörpern geheizt, sind meist zwei Heizkreise mit je einer eigenen Regelung erforderlich.

Die Auslegungs-Vor- und Rücklauftemperaturen benötigt die Heizfläche, um am kältesten Tag ihre maximale Heizleistung abzugeben. Je niedriger dabei die Vorlauftemperatur bleibt, desto niedriger kann auch die Kesseltemperatur eines Niedertemperatur- oder Brennwertkessels sein. Eine niedrige Kesseltemperatur wirkt sich günstig auf den Jahresnutzungsgrad aus. Eine niedrige Rücklauftemperatur begünstigt zusätzlich die Nutzung eines Brennwert-Heizkessels, der gerade bei niedrigen Temperaturen am wirtschaftlichsten arbeitet. Eine wichtige Voraussetzung dafür ist, dass sich zwischen Kesselwasser und Heizungsvorlauf kein Mischer oder Wärmetauscher befindet, wie es häufig bei Fußbodenheizungen der Fall ist. Heizungsanlagen mit niedrigeren Auslegungstemperaturen erfordern allerdings größere und damit teurere Heizflächen.

Wärmeverteilung

Für die Wärmeverteilung kommen meist Kupferleitungen zum Einsatz. Es werden aber auch Edelstahl- oder Kunststoffleitungen aus Polyethylen (PE) verwendet.

Plattenheizkörper sind die heute am häufigsten verwendete Heizkörperart. Sie bestehen aus glattem oder profiliertem Stahlblech mit gelegentlich zur Erhöhung der Wärmeabgabe auf der Rückseite angebrachten Konvektionsblechen oder -lamellen. Zwei oder mehr Platten können hintereinander angeordnet und zu einem Heizkörper verbunden werden. Plattenheizkörper werden auch unter den Bezeichnungen „Flach-“ oder „Flächenheizkörper“, „Kompaktheizkörper“, „Heizwand“ oder „Wärmeplatten“ angeboten.

Radiatoren bestehen aus mehreren gleichen Gliedern (Gliederheizkörper) von Gusseisen, Stahlblech, Stahlrohr oder Aluminium.

Konvektoren bestehen aus einem oder mehreren waagerecht liegenden Heizrohren mit Lamellen zur Vergrößerung der Wärme abgebenden Fläche. Die Rohre befinden sich in einem Schacht. Dieser Schacht ist bei Fertigheizkörpern fest mit den Heizrohren verbunden, bei anderen kann er auch durch eine Nische mit vorgehängter Bekleidung gebildet werden. Konvektoren geben die Wärme fast ausschließlich als Warmluft ab (Konvektion), während Radiatoren einen Teil der Wärme als Strahlung abgeben.

Fußleistenheizungen bestehen aus kleinen Konvektoren, die hinter einer Bekleidung (Schacht) an Stelle der Fußleiste angebracht sind. Der nur schwach ausgeprägte Warmluftstrom dieser Konvektoren steigt an der Zimmerwand empor und erwärmt die untere Wandzone. Die erwärmte Wand strahlt ihrerseits die Wärme in den Raum ab (an der Außenwand nur den Teil, der nicht nach außen verloren geht). Fußleistenheizungen müssen während der gesamten Heizperiode mit hohen Heizwassertemperaturen betrieben werden, da sonst die Wärmeleistung wegen der geringen Auftriebskräfte stark zurückgehen würde. Hohe Heizwassertemperaturen sind ungünstig für den Nutzungsgrad des Wärmeerzeugers.

Fußbodenheizungen sind die am meisten verbreitete Form der Flächenheizung. Sie haben den Vorteil, dass sie die Gestaltung und Möblierung der Räume nicht beeinträchtigen. Aufgrund der großen aufgeheizten Masse sind sie jedoch im Allgemeinen träge und deshalb schwerer zu regeln. Fußbodenheizungen geben die Wärme als Strahlung ab. Als Bodenbelag sind Stein, Keramik sowie Kunststoff und Linoleum ideal. Materialien mit schlechterer Wärmeleitung wie Holz, Laminat oder Teppichboden beeinträchtigen die Wärmeabgabe mehr oder weniger, auch wenn sie als „geeignet für Fußbodenheizung" deklariert sind. Bedenklich ist dies vor allem bei Wärmepumpen und Brennwertkesseln, bei denen man nicht zum Ausgleich die Heizwassertemperatur anheben möchte. Über unbeheizten Räumen oder Erdreich haben sie beträchtliche Wärmeverluste nach unten, wenn hier nicht sehr gut und möglichst über die Mindestanforderung der Energieeinsparverordnung hinaus gedämmt wird.

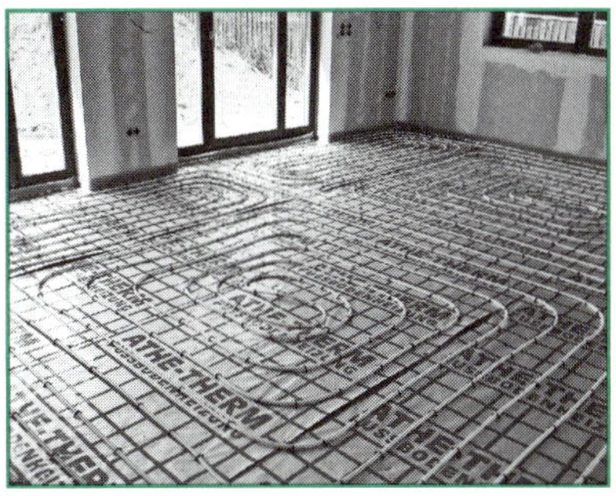

Fußbodenheizung

Eine Variante der Flächenheizung ist die **Wandheizung**, die Wärme ebenfalls als Strahlung abgibt. Hier muss allerdings die Möblierung genau geplant werden.

Bei modernen Heizungsanlagen handelt es sich um geschlossene Systeme, in denen das Heizwasser keinen Kontakt zur Luft hat. So kann es in den Metallrohren, Heizkörpern und im Heizkessel nicht zur Korrosion durch Sauerstoff kommen. Korrosion kann jedoch auftreten, wenn Heizwasserrohre oder Fußbodenheizrohre aus nicht sauerstoffdichtem Kunststoff eingebaut werden.

Als dritte Variante wird auch die **Deckenheizung** angeboten, häufig in der Ziegelfertigbauweise. Sie kann bei manchen Systemen auch zur Kühlung der Wohnräume eingesetzt werden.

Flächenheizungen werden wegen ihrer Mehrkosten oft für besser als Heizkörper gehalten. Flächenheizungen sollten nicht in Außenbauteile eingebaut werden, denn das würde deren Wärmeverlust vervielfachen, wenn eine zusätzliche platzraubende Dämmschicht ihn nicht begrenzt. Die Räume kleiner Häuser sind großenteils von Außenbauteilen umgeben. Die Innenwände werden teilweise für die schimmelfreie Aufstellung von Schrankmöbeln benötigt.

Der raumklimatische Vorteil des hohen möglichen Strahlungsanteils geht durch Abdeckung verloren (Teppich auf Fußboden-, Möbel vor Wandheizflächen). Der energetische Vorteil der niedrigen Heizwassertemperatur tritt nur ein, wenn die Heizflächen darauf ausgelegt sind. Am günstigsten sind vom Heizwasser durchströmte Platten an der Raumoberfläche. Die sind zum Beispiel durch Einschlagen eines Nagels leicht verletzlich. Da sie aus Einzelmodulen zusammengesetzt sind, liegt in den zahlreichen Verbindungsstellen ein Leckagerisiko. An den niedrig temperierten Flächenheizungen kann man sich nicht Hände oder Füße wärmen.

Entweder verwendet man sauerstoffdiffusionsdichte Kunststoffrohre, oder man sieht für die Kunststoff-Heizschlangen der Fußbodenheizung einen eigenen Wasserkreislauf mit Wärmetauscher und Umwälzpumpe vor. Bei der Kombination von kleineren Fußbodenheizflächen mit Heizkörpern ist es einfacher, auch für die Fußbodenheizung Metallrohre zu verwenden.

Hydraulischer Abgleich

Der hydraulische Abgleich stellt die gleichmäßige Durchströmung aller Heizflächen und damit die ausreichende Beheizung der Räume bei der vorgesehenen Heizwassertemperatur sicher. Dazu wird an jedem Heizkörperventil eine Einstellschraube auf einen vorher errechneten Wert justiert. Der hydraulische Abgleich ist zwar vorgeschrieben, wird aber dennoch oft vergessen. Deshalb sollte man auf eine schriftliche Bestätigung Wert legen.

Um die Wärmeverluste der Rohrleitungen
zu begrenzen, schreibt die Energieeinsparverordnung eine Mindestdicke an Wärmedämmung vor. Sie bezieht sich auf eine Wärmel eitfähigkeit des Dämmstoffes von 0,035 W/mK und ist vom Querschnitt der Rohrleitung (Nennweite) abhängig.

Weitere Informationen finden Sie in dem Ratgeber „Heizung und Warmwasser“, (erhältlich im Shop: www.vz-ratgeber.de).

4.4.4 Warmwasserbereitung

Formular siehe Seite F 57

Die Installation einer zentralen Warmwasserversorgung ist in der Regel einfacher als mehrere Einzellösungen. Meist wird sie energiesparend mit der Heizung gekoppelt. Daneben gibt es jedoch auch die vom Heizkessel unabhängige Lösung, bei der alle Energieträger eingesetzt werden können (auch regenerative Energien). Die Zentralversorgung bietet sich insbesondere dann an, wenn die Rohrleitungen kurz und die Zapfstellen nahe beieinander angeordnet sind, wie es bei Einfamilienhäusern möglich ist.

Tipp: *Die Wahl von Art und Größe der Warmwasserbereitung beeinflusst die Betriebskosten und den Komfort entscheidend. Da die üblichen Standard-Leistungsbeschreibungen nicht auf die konkreten Nutzungsbedingungen eingehen, lassen Sie sich vor Vertragsschluss von einem Energieberater der Verbraucherzentralen beraten. Er erklärt Ihnen gerne die Angaben zur Heizungs-, Warmwasser- und Elektroinstallation in Ihrer Baubeschreibung und weist Sie gegebenenfalls auf Unstimmigkeiten hin.*

Warmwasserspeicher

Bei der Zentralversorgung werden alle Zapfstellen über ein zentrales Gerät versorgt, in der Regel über einen Warmwasserspeicher. Der Speicher sollte sinnvollerweise über die vorhandene Heizungsanlage aufgeladen werden. Im Einfamilienhaus kann die Nachheizmöglichkeit problemlos auf eine Stunde täglich beschränkt werden (Heizungsregelung oder Schaltuhr), wodurch sich der hohe Bereitschaftsverlust des Heizkessels im Sommerbetrieb stark verringert. Die **elektrische** Beheizung mit Tagstrom oder auch mit Nachtstrom ist teurer.

Nutzinhalt

Der Nutzinhalt sollte bei einfachen Warmwasserspeichern in Ein- und Zweifamilienhäusern etwa dem mittleren Tagesbedarf entsprechen, also rund 30 bis 40 Liter pro Person. Für einen Vierpersonenhaushalt käme also zum Beispiel ein Speicher mit 120 oder 160 Liter Fassungsvermögen in Betracht. Bei kombiniertem Betrieb mit einer Solaranlage sollte das Speichervolumen mindestens 80 Liter pro Person betragen. Ein Solarspeicher benötigt einen Wärmetauscher für den Kollektorkreis und einen zweiten für die Nachheizung über den Heizkessel. Wenn die Solaranlage erst später dazu kommen soll, sollte der Speicher schon jetzt dafür geplant werden.

Wärmeverlust des Speichers: Gute Speicher haben einen Wärmeverlust unter 2,0 kWh/Tag (bei 200 Liter).

Durchlauferhitzer

Viele wandhängende Gasheizkessel sind mit integriertem Durchlauferhitzer als Kombitherme lieferbar. Im Gegensatz zum Warmwasserspeicher erzeugen Durchlauferhitzer das Warmwasser auf Abruf beim Durchfließen und halten es nicht vor. Durchlauferhitzer haben nicht den gleichen Komfort wie Warmwasserspeicher: Bei Schwankungen der Wasserentnahme, zum Beispiel durch gleichzeitige Wasserentnahme an mehreren Zapfstellen, kommt es leicht zu Temperatursprüngen. Durchlauferhitzer kommen daher nur in kleinen Wohneinheiten für eine Zentralversorgung in Frage.

Elektrische Durchlauferhitzer: Elektronische Durchlauferhitzer regeln stufenlos die Heizleistung und halten automatisch eine vorher zwischen 30 und 60 °C am Gerät eingestellte Wassertemperatur auch bei unterschiedlicher Zapfmenge konstant. Elektrische Durchlauferhitzer sollten jedoch nur in Ausnahmefällen verwendet werden, da sie mit teurem Tagstrom betrieben werden müssen und einen sehr hohen Primärenergieverbrauch haben.

4.4.5 Solarthermische Warmwasserbereitung

Formular siehe Seite F 58

Bei vielen Hausangeboten ist eine solarthermische Anlage schon im Festpreis enthalten. Wo das nicht der Fall ist, sollten Sie nach entsprechenden Zusatzkosten fragen und mit den Preisen örtlicher Solaranlagenbauer vergleichen. Manche Hausanbieter nutzen die Attraktivität der Solartechnik für einen unverhältnismäßig hohen Aufpreis.

Kollektoren

Hauptbestandteil einer Solaranlage sind – neben dem notwendigen Warmwasserspeicher – die Kollektoren.

Flachkollektoren werden am häufigsten verwendet. Wegen ihrer einfachen Bauweise sind sie vergleichsweise preiswert. Sie sind für Warmwassertemperaturen bis 50 °C geeignet.

Vakuumröhrenkollektoren haben generell höhere Wirkungsgrade. Das macht sich insbesondere bei nur diffuser Sonneneinstrahlung und niedrigeren Außentemperaturen bemerkbar. Mit ihnen können hohe Warmwassertemperaturen erzeugt werden. Das Preis-Leistungs-Verhältnis für den Einsatz in Haushalten (mit erforderlichen Temperaturen von lediglich rund 50 °C) ist aber gegenüber den Flachkollektoren ungünstiger.

Tipp: Entscheidend bei der Auswahl des Kollektortyps sollte das Preis-Leistungs-Verhältnis sein. Wenn die Dachfläche ausreicht, dann lohnen sich eventuell zwei kostengünstige Kollektoren mit jeweils geringerem Solarertrag eher als ein teurer mit höherem Wirkungsgrad. Fragen Sie gegebenenfalls einen Energieberater der Verbraucherzentrale!

Fragen Sie gegebenenfalls einen Energieberater der Verbraucherzentrale. Sonnenkollektoren, die der Pflichterfüllung aus dem EEWärmeG dienen, müssen das Zertifikat „Solar Keymark“ tragen. Je größer die **wirksame Kollektorfläche** ist, desto mehr Sonnenenergie kann aufgenommen werden, desto größer sind aber auch die Überhitzungsprobleme bei ungenügender Wärmeabnahme. Außerdem bestimmen die Kollektoren den Preis. Deshalb sollte die gesamte Anlage sorgfältig von einem Fachmann berechnet und geplant werden. Unterstützung hierbei bietet auch die Energieberatung der Verbraucherzentralen.

4.4.6 Lüftung

Formular siehe Seite F 58

In einem dichten Gebäude gibt es keinen ständigen Luftaustausch durch Fugen an Fenstern, Türen und Anschlüssen. Um dennoch eine ausreichende Frischluftversorgung zu gewährleisten und Wasserdampf sowie Innenraumschadstoffe zu entfernen, müssen die Bewohner aktiv werden und lüften. Einfach und wirkungsvoll ist die Stoßlüftung über die Fenster, bei der drei bis vier Mal am Tag für jeweils wenige Minuten ein Durchzug hergestellt wird. Sie wird aus unterschiedlichen Gründen oft nicht angewandt. Ein ständig gekipptes Fenster würde zwar ebenfalls eine ausreichende Lüftung ermöglichen, aber im Winter auch zu hohen Energieverlusten führen.

Wirkung der natürlichen Lüftung	Lüftungsart Fensterstellung	Ungefähre Dauer der Lüftung, um einen Luftwechsel zu erzielen – je nach Windstärke
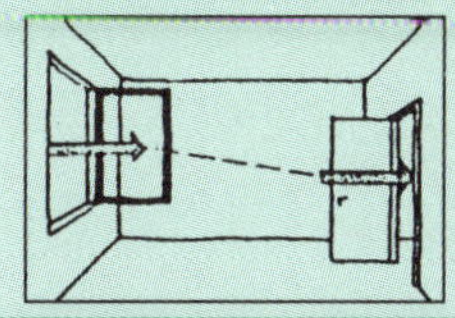	Fenster und gegenüberliegende Tür/Fenster ganz offen – **Querlüftung** –	1 bis 5 Minuten
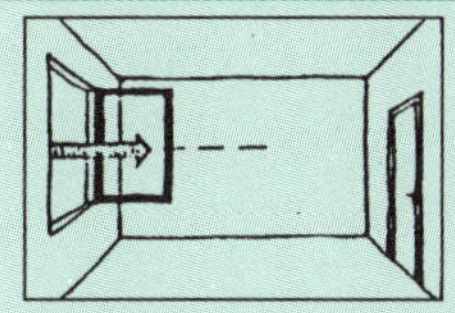	Fenster ganz offen – **Stoßlüftung** –	5 bis 10 Minuten
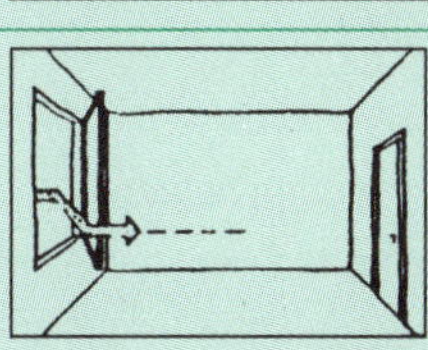	Fenster halb offen	10 bis 15 Minuten
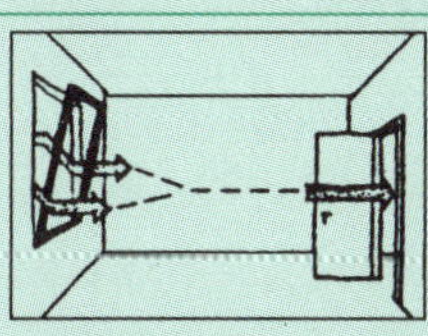	Fenster gekippt und gegenüberliegende Tür/Fenster ganz offen – **Querlüftung** –	15 bis 30 Minuten
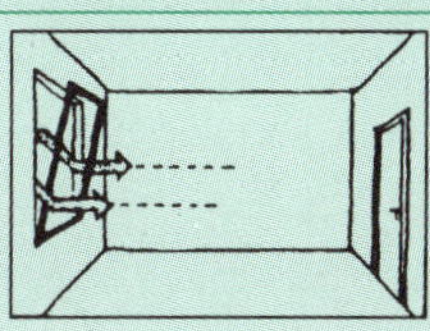	Fenster gekippt	30 bis 60 Minuten

Lüftungsanlage

Eine sichere und zugleich bequeme Alternative ist die kontrollierte Lüftung durch eine Lüftungsanlage.

Anlagen ohne Wärmerückgewinnung

Anlagen mit Wärmerückgewinnung

Hier sind im Wesentlichen zwei Systeme gebräuchlich: In Küche, Bad, Toilette wird Luft abgesaugt, durch Zuluftöffnungen in den Außenwänden strömt Frischluft in die Zimmer nach. Eine Energieeinsparung ist von diesen „Abluftanlagen“ nicht zu erwarten. Manche Anlagen entziehen der Abluft mit einer kleinen Wärmepumpe die enthaltene Wärme und geben sie an das Brauch- oder Heizungswasser ab. Die meisten Anlagen übertragen jedoch einen Teil der Abluftwärme in einem Luft-Luft-Wärmetauscher auf die zentral angesaugte Frischluft. Technisch möglich sind Rückgewinnungsgrade von über 80 Prozent. Da diese Anlagen die Zuluft durch Filter ansaugen und über Kanäle in die Zimmer transportieren, brauchen sie mehr Strom als die Anlagen ohne Wärmerückgewinnung. Als Obergrenze für die Auswahl gilt bei Anlagen ohne Wärmerückgewinnung eine Ventilatorleistung von 0,25 Watt pro Kubikmeter in der Stunde bewegter Luft, bei Anlagen mit Wärmerückgewinnung 0,5 Watt/m³. Gute Anlagen kommen mit der Hälfte dieser Leistungsaufnahme aus.

Filter Filter werden eingebaut, um zu verhindern, dass Verunreinigungen aus der Außenluft ins Gebäude gelangen und um das Lüftungsgerät selbst vor Verschmutzung zu schützen (Rußpartikel, Metallstaub, Viren und Bakterien sowie Fasern, Laub und Insekten). Die Partikelgrößen variieren, weshalb Filter nach ihrer Fähigkeit, Partikel aus der Luft herauszufiltern, eingeteilt werden: Grobfilter (G1–G4), Feinfilter (F5–F6), Feinstfilter (F7–F9). Es können auch spezielle **Pollenfilter** für Allergiker eingebaut werden.

Um die Zuluft im **Sommerbetrieb** nicht über den Wärmetauscher leiten zu müssen, sollten Sie eine Bypass-Schaltung (Sommerkassette) vorsehen.

Tipp: *Gut geplante Lüftungsanlagen mit Wärmerückgewinnung können Primärenergie einsparen. In der Praxis ist es jedoch manchmal schwierig, mit fertig konfektionierten Kleinanlagen die optimale Luftwechselrate im Haus und in den einzelnen Räumen sicherzustellen. Erfahrene Fachleute sollten daher schon während der Ausführungsplanung Lage, Dimensionen und Reinigungsöffnungen der Lüftungsleitungen festlegen. Über die Nutzung derartiger Anlagen sollten Sie sich eine ausführliche Einweisung geben lassen!*

Hinweis: Voraussetzung für die sichere Funktion einer kontrollierten Wohnungslüftung mit oder ohne Wärmerückgewinnung ist die genaue Planung aller Anlagenkomponenten und eine luftdichte Gebäudehülle, die über eine Luftdichtheitsprüfung nachzuweisen ist (siehe auch Kapitel 3.10 „Luftdichtheitsprüfung“ auf Seite E 41 ff.).

4.4.7 Sanitärinstallation – Rohinstallation

Viel Aufwand für Bau und Betrieb von Sanitärinstallationen lässt sich vermeiden, wenn der Planer auf kurze und einfache Leitungsführung achtet. Insbesondere ist die Verbindung zwischen Warmwasserbereiter und Zapfstellen kurz zu halten, zum Beispiel indem Sie den Warmwasserbereiter im Obergeschoss statt im Keller aufstellen. Bei sehr kurzen Warmwasserleitungen kann das teure, Wärme und Strom fressende Zirkulationssystem entfallen, das sonst erforderlich wäre, um die Wartezeit auf Warmwasser zu verkürzen und durch regelmäßiges Aufheizen der Warmwasserrohre auf 70 °C dem Wachstum von Legionellen vorzubeugen. Legionellen sind Bakterien, die Erkrankungen der Lunge hervorrufen können, wenn sie in großer Zahl als Wassernebel eingeatmet werden. Deswegen muss ihre massenhafte Vermehrung in Warmwassersystemen verhindert werden.

Geräusche aus der Wasser- und Abwasserinstallation gehören zu den unangenehmsten akustischen Belästigungen im Wohnbereich. Sie führen besonders häufig zu Reklamationen über mangelhaften Schallschutz in Neubauten. Bei Doppel- und Reihenhäusern liegt der gesetzlich zulässige Installationsschallpegel mit 30 dB(A) relativ hoch. Mit einer zweischaligen Haustrennwand ist eine noch stärkere Abschwächung erreichbar. Daher sollte der Installationsgeräuschpegel durch Vereinbarung von VDI 4100:2012-10 auf Schallschutzstufe II (25 dB(A)) oder auf Schallschutzstufe III (22 dB(A)) begrenzt werden (siehe Kapitel 3.11 „Schallschutz“ auf Seite E 43 ff.). Eine Änderung um 3 dB bedeutet etwa eine Halbierung/Verdopplung der Lautstärke.

Geräusche aus der eigenen Installation werden nicht gesetzlich begrenzt. Bei Vereinbarung des: „Verbesserten Schallschutzes innerhalb des eigenen Wohnbereiches“ nach VDI 4100:2012-10 dürfen die Geräusche bei Schallschutzstufe SSt EB II nicht mehr als 35 dB(A) und bei Schallschutzstufe SSt EB III nicht mehr als 30 dB(A) betragen. Die Fortpflanzung des Körperschalls aus Rohren vermindern zum Beispiel Gummieinlagen in den Rohrschellen und die Verankerung der Schellen in möglichst schweren Bauteilen. Gleichwohl gehört jedoch eine schallbrückenfreie Installation zu den allgemein anerkannten Regeln der Technik. Die Einhaltung dieser Regeln ist nur durch eine baubegleitende Qualitätssicherung zu gewährleisten.

Abwasserrohre

Abwasserrohre strahlen umso weniger Schall ab, je schwerer ihre Rohrwand ist. Besonders die Fallrohre sollten daher aus dickwandigem Kunststoff, aus Guss oder Steinzeug sein.

Formular siehe Seite F 59

Dünnwandige Kunststoffrohre aus Polyethylen (PE) oder Hart-PVC sind preiswert, ihre Schalldämmung und die Haltbarkeit sind weniger gut. Spezielle Schallschutzrohre können hier eine Alternative sein. Gussrohre sind sehr langlebig und besitzen eine gute Schalldämmung. Steinzeugrohre haben eine hohe Lebensdauer.

Das im Betrieb von Brennwertgeräten entstehende Kessel-Kondensat muss abgeleitet werden. Kondensate kleiner Gas-Brennwertkessel, wie sie im Ein- und Zweifamilienhaus eingebaut werden, dürfen über eine Abwasserleitung für Kessel-Kondensate ohne Neutralisationsanlage direkt in die Hausentwässerung eingeleitet werden. Bei Ölbrennwertgeräten ist häufig eine Neutralisationseinrichtung für das anfallende Kondensat beim Betrieb mit schwefelarmem Heizöl ebenfalls nicht erforderlich.

Warm- und Kaltwasserleitungen

Verzinkte Stahlrohre werden verschraubt oder verquetscht. Biegen und Schweißen sind nicht zulässig. Die Installationskosten sind wegen des notwendigen Arbeitsaufwandes sehr hoch.

Formular siehe Seite F 59

Kupferrohre werden weich verlötet. Sie sind fest, lassen sich aber trotzdem leicht verarbeiten. Wasser mit niedrigem pH-Wert (Grenzwert pH = 7,0) kann verstärkt Kupfer-Ionen aus den Rohren lösen, wodurch es zu einer Überschreitung des Kupfer-Grenzwertes der Trinkwasserverordnung kommen kann. Erkundigen Sie sich vor der Installation der Trinkwasserleitungen beim zuständigen Trinkwasserversorger oder dem Gesundheitsamt nach dem pH-Wert des Wassers. Ist er für Kupferleitungen zu niedrig, sollte der Installateur auf andere Materialien ausweichen.

Kunststoffrohre aus Polyethylen (PE) oder Polyvinylchlorid (PVC) werden erwärmt und mit Verbindungsstücken verpresst oder verschraubt. Sie sind form- und hitzebeständig, korrosionsfest und flexibel. Die Installation geht schnell und ist damit preiswert. Die Herstellung und Entsorgung von PVC ist ökologisch jedoch nicht unumstritten.

Edelstahlrohre werden mit Montageverbindungen zusammengesetzt, sind langlebig und hygienisch unbedenklich. Dem hohen Materialpreis stehen geringe Montagekosten gegenüber.

Die Energieeinsparverordnung schreibt die vollständige Wärmedämmung von Warmwasserleitungen vor. Kaltwasserrohre sind zum Schutz gegen Schwitzwasser mit einer Ummantelung zu versehen.

Verlegeart der Wasserleitungen

Formular siehe Seite F 59

Wasserleitungen können wie Stromleitungen auf Putz oder unter Putz verlegt werden. Verlegung auf Putz ist die preiswertere Variante, entspricht allerdings nicht jedermanns ästhetischem Empfinden. Außerdem gilt auch hier, dass das Streichen oder Tapezieren der Wände sehr erschwert wird (beachten beim späteren Ausbau von Kellerräumen).

Vorwandinstallation

Bequem und zeitsparend geht die Sanitärinstallation mit der sogenannten Vorwandinstallation. Dazu werden an der Stelle, wo sich später Badewanne, Waschbecken oder Toilette befinden sollen, im Werk vorgefertigte „Traggestelle“ mit kompletter Verrohrung vor die Rohbauwand gestellt. Nach der Druckprüfung der Installation wird die Installationswand mit Gipsbauplatten beplankt und gefliest.

***Tipp:** Auch hinter den Installationswänden muss der Innenputz zur Einhaltung der Luftdichtheit vollflächig ausgeführt werden!*

Ausstattung der Sanitärinstallation

Formular siehe Seite F 59

Bei Neuanlagen vorgeschrieben ist die Installation eines Feinfilters nach dem Wasserzähler. Er soll den Eintrag von Schmutzpartikeln aus dem öffentlichen Trinkwassernetz verhindern, die die Funktion der Armaturen beeinträchtigen oder Korrosion auslösen könnten. Bei einfachen Filtern muss mehrmals jährlich der Filtereinsatz gewechselt werden. Bei manuellen oder automatischen Rückspülfiltern wird der abgelagerte Schmutz ins Abwasser gespült. Ob gegebenenfalls ein Druckminderer oder im Gegenteil eine Druckerhöhungsanlage notwendig sind, hängt von den jeweiligen Gegebenheiten vor Ort ab. Am besten befragen Sie dazu Ihren Wasserversorger. Natürlich muss das Ergebnis bereits bei der Planung der Installation berücksichtigt werden.

Bei der Anordnung des zentralen Warmwasserspeichers sollte man auf möglichst kurze Leitungswege achten, was im Einfamilienhaus durchaus erreichbar ist. Anderenfalls entstehen Zeit- und Wasserverluste, bis das Warmwasser an der Zapfstelle ankommt. Zwar lässt sich dies mit einer Warmwasserzirkulation vermeiden. Sie pumpt das Warmwasser vom entferntesten Punkt des Verteilnetzes über eine zweite Rohrleitung wieder zurück in den Speicher, sodass die Rohre immer mit warmem Wasser gefüllt sind. Doch die Zirkulation verursacht beträchtliche zusätzliche Wärmeverluste, kostet Pumpenstrom und zerstört die Temperaturschichtung im Speicher, was sich bei Solarspeichern besonders ungünstig auswirkt.

Billiger, aber nicht weniger energieaufwändig sind mit Tagstrom betriebene, um die Rohre gewickelte Heizbänder (elektrische Rohrbegleitheizung). Beide Systeme sollten wegen ihres hohen Energieverbrauchs über eine Schaltuhr nur zeitlich eingeschränkt betrieben werden.

Mit der Energieeinsparverordnung (EnEV 2009) ist geregelt, dass Zirkulationspumpen beim Einbau mit selbsttätig wirkenden Einrichtungen zur Ein- und Ausschaltung ausgestattet werden müssen.

Außenzapfstellen für Gartenwasser sollten selbstentleerend und damit frostsicher sein.

Sind Abwasseranschlüsse im Keller erforderlich (Waschmaschine, Kondensatableitung der Heizung, Enthärtungsanlage) oder soll ein Fußbodenablauf im Kellerboden vorgesehen werden, muss der Keller entwässerbar sein. Das ist kein besonderes Problem, wenn der Kanal in der Straße ausreichend tiefer als die Kellersohle liegt. Andernfalls muss eine Hebeanlage eingebaut werden. Zu beachten ist jedoch, dass bei einer Abflussstörung im Kanalnetz ein Rückstau bis zur Straßenebene auftreten kann, die meist höher liegt als die Kellersohle. Um zu verhindern, dass dann Wasser aus dem Kanal in den Keller fließt, wird in das Rohr der Kellerentwässerung eine automatische Rückstauklappe eingebaut. Die Rückstauklappe muss regelmäßig gewartet werden und stellt ein gewisses Risiko für Wasserschäden dar. (Siehe auch Kapitel 2.3 „Vermessung und Erdarbeiten“, Seite E 15 f.)

Regenwassernutzungsanlagen

Formular siehe Seite F 60

Die Frage, ob eine Regenwassernutzung für Toilettenspülung und Waschmaschine sinnvoll ist oder nicht, lässt sich nicht pauschal beantworten. Eine Alternative zur Nutzung des Regenwassers kann die Regenwasserversickerung auf dem eigenen Grundstück oder innerhalb eines Baugebietes sein. Darüber hinaus sollte der Wasserverbrauch aus ökologischen Gründen grundsätzlich gesenkt werden. Die Regenwassernutzung kann in Regionen angebracht sein, in denen der Trinkwasserbedarf das Wasserangebot deutlich überschreitet. Demgegenüber kann in Gebieten mit eingeschränkter Grundwasserneubildung das Versickern des Regenwassers ökologisch vernünftiger sein, wenn die Bodenverhältnisse dies zulassen. Zur Gartenbewässerung macht die Verwendung von Regenwasser sicher überall Sinn, und sei es nur über den Einsatz von Wassertonnen.

Der ökonomische Nutzen einer Regenwasseranlage ist nur im Einzelfall zu beziffern. Auf jeden Fall sollten Sie den Ertrag einer Regenwassernutzungsanlage möglichst genau abschätzen und die Entlastung bei den Wasser- und Abwasserkosten den Investitionskosten gegenüberstellen. Meist ergibt sich eine Amortisationszeit von über 20 Jahren bei einer voraussichtlichen Gesamt-Nutzungszeit von mindestens 30 Jahren. Einige Gemeinden fördern den Bau von Regenwassernutzungsanlagen oder schreiben gar den Bau und die Nutzung von Zisternen vor. Falls die Gemeinde das Nicht-Einleiten von Regenwasser mit geringeren Abwasserkosten oder wiederkehrenden Beiträgen belohnt, kann diese finanzielle Einsparung auch durch das Versickern des Regenwassers erreicht werden – bei deutlich niedrigeren Investitionskosten.

Erdspeicher

Kellerspeicher

Bei einem Neubau ist es sinnvoll, den Speicher einer Regenwassernutzungsanlage als Erdspeicher auszulegen. Er beansprucht im Gegensatz zum Kellerspeicher keinen Platz, der ansonsten für Nutzungszwecke zur Verfügung stünde. Die notwendigen Ausschachtungsarbeiten können gegebenenfalls im Zuge der entsprechenden Kellerarbeiten gleich mit erledigt werden.

Als Materialien für Erdspeicher werden Beton und Kunststoff angeboten. Beide haben jeweils Vor- und Nachteile. Ihre Entscheidung sollten Sie von der konkreten Situation und den Nutzungsbedingungen abhängig machen. Kellerspeicher werden aus Kunststoff hergestellt. Sie sollten nicht-transparent sein und kühl und dunkel aufgestellt werden, um Algenbildung vorzubeugen.

Das Fassungsvermögen des Speichers bemisst sich an Ihrem (berechneten) Regenwasserbedarf.

Hauswasserstation

Die Hauswasserstation (auch Hauswasserwerk) pumpt das im Speicher gesammelte Regenwasser durch das Regenwasserrohrnetz zu den Regenwasserzapfstellen. Dazu gehört neben einer Pumpe eine Einrichtung, die bei „Versiegen“ des Regenwassers automatisch Trinkwasser nachspeist.

Die Verwendung von Regenwasser ist nur für bestimmte Zwecke möglich und zulässig. Dazu gehören Toilettenspülungen, der Betrieb von Waschmaschinen und die Nutzung im Garten. Trinkwasser- und Regenwasserleitung dürfen keinesfalls miteinander verbunden werden und müssen durch deutlich erkennbare Beschriftung gekennzeichnet sein. Wie viele Anschlüsse beziehungsweise Zapfstellen Sie benötigen und wo diese sich befinden, sollten Sie im Vertrag verbindlich vereinbaren.

Als zusätzliche ökologische Komponente lässt sich eine Regenwassernutzungsanlage so installieren, dass überlaufendes Wasser nicht – wie sonst üblich – in den Abwasserkanal gelangt, sondern in das Erdreich versickert. Genaue Vorschriften hierzu finden Sie eventuell im Bebauungsplan.

4.5 Innenausbau und -ausstattung im Überblick

4.5.1 Innenputzarbeiten

Formular siehe Seite F 61

Fugenglattstrich

Fugenglattstrich nennt man die Herstellung von Mauerwerk und das Glattstreichen der Fuge mit einem Fugeisen oder -holz in einem Arbeitsgang. Damit kann man bei glatten Flächen, zum Beispiel aus Kalksandstein, den Putz sparen.

Spachteln ist der **flächige** Ausgleich von kleineren Unebenheiten über die gesamte Wand oder Decke. Auch hierbei kann man anschließend auf einen Putz verzichten.

Kalk-, Gipsputze

Kalk- und Gipsputze können vorübergehend erhöhte Luftfeuchte in Wohnräumen gut puffern. Gipsputze werden jedoch bei dauerhafter Durchfeuchtung beschädigt und sollten deshalb nur in trockenen Räumen verwendet werden. In Feuchträumen oder als Untergrund für im Wannen- und Duschbereich erforderliche Abdichtungen eignen sich die feuchtigkeitsresistenten Kalk-Zementputze wesentlich besser.

Kalk-Zementputze

4.5.2 Malerarbeiten

Formular siehe Seite F 62

Decken- und Wandflächen

Bei Wand- und Deckenfarben handelt es sich heute in den meisten Fällen um Dispersionsfarben. Sie sind kostengünstig, dazu waschfest und beliebig oft überstreichbar. Sie enthalten in sehr geringen Konzentrationen Weichmacher und Konservierungsstoffe, oft auch kleine Mengen an Lösemitteln. Gesundheitliche Bedenken bestehen im Allgemeinen nicht. Allerdings sollten im Innenbereich keine Farben „für außen“ verwendet werden. Sie enthalten weitere, nicht immer unbedenkliche, Zusatzstoffe.

Malerutensilien

Bei grobporigen Untergründen empfiehlt es sich, die Wände vor dem Anstrich zumindest mit einer Vliestapete zu tapezieren. Bei Untergründen, die noch geringfügig arbeiten können (Gipsbauplatten), sind besonders strapazierfähige Tapeten zu empfehlen. Tapeten lassen sich grob unterscheiden in Raufasertapeten (preiswert), Papier-, Textil- und Naturfasertapeten (dekorativ) und in Glasfasertapeten (reißfest).

Wichtig ist es, zu prüfen, ob die Oberflächen sauber, trocken und fest sind. Nicht verputzte Betonoberflächen zum Beispiel müssen öl- und fettfrei sein (Schalöl!).

Tipp: Putzmängel müssen vor dem Anstrich unbedingt beseitigt werden. Da diese Arbeiten üblicherweise nicht zu den Nebenleistungen des Anbieters gehören, können Bauzeitverzögerungen oder – bei nicht erfolgter Vorbereitung des Untergrunds – sogar Mängel die Folge sein.

Weil der korrekte Untergrund für den Anstrich sehr wichtig ist, sollten Sie mit dem Hausanbieter eine Abnahme der Oberflächen beziehungsweise Untergründe für den Fall vereinbaren, dass die Malerarbeiten in Eigenleistung erbracht werden.

Bitte beachten Sie, dass auch die Spachtelarbeiten an Gipsbauplatten im Bereich von Dachschrägen, Decken und Leichtbauwänden häufig nicht zu den Leistungen des Unternehmers zählen, wenn Sie Malerarbeiten selbst ausführen wollen!

4.5.3 Fliesen- und Natursteinbeläge

Formular siehe Seite F 63

Natursteine und Fliesen sind das Richtige für alle, die einen sehr strapazierfähigen und langlebigen Bodenbelag wollen. Wegen ihrer Wasserunempfindlichkeit sind sie besonders geeignet für alle Feuchträume, wegen ihrer guten Wärmeleitfähigkeit für Fußbodenheizungen. Auch für verschmutzungsgefährdete Bereiche, wie Flure oder Treppen, sind sie wegen ihrer guten Reinigungsfähigkeit geeignet.

Bodenflächen

Der Verschleiß, dem Bodenbeläge ausgesetzt sind, wird durch Sand- und andere Schmutzpartikel etwa an den Schuhsohlen verursacht. Die Böden im Eingangs- und Flurbereich sind naturgemäß besonders betroffen.

Beanspruchungsklassen

Um die Abriebfestigkeit für unterschiedliche Nutzungen zu klassifizieren, werden glasierte Fliesen in vier Beanspruchungsklassen eingeteilt:

Abriebgruppe I – sehr leichte Beanspruchung: Bodenbeläge in Räumen, die mit weich besohltem Schuhwerk oder barfuß ohne kratzende Verschmutzungen begangen werden, zum Beispiel Badezimmer und Schlafräume ohne direkten Zugang von außen.

Abriebgruppe II – leichte Beanspruchung: Bodenbeläge in Räumen, die mit weich besohltem oder normalem Schuhwerk und höchstens gelegentlicher und geringer kratzender Verschmutzung begangen werden, zum Beispiel Räume im Wohnbereich, ausgenommen Küchen, Treppen, Korridore und andere häufig begangene Räume.

Abriebgruppe III – mittlere Beanspruchung: Bodenbeläge in Räumen, die häufiger mit normalem Schuhwerk und geringer kratzender Verschmutzung begangen werden, zum Beispiel Küchen, Balkone, Korridore, Loggias und Terrassen.

Abriebgruppe IV – stärkere Beanspruchung: Bodenbeläge in Räumen, die intensiver bei einer auch kratzenden Verschmutzung begangen werden, zum Beispiel Eingänge, Küchen und Terrassen.

Die Qualität keramischer Fliesen wird durch die Sortierung angegeben. Produkte der Ersten Sortierung werden mit einer roten Farbmarkierung gekennzeichnet. Produkte der Zweiten Sortierung erhalten eine blaue Markierung. Hier sind geringfügige Fehler und kleine Farbabweichungen möglich.

Wandflächen

Fliesen auch für Wandflächen gibt es schon sehr günstig, etwa ab 15 Euro pro Quadratmeter, manchmal sogar schon ab sechs Euro. Nach oben ist die Preisskala aber fast offen. Das gilt insbesondere für Naturstein, dessen Preis bei etwa 25 Euro pro Quadratmeter beginnt und bis zu 400 Euro kosten kann. Aufgrund der aufwändigen Technik ist die Verlegung durch einen Fachbetrieb teuer. Wer diese Arbeit selbst erledigen kann, spart damit unter Umständen viel Geld.

4.5.4 Bodenbeläge

Formular siehe Seite F 65

Beläge auf Fußbodenheizungen sollten elektrisch leitfähig oder antistatisch ausgerüstet sein, weil die Austrocknung und die damit verbundene Neigung zu elektrostatischer Aufladung hoch sind. Stark wärmespeichernde Materialien erhöhen die Trägheit der Fußbodenheizung. Stark wärmedämmende Materialien sind auf Fußböden mit Fußbodenheizung ebenso unerwünscht. Ein dadurch gebildeter Wärmestau kann sogar zur Zerstörung des Estrichs führen. Besonders gut geeignet sind Naturstein- und Fliesenbeläge. Weniger geeignet sind Teppichböden, Laminat oder Parkett. Es gibt zwar auch aus diesen Bereichen für Fußbodenheizung geeignete Produkte, die Wärmeverteilung ist aber in der Regel wesentlich ungünstiger als bei einem Keramik- oder Steinfußboden.

Fußbodenheizung

Holzdielen und Korkböden sind wegen ihres hohen Wärmedurchlasswiderstands ungeeignet. Bei Teppichböden kann es durch die Aufheizung immer wieder zu Geruchsbelästigungen kommen.

Es sollten nur Beläge zur Anwendung kommen, deren Wärmedurchlasswiderstand den Wert 0,15 m^2 K/W nicht übersteigt. Bei Untergründen aus Zementestrichen kann der Bodenbelag allerfrühestens 32 Tage nach deren Einbringung aufgebracht werden. Zementestriche benötigen eine 21-tägige Abbinde- und Trocknungszeit, an die sich eventuell eine Auf- und Abheizphase der Fußbodenheizung anschließt.

***Tipp:** Lassen Sie die sogenannte Belegreife, also die Bestimmung der Restfeuchte im Estrich, unbedingt von einem Fachmann vornehmen.*

Formular siehe Seite F 65

Parkett

Parkett wird überwiegend aus Eiche, Rotbuche, Kiefer, Esche sowie anderen europäischen und überseeischen Laub- und Nadelhölzern hergestellt. Unterschiede bestehen überwiegend im Erscheinungsbild. Parkettböden sind sehr dauerhaft und deshalb langfristig betrachtet relativ preiswert. Angeboten wird traditionelles Massivholz-Parkett oder Mehrschichtparkett. Hierbei handelt es sich um Produkte mit einem Unterbau aus Span- oder Holzfaserplatten und einer zwar sehr harten, aber meistens auch sehr dünnen, Nutzschicht aus Holz oder Holzfurnier. Fertig-

Verlegung eines Parkettbodens

parkett wird auch unter Bezeichnungen wie „Fertig-", „Echtholz-" oder „Feinholzböden" angeboten. Diese Elemente sind formstabil. Ob und wie oft sie sich aber abschleifen lassen, wenn sie einmal beschädigt oder unansehnlich geworden sind, hängt wesentlich von der Dicke der Nutzschicht ab, die mindestens vier Millimeter stark sein sollte. Der Materialpreis für Parkett liegt bei 15 bis 100 Euro je Quadratmeter.

Die Sockelleisten dienen dem ästhetischen Abschluss des Parkettbodens an der Wand und decken den Dämmstreifen ab, der durch die schwimmende Estrichverlegung notwendig wird. Sie verhindern außerdem, dass Wischwasser oder zum Beispiel Wasser aus einer umstürzenden Bodenvase an dieser Stelle unter den Belag gelangen kann. Allerdings muss der Anschluss zwischen Parkett und Fußbodenleiste dazu versiegelt sein.

Im Wohnbereich soll die Oberflächenbehandlung des Parketts ausschließlich der Optik und dem Schutz vor Eindringen von Schmutz und Feuchtigkeit dienen. Je nach Beanspruchung und Geschmack kommen dafür Ölen und Wachsen, Versiegeln, Lackieren oder Laugen in Frage. Fertigparkett ist in der Regel bereits versiegelt oder geölt. Geöltes Parkett – egal ob Massiv- oder Fertigparkett – sollte nach dem Verlegen mit einer Erstpflege eingepflegt werden.

Die Auswahl des Holzbodens bestimmt, welche Verlegetechnik möglich ist. Die häufigste Verlegeart für Massivholzparkett ist heute das Verkleben mit Parkettklebstoffen. Bei einer geplanten Fußbodenheizung ist ohnehin nur das vollflächige Verkleben auch bei Fertigparkett möglich und sinnvoll. Die früher verwendeten lösemittelhaltigen Klebstoffe werden mehr und mehr verdrängt von lösemittelarmen Dispersionsklebstoffen auf Wasserbasis.

Formular siehe Seite F 65

Kork

Korkböden sind sehr fußwarm und deshalb angenehm in Schlafzimmern, Kinderzimmern und Bädern. In Feuchträumen können sie allerdings quellen. Geliefert wird Kork in Platten mit einer Dicke von vier bis acht Millimetern. Der Materialpreis beträgt 10 bis 45 Euro je Quadratmeter.

Die Korkplatten werden in der Regel vollflächig mit speziellen Korkklebern für Fußböden verklebt. Dazu wird ein vollflächiger, ebener Fußboden benötigt. Eine Alternative bilden Korkparkettböden, die ähnlich wie Fertigparkett aus einer Tragschicht und einer Nutzschicht aus Korkplatten bestehen.

Formular siehe Seite F 66

Laminat

Laminate bestehen aus einer Holzwerkstoffplatte, die mit einem dekorativen Papier beschichtet sind. Die obere Deckschicht bilden ein klarer Zellstofffilm und eine Melaminharzschicht. Beide zusammen ergeben eine sehr abriebfeste Nutzschicht. Laminate werden in einer Vielzahl von Dekoren angeboten. Die Verlegung der mit Nut und Feder versehenen Paneele ist für den versierten Heimwerker auch in Eigenleistung möglich. Trotz der viel beschworenen Oberflächenhärte ist eine Beschädigung der Nutzschicht besonders durch spitze, schwere Gegenstände möglich. Eine Reparatur der Schadstelle ist dann sehr schwierig. Ein Abschleifen ist – im Gegensatz zu Parkett – überhaupt nicht möglich. Aus diesem Grund sind sie bei weitem nicht so langlebig wie Parkett. Für den Feuchtbereich sind Laminatböden nicht geeignet, da sie durch eindringende Feuchtigkeit aufquellen. Sie sind ab einem Materialpreis von neun Euro pro Quadratmeter erhältlich.

Tipp: *Fertigparkett, Laminat und auch Korkparkettböden werden sehr häufig mit speziellen, wieder lösbaren Verbindungssystemen, sogenannten Klick-Systemen, angeboten. Deren schwimmende Verlegung ist auch für den Laien unproblematisch. Allerdings sind nur die hochwertigeren Systeme dauerhaft verbindungsstabil.*

Bei allen Varianten sollte eine Trittschalldämmung vorgesehen werden, entweder im Verbund mit dem Belag oder als spezielle Dämmmatten, die auf dem Estrich verlegt werden.

Formular siehe Seite F 66

Teppichboden

Über 90 Prozent aller Teppichböden werden heute durch Einnähen des Garns in das Trägermaterial hergestellt. Dabei unterscheidet man drei Grundtypen, die je nach Struktur mehr oder weniger strapazierfähig und damit für die verschiedensten Einsatzbereiche geeignet sind:

Schlingenflor (Schlinge): Hierbei besteht die Oberseite aus geschlossenen Garn- oder Faserschlingen. Die Noppen sind nicht aufgeschnitten. Teppichböden aus Schlingenflor sind unempfindlich und strapazierfähig.

Schnittflor: Hierunter fällt der „Velours“, eine kurz geschnittene, dichte Ware, deren Oberfläche glatt und samtig aussieht. Ebenfalls zum Schnittflor zählt „Saxony“, eine Variante mit höherem Flor. Schnittflor ist nicht so stark beanspruchbar wie Schlinge.

Schnittschlinge (Cut Loop): Teppichböden dieser Machart sind eine Kombination aus geschnittenen und nicht geschnittenen Schlingen, sogenannte Relief-Ware. Durch ihre Hoch-Tief-Struktur können Flächen aufgelockert und Muster betont werden.

Neben der Schlingenware gibt es noch das **Nadelvlies.** Es hat eine geschlossene, verhältnismäßig harte Oberfläche. Es wird fast ausschließlich aus Synthetikfasern hergestellt, gelegentlich mit Zusätzen aus Zellulose und Tierhaar. Die Materialpreise für Nadelvlies bewegen sich bei 12 bis 45 Euro pro Quadratmeter, für Schlingenware bei 12 bis 85 Euro.

Eine Orientierungshilfe zur Beurteilung der Qualität gibt das Gütesiegel der Europäischen Teppichgemeinschaft (ETG). Dieses Siegel enthält Angaben zur Strapazierfähigkeit und zum Komfortwert des Teppichbodens. Die Symbole geben darüber hinaus Auskunft über Zusatzeignungen, wie antistatisch, fußbodenheizungsgeeignet, stuhlrollengeeignet oder treppengeeignet.

***Tipp:** Teppichböden, die der Kontrolle der „Europäischen Teppichgemeinschaft für Deutschland e. V." unterliegen, tragen auf ihrer Rückseite das Teppichsiegel. Es hat eine Kontrollnummer, unter der beim Deutschen Teppichforschungsinstitut e. V. in Aachen das Prüfzertifikat angefordert werden kann. Lassen Sie sich vom Fußbodenleger die ETG-Nummer nennen, denn am verklebten Teppichboden finden Sie das Siegel nicht mehr.*

Das „Certificate of Quality" ist ein Qualitätszeichen für Teppichböden. Es gibt Auskunft über die Strapazierfähigkeit, den Komfortwert und Rohstoffgehalt der Teppiche sowie über bestimmte Zusatzeignungen, zum Beispiel spezielle Eignung für Treppen, Fußbodenheizung usw. Das Zeichen können grundsätzlich nur Teppichböden erhalten, die nach den Kriterien der Gemeinschaft umweltfreundlicher Teppich e. V. (GuT) schadstoffgeprüft sind, das heißt mit dem GuT-Signet gekennzeichnet sind.

Das „Certificate of Quality" ist das Nachfolge-Zertifikat des Teppich-Siegels. Es wird mittelfristig das Teppich-Siegel ersetzen. Die Prüfkriterien und das Zertifizierungsverfahren der beiden Zertifikate sind absolut identisch, sie unterscheiden sich lediglich in ihrer Darstellungsweise.

Die Verlegung von Teppichböden erfolgt durch Verkleben, Fixieren oder Verspannen. Die letztgenannte Methode ist teurer als das übliche Verkleben und sollte auch nur von Fachleuten ausgeführt werden. Bei Bodenbelägen, die dafür geeignet sind, vermeidet man aber den Einsatz von Chemikalien und damit eine mögliche Belastung der Raumluft durch Inhaltsstoffe von Klebern und Fixierern. Stand der Technik bei der Verklebung von textilen Bodenbelägen sind lösemittelarme oder -freie Dispersionsklebstoffe auf Wasserbasis oder die sogenannten Fixierungen. Achten Sie darauf, dass auf keinen Fall lösemittelhaltige Klebstoffe zum Einsatz kommen. Sie bringen keinen Vorteil mit sich, können dafür jedoch eine bedeutende Quelle von Innenraumluftbelastungen werden.

Formular siehe Seite F 67

Linoleum

Linoleum ist – abhängig von seiner Dicke und Ausführungsart – elastisch, strapazierfähig, trittsicher und trittschalldämmend. Die Beläge gibt es als Bahnenware (ein- oder zweischichtiges Material auf Jutegewebe mit 2; 2,5; 3,2 Millimetern Dicke) oder als sogenannten Verbundbelag auf Korkment in einer Dicke von vier Millimetern. Korkment besteht aus Korkschrot mit Bindemitteln aus Harzen. Diese Korkschicht dient vor allem dem verstärkten Trittschallschutz. Linoleum ist außer in Feuchträumen im gesamten Wohnbereich und auf Treppen geeignet. Der Materialpreis beträgt 25 bis 70 Euro je Quadratmeter.

Die Verlegung sollte ein Fachmann vornehmen. Sie erfolgt durch vollflächige, feste Verklebung auf glattem und festem Untergrund. Alle Estricharten sind als Untergrund geeignet. Die Fugen zwischen den Linoleumplatten und -bahnen können „verschweißt" werden, sodass eine homogene Oberfläche entsteht. Diese Fugenabdichtung erfolgt mit sogenanntem Linoleum-Schmelzdraht, der auf der Basis von Zwei-Komponenten-Kleber hergestellt ist.

Formular siehe Seite F 67

PVC und Polyolefin

PVC-(Polyvinylchlorid-)Böden lassen sich leicht verlegen, sind strapazierfähig und preiswert. Durch Hochziehen und Verschweißen der Kanten sind sie auch für Feuchträume geeignet. Die Lieferformen sind Bahnenware oder Fliesen mit einer Dicke von 1,5 bis 3 Millimetern. Der Materialpreis bewegt sich zwischen 5 und 45 Euro pro Quadratmeter.

Die Verlegung der PVC-Beläge erfolgt in der Regel durch vollflächiges Verkleben. Sie können aber auch mit Doppelklebeband an den Rändern oder auf ein Klebebandraster auf der ganzen Fläche (bis 20 Quadratmeter) befestigt werden. Die Stoßfugen können verschweißt werden, sodass ein wasserundurchlässiger Belag entsteht. Da PVC sowohl bei seiner Produktion als auch bei der Entsorgung ökologische Probleme bereitet, sollte dieses Material nach Möglichkeit durch andere ersetzt werden.

Sisal-Kokos-Belag

Bei Kokosfaser- und Sisalfaserteppichböden handelt es sich um Webbeläge. Sie können die Luftfeuchtigkeit puffern. Dadurch entsteht ein sehr angenehmes Raumklima. Diese Bodenbeläge sind strapazierfähig und reinigungsfreundlich: Weil sie hart und fettfrei sind, haftet an ihnen kein Schmutz. Auch Bakterien können in diese Fasern kaum eindringen. Die Lieferformen sind Bahnen mit einer Dicke von 9 bis 14 Millimetern oder Fliesen in einer Stärke von 16 Millimetern. Der Materialpreis beträgt 20 bis 60 Euro je Quadratmeter.

Die Verlegung bis 30 Quadratmetern kann zwar lose mit Doppelklebeband erfolgen, aufgrund der Aufnahme und Abgabe von Feuchtigkeit kommt es aber zu einem Schrumpfen und Ausdehnen des Belags. Deshalb empfiehlt sich eher die vollflächige Verklebung mit lösemittelfreiem und weichmacherfreiem Dispersionskleber.

4.5.5 Elektroinstallation – Ausstattung

Formular siehe Seite F 68

Steckdosen

Steht in der Baubeschreibung „Elektroausstattung nach DIN“, dann vereinbart die Baufirma mit Ihnen die nach den Regeln der Technik gerade noch zulässige Minimalausstattung. Jede Steckdose, die Sie zusätzlich benötigen, müssen Sie dann als Sonderwunsch teuer bezahlen. Wir empfehlen Ihnen daher, Ihren tatsächlichen Bedarf an Steckdosen und Lichtauslässen raumweise zusammenzustellen. Wenn Sie noch nicht genau wissen, wie Sie das Haus bewohnen werden, können Sie sich an den nachstehenden Tabellen auf den Seiten E 125 bis E 130 mit „Ausstattungswerten“ nach RAL (Deutsches Institut für Gütesicherung und Kennzeichnung) orientieren.

Für elektrische Anlagen in Wohngebäuden entsprechen die Ausstattungswerte 1 der Mindestausstattung gemäß DIN 18015-2, der Wert 2 der Standardausstattung und Wert 3 der Komfortausstattung. Mit der Anzahl der Stromkreise steigt die Belastbarkeit und Betriebssicherheit der Elektroinstallation. Die Tabellen geben auch hierfür Anhaltswerte, die Sie auf Ihre heutigen und künftigen Gegebenheiten anpassen können.

Wenn Sie auch noch weitere Installationen wie zum Beispiel für ein Datennetzwerk benötigen, finden Sie in den Tabellen ebenfalls Hiweise dazu. Falls Sie daran denken, das Haus später in zwei Wohneinheiten aufzuteilen, sollten Sie schon jetzt die Elektroinstallation entsprechend planen.

Die nachfolgenden Tabellen wurden mit Zustimmung von RAL Deutsches Institut für Gütesicherung und Kennzeichnung e.V. (www.RAL.de) der RAL Registrierung Elektrische Anlagen in Wohngebäuden, RAL-RG 678, Ausgabe November 2010 entnommen und stellen nur einen Auszug aus diesem Regelwerk dar.

Bei Ausstattungen mit Gebäudesystemtechnik gelten die Ausstattungswerte 1 plus bis 3 plus, wobei hier die Ausstattungswerte 1 plus der Mindestausstattung gemäß DIN 18015-2 und der Vorbereitung für die Anwendung der Gebäudesystemtechnik gemäß DIN 18015-4, 2 plus der Standardausstattung und mindestens einem Funktionsbereich gemäß DIN 18015-4, oder 3 plus der Komfortausstattung und mindestens zwei Funktionsbereichen gemäß DIN 18015-4 entsprechen.

Für die Anwendung der Tabellen gilt die jeweils aktuelle Ausgabe des Gesamtwerks der Registrierung, die als pdf oder als Druckschrift über den Beuth-Verlag (www.beuth.de) bezogen werden kann.

Tabelle 1 Mindestausstattungumfang für den Ausstattungswert 1

Symbol	Ausstattungswert: 1 / Kennzeichnung	Küche [a] [b]	Kochnische [b]	Bad	WC-Raum	Hausarbeitsraum [b]	Wohnzimmer [a] bis 20 m²	Wohnzimmer [a] über 20 m²	Esszimmer	je Schlaf-, Kinder-, Gäste-Arbeitszimmer, Büro [b] bis 20 m²	je Schlaf-, Kinder-, Gäste-Arbeitszimmer, Büro [b] über 20 m²	Flur bis 3 m	Flur über 3 m	Freisitz	Abstellraum	Hobbyraum	zur Wohnung gehörender Keller-/Bodenraum, Garage	Keller-/Bodengang je 6 m Ganglänge
Steckdosen, Anschlüsse		**Anzahl der Steckdosen, Beleuchtungs- und Kommunikationsanschlüsse**																
	Steckdosen, allgemein	5	3	2[e]	1	3	4	5	3	4	5	1	1	1	1	3	1	1
	Beleuchtungsanschlüsse	2	1	2	1	1	2	3	1	1	2	1	2[g]	1	1	1	1	1
	Telefon-/Datenanschluss (IuK)						1		1	1		1						
	Steckdosen für Telefon/Daten						1		1	1		1						
	Radio-/TV-/Datenanschluss (RuK)	1					2		1	1								
	Steckdosen für Radio / TV / Daten	3					6		3	3								
	Kühlgerät, Gefriergerät	2	1															
	Dunstabzug	1																
	Anschluss für Lüfter [c]			1	1													
	Rollladenantriebe																	
Besondere Verbrauchsmittel		**Anzahl der Anschlüsse für besondere Verbrauchsmittel mit eigenem Stromkreis**																
	Elektroherd (3x230V)	1																
	Backofen																	
	Dampfgarer																	
	Mikrowellenkochgerät	1																
	Geschirrspülmaschine	1																
	Waschmaschine [f]	1		1		1											1	
	Wäschetrockner [f]	1		1		1											1	
	Bügelstation, Dampfbügelstation					1												
	Warmwassergerät [d]	1		1	1													
	Saunaheizgerät (3x230V)	soweit vorhanden/geplant																
	Whirlpool	soweit vorhanden/geplant																
	Heizgerät [d]			1														

Stromkreisverteiler, Beleuchtungs- und Steckdosenstromkreise, Hauskommunikationsanlage

Stromkreisverteiler	in Mehrraumwohnungen mindestens vierreihige, in Einraumwohnungen mindestens dreireihige Stromkreisverteiler	
Beleuchtungs-und Steckdosenstromkreise (zusätzlich zu den oben aufgeführten Stromkreisen für besondere Verbrauchsmittel)	**Wohnfläche der Wohnung in m²**	**Anzahl Stromkreise**
	bis 50	3
	über 50 bis 75	4
	über 75 bis 100	5
	über 100 bis 125	6
	über 125	7
Hauskommunikationsanlage	Klingel oder Gong, Türöffner und Gegensprechanlage	

a) In Räumen mit Essecke ist die Anzahl der Anschlüsse und Steckdosen um jeweils 1 zu erhöhen.
b) Die den Bettplätzen und den Arbeitsflächen von Küchen, Kochnischen und Hausarbeitsräumen zugeordneten Steckdosen sind mindestens als Zweifach-Steckdosen vorzusehen. Sie zählen jedoch in der Tabelle als jeweils nur eine Steckdose.
c) Sofern eine Einzellüftung vorgesehen ist. Bei fensterlosen Bädern oder WC-Räumen ist die Schaltung über die Allgemeinbeleuchtung mit Nachlauf auszuführen.
d) Sofern die Heizung/Warmwasserversorgung nicht auf andere Weise erfolgt.
e) Davon ist eine Steckdose in Kombination mit der Waschtischleuchte zulässig.
f) In einer Wohnung nur jeweils einmal erforderlich.
g) Von mindestens zwei Stellen aus schaltbar.

Tabelle 2 Mindestausstattungumfang für den Ausstattungswert 2

Ausstattungswert: **2** — Kennzeichnung: ★★

Steckdosen, Anschlüsse	Küche a) b)	Kochnische b)	Bad	WC-Raum	Hausarbeitsraum b)	Wohnzimmer a) bis 20 m²	Wohnzimmer a) über 20 m²	Esszimmer	je Schlaf-, Kinder-, Gäste-, Arbeitszimmer, Büro b) bis 20 m²	je Schlaf-, Kinder-, Gäste-, Arbeitszimmer, Büro b) über 20 m²	Flur bis 3 m	Flur über 3 m	Freisitz	Abstellraum	Hobbyraum	zur Wohnung gehörender Keller-/Bodenraum, Garage	Keller-/Bodengang je 6 m Ganglänge
Anzahl der Steckdosen, Beleuchtungs- und Kommunikationsanschlüsse																	
Steckdosen, allgemein	10	4	4[e]	2	8	8	11	5	8	11	2	3	2	2	6	2	1
Beleuchtungsanschlüsse	3	2	3	1	2	2	3	1	2	3	2	2[g]	2	1	2	1	1
Telefon-/Datenanschluss (IuK)	1				1	1	2	1	1	2	1		1		1		
Steckdosen für Telefon/Daten	2				2	2	4	2	2	4	2		2		2		
Radio-/TV-/Datenanschluss (RuK)	1				1	2	3	1	1				1		1		
Steckdosen für Radio / TV / Daten	3				3	6	9	3	3				3		3		
Kühlgerät, Gefriergerät	2	1															
Dunstabzug	1																
Anschluss für Lüfter c)			1	1													
Rollladenantriebe	Anschlüsse entsprechend der Anzahl der Antriebe																
Besondere Verbrauchsmittel — **Anzahl der Anschlüsse für besondere Verbrauchsmittel mit eigenem Stromkreis**																	
Elektroherd (3x230V)	1																
Backofen	1																
Dampfgarer	1																
Mikrowellenkochgerät	1																
Geschirrspülmaschine	1																
Waschmaschine f)			1		1											1	
Wäschetrockner f)			1		1											1	
Bügelstation, Dampfbügelstation					1												
Warmwassergerät d)	1		1	1													
Saunaheizgerät (3x230V)	soweit vorhanden/geplant																
Whirlpool	soweit vorhanden/geplant																
Heizgerät d)			1														
Stromkreisverteiler, Beleuchtungs- und Steckdosenstromkreise, Hauskommunikationsanlage																	
Stromkreisverteiler	die Größe richtet sich nach der Anzahl der einzubauenden Betriebsmittel zzgl. Reserveplätze, in Mehrraumwohnungen mindestens vierreihige, in Einraumwohnungen mindestens dreireihige Stromkreisverteiler																
Beleuchtungs-und Steckdosenstromkreise (zusätzlich zu den oben aufgeführten Stromkreisen für besondere Verbrauchsmittel)	1		1		1	1	2	1	1	2			1		1	1	
Hauskommunikationsanlage	Klingel oder Gong, Türöffner und Gegensprechanlage mit mehreren Wohnungssprechstellen																

a) In Räumen mit Essecke ist die Anzahl der Anschlüsse und Steckdosen um jeweils 1 zu erhöhen.
b) Die den Bettplätzen und den Arbeitsflächen von Küchen, Kochnischen und Hausarbeitsräumen zugeordneten Steckdosen sind mindestens als Zweifach-Steckdosen vorzusehen. Sie zählen jedoch in der Tabelle als jeweils nur eine Steckdose.
c) Sofern eine Einzellüftung vorgesehen ist. Bei fensterlosen Bädern oder WC-Räumen ist die Schaltung über die Allgemeinbeleuchtung mit Nachlauf auszuführen.
d) Sofern die Heizung/Warmwasserversorgung nicht auf andere Weise erfolgt.
e) Davon ist eine Steckdose in Kombination mit der Waschtischleuchte zulässig.
f) In einer Wohnung nur jeweils einmal erforderlich.
g) Von mindestens zwei Stellen aus schaltbar.

Tabelle 3 Mindestausstattungumfang für den Ausstattungswert 3

Symbol	Ausstattungswert 3 / Kennzeichnung ★★★	Wohnbereich: Küche a) b)	Kochnische b)	Bad	WC-Raum	Hausarbeitsraum b)	Wohnzimmer a) bis 20 m²	Wohnzimmer a) über 20 m²	Esszimmer	je Schlaf-, Kinder-, Gäste-Arbeitszimmer, Büro b) bis 20 m²	je Schlaf-, Kinder-, Gäste-Arbeitszimmer, Büro b) über 20 m²	Flur bis 3 m	Flur über 3 m	Freisitz	Abstellraum	Hobbyraum	zur Wohnung gehörender Keller-/Bodenraum, Garage	Keller-/Bodengang je 6 m Ganglänge
Steckdosen, Anschlüsse		**Anzahl der Steckdosen, Beleuchtungs- und Kommunikationsanschlüsse**																
	Steckdosen, allgemein	12	4	5 e)	2	10	10	13	7	10	13	3	4	3	2	8	2	1
	Beleuchtungsanschlüsse	3	2	3	2	3	3	4	2	3	4	2	2 g)	2	1	2	1	1
	Telefon-/Datenanschluss (IuK)	1		1		1	1	2	1	1	2	1		1		1		
	Steckdosen für Telefon/Daten	2		2		2	2	4	2	2	4	2		2		2		
	Radio-/TV-/Datenanschluss (RuK)	1		1		1	2	3	1	2				1		1		
	Steckdosen für Radio / TV / Daten	3		3		3	6	9	3	6				3		3		
	Kühlgerät, Gefriergerät	2	1															
	Dunstabzug	1																
	Anschluss für Lüfter c)			1	1													
M	Rollladenantriebe	Anschlüsse entsprechend der Anzahl der Antriebe																
Besondere Verbrauchsmittel		**Anzahl der Anschlüsse für besondere Verbrauchsmittel mit eigenem Stromkreis**																
	Elektroherd (3x230V)	1																
	Backofen	1																
	Dampfgarer	1																
	Mikrowellenkochgerät	1																
	Geschirrspülmaschine	1																
	Waschmaschine f)			1		1											1	
	Wäschetrockner f)			1		1											1	
	Bügelstation, Dampfbügelstation					1												
	Warmwassergerät d)	1		1	1													
	Saunaheizgerät (3x230V)	soweit vorhanden/geplant																
	Whirlpool	soweit vorhanden/geplant																
	Heizgerät d)			1														
Stromkreisverteiler, Beleuchtungs- und Steckdosenstromkreise, Hauskommunikationsanlage																		
	Stromkreisverteiler	die Größe richtet sich nach der Anzahl der einzubauenden Betriebsmittel zzgl. Reserveplätze, in Mehrraumwohnungen mindestens vierreihige, in Einraumwohnungen mindestens dreireihige Stromkreisverteiler																
	Beleuchtungs-und Steckdosenstromkreise (zusätzlich zu den oben aufgeführten Stromkreisen für besondere Verbrauchsmittel)	1		1		1	1	2	1	1	2	1		1		1	1	
	Hauskommunikationsanlage	Klingel oder Gong, Türöffner und Gegensprechanlage mit mehreren Wohnungssprechstellen, Video-Türstationen, Gefahrenmeldeanlagen																

a) In Räumen mit Essecke ist die Anzahl der Anschlüsse und Steckdosen um jeweils 1 zu erhöhen.
b) Die den Bettplätzen und den Arbeitsflächen von Küchen, Kochnischen und Hausarbeitsräumen zugeordneten Steckdosen sind mindestens als Zweifach-Steckdosen vorzusehen. Sie zählen jedoch in der Tabelle als jeweils nur eine Steckdose.
c) Sofern eine Einzellüftung vorgesehen ist. Bei fensterlosen Bädern oder WC-Räumen ist die Schaltung über die Allgemeinbeleuchtung mit Nachlauf auszuführen.
d) Sofern die Heizung/Warmwasserversorgung nicht auf andere Weise erfolgt.
e) Davon ist eine Steckdose in Kombination mit der Waschtischleuchte zulässig.
f) In einer Wohnung nur jeweils einmal erforderlich.
g) Von mindestens zwei Stellen aus schaltbar.

Tabelle 4 Mindestausstattungumfang für den Ausstattungswert 1 *plus*

Gefordert ist die Vorbereitung für die Anwendung dieser Funktionsbereiche durch installieren von entsprechenden BUS-Leitungen oder entsprechenden Installationsrohren zur nachträglichen Installation von Busleitungen sowie die Auswahl eines Stromkreisverteilers mit entsprechendem Reserveplatz.

Ausstattungswert: **1 *plus*** / Kennzeichnung: **★ *plus***	Wohnbereich: Küche	Kochnische	Bad	WC-Raum	Hausarbeitsraum	Wohnzimmer bis 20 m²	Wohnzimmer über 20 m²	Esszimmer	je Schlaf-, Kinder-, Gäste-Arbeitszimmer, Büro bis 20 m²	je Schlaf-, Kinder-, Gäste-Arbeitszimmer, Büro über 20 m²	Flur bis 3 m	Flur über 3 m	Freisitz	Abstellraum	Hobbyraum	zur Wohnung gehörender Keller-/Bodenraum, Garage	Keller-/Bodengang je 6 m Ganglänge
Funktionsbereich: Schalten/Dimmen (bezogen auf die Anzahl der Beleuchtungsanschlüsse)																	
Schalten [h]	2	1	2	1	1	2	3	1	1	2	1	2	1	1	1	1	1
Status Schalten	2	1	2	1	2	2	3	1	1	2	1	2	1	1	1	1	1
Dimmen [h]						2	3	1	1	2							
Status Dimmen						2	3	1	1	2							
Sperren																	
Szene																	
Bewegungsmeldung											1						
Anwesenheitserkennung [m] (Präsenzmeldung)	1		1	1	1	1		1	1						1		
Funktionsbereich: Schaltbare Steckdosen / geschaltete Geräte / Energiemanagement (in jedem Fall erforderlich, wenn Maßnahmen zur Energieeffizienzsteigerung umgesetzt werden sollen)																	
Warmwassergerät	1		1	1													
Heizgerät			1														
Waschmaschine	1		1		1												
Geschirrspülmaschine	1																
Wäschetrockner	1		1		1												
Gefriergerät	1				1												
Funktionsbereich: Sonnenschutz																	
Auf/ab fahren, Stopp [l]	1		1	1	1	1		1	1								
Position anfahren						1		1	1								
Status Position	1		1	1	1	1		1	1								
Sperren	1		1	1	1	1		1	1								
Szene						1		1	1								
Funktionsbereich: Heizen Lüften Kühlen																	
Raumtemperaturregler	1		1	1	1	1		1	1						1		
Ventilstellantrieb (je Heiz-/Kühlkreis)	1		1	1	1	1		1	1						1		
bedarfsgesteuerte Lüftung (CO2/Feuchte-Sensor)	1		1	1	1	1		1	1						1		
Anwesenheitserkennung [m] (Präsenzmeldung)	1		1	1	1	1		1	1						1		
Fensterkontakte [k]	je Fenster / Fassade vorzusehen																
Funktionsbereich: Sicherheit																	
Fensterkontakte [k]	je Fenster / Fassade vorzusehen																
Brandmeldung	1				1	1		1	1						1		
Anwesenheitssimulation	1		1	1	1	1		1	1						1		
Anwesenheitserkennung [m] (Präsenzmeldung)	1		1	1	1	1		1	1						1		
Bewegungsmeldung	1		1	1	1	1		1	1		1				1		

h) Je Raumzugang.
k) Nur einmal für Funktionsbereich Heizen, Lüften, Kühlen und Funktionsbereich Sicherheit notwendig.
l) Je Fenster mit Sonnenschutz.
m) Nur einmal je Raum für alle Funktionsbereiche erforderlich.

Tabelle 5 Mindestausstattungumfang für den Ausstattungswert 2 *plus*

Gefordert ist die Vorbereitung für die Anwendung dieser Funktionsbereiche durch installieren von entsprechenden BUS-Leitungen oder entsprechenden Installationsrohren zur nachträglichen Installation von Busleitungen sowie die Auswahl eines Stromkreisverteilers mit entsprechendem Reserveplatz und die Umsetzung mindestens eines Funktionsbereiches.

<table>
<tr><th>Ausstattungswert</th><th colspan="17">Wohnbereich</th></tr>
<tr><th rowspan="2">2 plus
Kennzeichnung
★★ plus</th><th rowspan="2">Küche</th><th rowspan="2">Kochnische</th><th rowspan="2">Bad</th><th rowspan="2">WC-Raum</th><th rowspan="2">Hausarbeitsraum</th><th colspan="2">Wohnzimmer</th><th rowspan="2">Esszimmer</th><th colspan="2">je Schlaf-, Kinder-, Gäste-Arbeitszimmer, Büro</th><th colspan="2">Flur</th><th rowspan="2">Freisitz</th><th rowspan="2">Abstellraum</th><th rowspan="2">Hobbyraum</th><th rowspan="2">zur Wohnung gehörender Keller-/Bodenraum, Garage</th><th>Keller-/Bodengang</th></tr>
<tr><th>bis 20 m²</th><th>über 20 m²</th><th>bis 20 m²</th><th>über 20 m²</th><th>bis 3 m</th><th>über 3 m</th><th>je 6 m Ganglänge</th></tr>
<tr><td colspan="18">Funktionsbereich: Schalten/Dimmen (bezogen auf die Anzahl der Beleuchtungsanschlüsse)</td></tr>
<tr><td>Schalten h)</td><td>3</td><td>2</td><td>3</td><td>1</td><td>2</td><td>2</td><td>3</td><td>1</td><td>2</td><td>3</td><td colspan="2">2</td><td>2</td><td>1</td><td>2</td><td>1</td><td>1</td></tr>
<tr><td>Status Schalten</td><td>3</td><td>2</td><td>3</td><td>1</td><td>2</td><td>2</td><td>3</td><td>1</td><td>2</td><td>3</td><td colspan="2">2</td><td>2</td><td>1</td><td>2</td><td>1</td><td>1</td></tr>
<tr><td>Dimmen h)</td><td colspan="2"></td><td></td><td></td><td></td><td>2</td><td>3</td><td>1</td><td>2</td><td>3</td><td colspan="2"></td><td></td><td></td><td></td><td></td><td></td></tr>
<tr><td>Status Dimmen</td><td colspan="2"></td><td></td><td></td><td></td><td>2</td><td>3</td><td>1</td><td>2</td><td>3</td><td colspan="2"></td><td></td><td></td><td></td><td></td><td></td></tr>
<tr><td>Sperren</td><td colspan="2"></td><td></td><td></td><td></td><td colspan="2"></td><td></td><td colspan="2"></td><td colspan="2"></td><td></td><td></td><td></td><td></td><td></td></tr>
<tr><td>Szene</td><td colspan="2"></td><td></td><td></td><td></td><td>1</td><td>2</td><td></td><td colspan="2">1</td><td colspan="2"></td><td></td><td></td><td></td><td></td><td></td></tr>
<tr><td>Bewegungsmeldung</td><td colspan="2"></td><td></td><td></td><td></td><td colspan="2"></td><td></td><td colspan="2"></td><td colspan="2">1</td><td></td><td></td><td></td><td></td><td></td></tr>
<tr><td>Anwesenheitserkennung m)
(Präsenzmeldung)</td><td>1</td><td></td><td>1</td><td>1</td><td>1</td><td colspan="2">1</td><td>1</td><td colspan="2">1</td><td colspan="2"></td><td></td><td></td><td>1</td><td></td><td></td></tr>
<tr><td colspan="18">Funktionsbereich: Schaltbare Steckdosen / geschaltete Geräte / Energiemanagement
(in jedem Fall erforderlich, wenn Maßnahmen zur Energieeffizienzsteigerung umgesetzt werden sollen)</td></tr>
<tr><td>Warmwassergerät</td><td colspan="2">1</td><td>1</td><td>1</td><td></td><td colspan="2"></td><td></td><td colspan="2"></td><td colspan="2"></td><td></td><td></td><td></td><td></td><td></td></tr>
<tr><td>Heizgerät</td><td colspan="2"></td><td>1</td><td></td><td></td><td colspan="2"></td><td></td><td colspan="2"></td><td colspan="2"></td><td></td><td></td><td></td><td></td><td></td></tr>
<tr><td>Waschmaschine</td><td colspan="2"></td><td>1</td><td></td><td>1</td><td colspan="2"></td><td></td><td colspan="2"></td><td colspan="2"></td><td></td><td></td><td></td><td></td><td></td></tr>
<tr><td>Geschirrspülmaschine</td><td colspan="2">1</td><td></td><td></td><td></td><td colspan="2"></td><td></td><td colspan="2"></td><td colspan="2"></td><td></td><td></td><td></td><td></td><td></td></tr>
<tr><td>Wäschetrockner</td><td colspan="2"></td><td>1</td><td></td><td>1</td><td colspan="2"></td><td></td><td colspan="2"></td><td colspan="2"></td><td></td><td></td><td></td><td></td><td></td></tr>
<tr><td>Gefriergerät</td><td>1</td><td></td><td></td><td></td><td>1</td><td colspan="2"></td><td></td><td colspan="2"></td><td colspan="2"></td><td></td><td></td><td></td><td></td><td></td></tr>
<tr><td colspan="18">Funktionsbereich: Sonnenschutz</td></tr>
<tr><td>Auf/ab fahren, Stopp l)</td><td colspan="2">1</td><td>1</td><td>1</td><td>1</td><td colspan="2">1</td><td>1</td><td colspan="2">1</td><td colspan="2"></td><td></td><td></td><td></td><td></td><td></td></tr>
<tr><td>Position anfahren</td><td colspan="2"></td><td></td><td></td><td></td><td colspan="2">1</td><td>1</td><td colspan="2">1</td><td colspan="2"></td><td></td><td></td><td></td><td></td><td></td></tr>
<tr><td>Status Position</td><td colspan="2">1</td><td>1</td><td>1</td><td>1</td><td colspan="2">1</td><td>1</td><td colspan="2">1</td><td colspan="2"></td><td></td><td></td><td></td><td></td><td></td></tr>
<tr><td>Sperren</td><td colspan="2">1</td><td>1</td><td>1</td><td>1</td><td colspan="2">1</td><td>1</td><td colspan="2">1</td><td colspan="2"></td><td></td><td></td><td></td><td></td><td></td></tr>
<tr><td>Szene</td><td colspan="2"></td><td></td><td></td><td></td><td colspan="2">1</td><td>1</td><td colspan="2">1</td><td colspan="2"></td><td></td><td></td><td></td><td></td><td></td></tr>
<tr><td colspan="18">Funktionsbereich: Heizen Lüften Kühlen</td></tr>
<tr><td>Raumtemperaturregler</td><td colspan="2">1</td><td>1</td><td>1</td><td>1</td><td colspan="2">1</td><td>1</td><td colspan="2">1</td><td colspan="2"></td><td></td><td></td><td>1</td><td></td><td></td></tr>
<tr><td>Ventilstellantrieb
(je Heiz-/Kühlkreis)</td><td colspan="2">1</td><td>1</td><td>1</td><td>1</td><td colspan="2">1</td><td>1</td><td colspan="2">1</td><td colspan="2"></td><td></td><td></td><td>1</td><td></td><td></td></tr>
<tr><td>bedarfsgesteuerte Lüftung
(CO2/Feuchte-Sensor)</td><td colspan="2">1</td><td>1</td><td>1</td><td>1</td><td colspan="2">1</td><td>1</td><td colspan="2">1</td><td colspan="2"></td><td></td><td></td><td>1</td><td></td><td></td></tr>
<tr><td>Anwesenheitserkennung m)
(Präsenzmeldung)</td><td>1</td><td></td><td>1</td><td>1</td><td>1</td><td colspan="2">1</td><td>1</td><td colspan="2">1</td><td colspan="2"></td><td></td><td></td><td>1</td><td></td><td></td></tr>
<tr><td>Fensterkontakte k)</td><td colspan="17">je Fenster / Fassade vorzusehen</td></tr>
<tr><td colspan="18">Funktionsbereich: Sicherheit</td></tr>
<tr><td>Fensterkontakte k)</td><td colspan="17">je Fenster / Fassade vorzusehen</td></tr>
<tr><td>Brandmeldung</td><td colspan="2">1</td><td></td><td></td><td>1</td><td colspan="2">1</td><td>1</td><td colspan="2">1</td><td colspan="2"></td><td></td><td></td><td>1</td><td></td><td></td></tr>
<tr><td>Anwesenheitssimulation</td><td colspan="2">1</td><td>1</td><td>1</td><td>1</td><td colspan="2">1</td><td>1</td><td colspan="2">1</td><td colspan="2"></td><td></td><td></td><td>1</td><td></td><td></td></tr>
<tr><td>Anwesenheitserkennung m)
(Präsenzmeldung)</td><td>1</td><td></td><td>1</td><td>1</td><td>1</td><td colspan="2">1</td><td>1</td><td colspan="2">1</td><td colspan="2"></td><td></td><td></td><td></td><td>1</td><td></td></tr>
<tr><td>Bewegungsmeldung</td><td colspan="2">1</td><td>1</td><td>1</td><td>1</td><td colspan="2">1</td><td>1</td><td colspan="2">1</td><td colspan="2">1</td><td></td><td></td><td>1</td><td></td><td></td></tr>
</table>

h) Je Raumzugang.
k) Nur einmal für Funktionsbereich Heizen, Lüften, Kühlen und Funktionsbereich Sicherheit notwendig.
l) Je Fenster mit Sonnenschutz.
m) Nur einmal je Raum für alle Funktionsbereiche erforderlich.

Tabelle 6 Mindestausstattungumfang für den Ausstattungswert 3 *plus*

Gefordert ist die Vorbereitung für die Anwendung dieser Funktionsbereiche durch installieren von entsprechenden BUS-Leitungen oder entsprechenden Installationsrohren zur nachträglichen Installation von Busleitungen sowie die Auswahl eines Stromkreisverteilers mit entsprechendem Reserveplatz und die Umsetzung mindestens zwei der Funktionsbereiche.

Ausstattungswert: 3 *plus* – Kennzeichnung: ★★★ *plus*	Wohnbereich																
	Küche	Kochnische	Bad	WC-Raum	Hausarbeitsraum	Wohnzimmer bis 20 m²	Wohnzimmer über 20 m²	Esszimmer	je Schlaf-, Kinder-, Gäste-Arbeitszimmer, Büro bis 20 m²	je Schlaf-, Kinder-, Gäste-Arbeitszimmer, Büro über 20 m²	Flur bis 3 m	Flur über 3 m	Freisitz	Abstellraum	Hobbyraum	zur Wohnung gehörender Keller-/Bodenraum, Garage	Keller-/Bodengang je 6 m Ganglänge
Funktionsbereich: Schalten/Dimmen (bezogen auf die Anzahl der Beleuchtungsanschlüsse)																	
Schalten h)	3	2	3	2	3	3	4	2	3	4	2		2	1	2	1	1
Status Schalten	3	2	3	2	3	3	4	2	3	4	2		2	1	2	1	1
Dimmen h)						3	4	2	3	4							
Status Dimmen						3	4	2	3	4							
Sperren																	
Szene						2	4		2								
Bewegungsmeldung											1						
Anwesenheitserkennung m) (Präsenzmeldung)	1		1	1	1	1		1	1			1			1		1
Funktionsbereich: Schaltbare Steckdosen / geschaltete Geräte / Energiemanagement (in jedem Fall erforderlich, wenn Maßnahmen zur Energieeffizienzsteigerung umgesetzt werden sollen)																	
Warmwassergerät	1		1	1													
Heizgerät			1														
Waschmaschine			1		1												
Geschirrspülmaschine	1																
Wäschetrockner			1		1												
Gefriergerät	1				1												
Funktionsbereich: Sonnenschutz																	
Auf/ab fahren, Stopp l)	1		1	1	1	1		1	1								
Position anfahren	1		1		1	1		1	1								
Status Position	1		1	1	1	1		1	1								
Sperren	1		1	1	1	1		1	1								
Szene						1		1	1								
Funktionsbereich: Heizen Lüften Kühlen																	
Raumtemperaturregler	1		1	1	1	1		1	1						1		
Ventilstellantrieb (je Heiz-/Kühlkreis)	1		1	1	1	1		1	1						1		
bedarfsgesteuerte Lüftung (CO_2/Feuchte-Sensor)	1		1	1	1	1		1	1						1		
Anwesenheitserkennung m) (Präsenzmeldung)	1		1	1	1	1		1	1			1			1		1
Fensterkontakte k)	je Fenster / Fassade vorzusehen																
Funktionsbereich: Sicherheit																	
Fensterkontakte k)	je Fenster / Fassade vorzusehen																
Brandmeldung	1				1	1		1	1						1		
Anwesenheitssimulation	1		1	1	1	1		1	1						1		
Anwesenheitserkennung m) (Präsenzmeldung)	1		1	1	1	1		1	1				1			1	
Bewegungsmeldung	1		1	1	1	1		1	1		1				1		

h) Je Raumzugang.
k) Nur einmal für Funktionsbereich Heizen, Lüften, Kühlen und Funktionsbereich Sicherheit notwendig.
l) Je Fenster mit Sonnenschutz.
m) Nur einmal je Raum für alle Funktionsbereiche erforderlich.

Bei Auslässen für die Beleuchtung muss deren jeweilige Schaltung festgelegt werden.

Die gängigsten Schaltungsvarianten sind:
Ausschaltung: Eine oder mehrere Leuchten sind von einer Stelle gemeinsam schaltbar.

Serienschaltung: Zwei oder mehrere Leuchten sind getrennt in zwei Gruppen von einer Stelle schaltbar.

Wechselschaltung: Eine oder mehrere Leuchten sind von zwei gemeinsamen Stellen schaltbar.

Kreuzschaltung: Eine oder mehrere Leuchten sind von drei bis vier Stellen gemeinsam schaltbar.

Tasterschaltung: Eine oder mehrere Leuchten sind von beliebig vielen Stellen gemeinsam schaltbar.

Übrigens: Es sollten zum Beispiel Außensteckdosen gegen unbefugte Benutzung immer von innen schaltbar sein.

***Tipp:** Machen Sie sich bereits vor Vertragsabschluss mit der Standardausstattung vertraut und fragen Sie, ob sich zum Beispiel Zeitschaltuhren in das Standardprogramm integrieren lassen. Sonderwünsche müssen vor Vertragsabschluss schriftlich festgelegt werden. Nur so können Sie überhöhte Kosten sicher ausschließen.*

4.5.6 Heizflächen/Endmontage

Formular siehe Seite F 72

Die Wärmeabgabe an die Räume erfolgt über Heizkörper (Radiatoren, Plattenheizkörper, Konvektoren) oder Flächenheizungen (Decken-, Fußboden- oder Wandheizungen). Erläuterungen siehe Kapitel 4.4.3 „Heizungsinstallation“, Abschnitt „Wärmeverteilung und Heizflächen“ auf Seite E 106 ff.

4.5.7 Sanitärinstallation – Ausstattung

Formular siehe Seite F 73

Objekte, Armaturen und Zubehör

Die Qualität von keramischen Sanitärobjekten wie Waschbecken wird durch die Sortierung angegeben. Produkte der Ersten Sortierung werden mit einer roten Farbmarkierung gekennzeichnet. Produkte der Zweiten Sortierung erhalten eine blaue Markierung. Hier sind geringfügige Fehler und kleine Farbabweichungen möglich.

Bei der körperschallgedämmten Befestigung gelten die gleichen Prinzipien wie im Kapitel 4.4.7 „Sanitärinstallation – Rohinstallation“, auf Seite E 112 ff. beschrieben.

Vor Vertragsabschluss sollte es eine Möglichkeit zur Besichtigung geben. Dabei sollten Sie auch das Material (Stahl, Acryl oder Porzellan) und die vorgesehene Standardfarbe beziehungsweise die (teureren) Sonderfarben festlegen.

Armaturen

Wichtig für die Auswahl der Sanitärgegenstände und Armaturen sind auch die Beschaffenheit der Oberflächen und deren Pflegeaufwand. So sind zum Beispiel Acrylwannen empfindlicher und daher aufwändiger zu pflegen als emaillierte Stahlwannen. Armaturen mit Lack- oder Goldoberflächen sind empfindlicher als verchromte, Griffe und Ablagen aus Acryl sind kratzempfindlicher als solche aus Porzellan. Mittlerweile sind auch Beschichtungen und spezielle Oberflächen für Sanitärgegenstände oder Duschabtrennungen auf dem Markt, die Kalk- und Seifenrückstände minimieren können.

Bei den Armaturen – insbesondere für Bade- und Duschwannen – ist zu klären, ob sie mit einem Thermostatventil versehen (die eingestellte Temperatur wird konstant gehalten) oder ob sie lediglich als Einhebelmischer ausgeführt sind. Im letzten Fall ist ein manuelles Regeln der Temperatur notwendig.

Der vom fließenden Wasser erzeugte Installationsgeräuschpegel ist bei Armaturen der Armaturengruppe I deutlich niedriger als bei Armaturengruppe II. Die Armaturengruppe ist vom Anbieter entsprechend dem vereinbarten Schallschutzstandard auszuwählen.

Bereits einfache Zusatzinstallationen können größere Mengen an Wasser und damit Kosten einsparen:

Durchflussbegrenzer: Sie begrenzen den maximalen Wasserdurchfluss. Er kann zum Beispiel auch in den Brauseschlauch der Dusche integriert werden. In Verbindung mit einem Luftsprudler mischen diese Spardüsen Luft in den Wasserstrahl. Er fühlt sich dann genauso füllig an wie ein Wasserstrahl ohne Spardüse.

Einhandhebelmischer: Aufgrund ihres kurzen Öffnungsweges werden sie oft zu schnell und meist zu weit geöffnet mit der Folge eines erhöhten Wasserverbrauchs. Außerdem führt die Mittelstellung, die aus ästhetischen und ergonomischen Gründen von den meisten Menschen bevorzugt wird, zu einem unnötigen Warmwasserverbrauch (bis zu 50 Prozent). Bei den Einhebelmischbatterien einiger Hersteller wird in der Mittelstellung ausschließlich kaltes Wasser gezapft. Zudem muss ein kleiner Widerstand überwunden werden, um die volle Auslaufmenge zu erhalten.

Thermostatbatterien: Sie lassen sich vor der Wasserentnahme auf die gewünschte Temperatur einstellen, die sie dann konstant halten. Dadurch wird unnötiges Ablaufen von zu heißem oder zu kaltem Wasser vermieden und auch ein Verbrühungsschutz erreicht.

Spül- und Stopptasten: Mit ihrer Hilfe kann der Spülvorgang der Toilette unterbrochen werden. Damit wird Wasser zurückgehalten, das sonst ungenutzt in die Kanalisation fließt.

Spartoiletten: Sie verbrauchen lediglich sechs Liter Wasser pro Spülung gegenüber herkömmlichen Toiletten mit neun bis zwölf Litern.

Tipp: Gerade bei den Sanitärarbeiten kommt es sehr häufig zu – teuren – Änderungen gegenüber der Standardausstattung. Lassen Sie sich deshalb unbedingt die Standardausstattung zeigen und legen sie Ihre Änderungswünsche und die resultierenden Kosten noch vor Vertragsabschluss schriftlich fest.

4.5.8 Innentüren

Formular siehe Seite F 79

Türblatt

Türblätter bestehen je nach Verwendungszweck aus unterschiedlichen Mittellagen.

Mittellage „Wabe“

Die Hohlraumfüllung ist eine Karton-Wabenfüllung. Die Wabeneinlage bringt ausreichend Stabilität für Zimmertüren innerhalb der Wohnung. Aufgrund ihrer sehr leichten Bauweise sind diese Türen leicht zu handhaben und die kostengünstigste Variante.

Mittellage „Röhrenspanstreifen oder Röhrenspansteg“

Die Steigerung der Türen mit „Wabeneinlage“ sind Türen mit Röhrenspansteg-Einlage. Diese Türen sind mechanisch stärker belastbar. Eine Tür der „unteren Mittelklasse“.

Mittellage „Röhrenspan“

Wenn Sie zudem eine bessere Schalldämmung wünschen, sollten Sie sich unbedingt für diese Tür entscheiden. Sie ist stabil und gehört zu der „gehobenen Mittelklasse“.

Mittellage „Vollspan“

Die Spanplatte hat viele Vorzüge: Sie neigt nur sehr gering zum „Schwinden“ und „Verziehen“ und ist sehr stabil. Mit einer Innentür, die eine Vollspan-Einlage hat, erreicht man erhöhte Schalldämmwerte.

Aus der Kombination der Klimaklassen und der Beanspruchungsgruppen folgen die Zuordnung beziehungsweise Einsatzempfehlungen nach ihrem Verwendungszweck:

Für Wohnungseingangstüren empfiehlt sich immer der Einbau von Türblättern der Klimaklasse II bei beheizten Treppenhäusern oder Klimaklasse III bei nicht beheizten Treppenhäusern/Hausfluren. Es sollte die Beanspruchungsgruppe M oder S gewählt werden.

Für Wohnungsinnentüren, zum Beispiel Wohn-, Ess-, Kinder-, Schlafzimmer, Küche, können Türen der Klimaklasse I, für Bad, WC, Abstellraum Türen der Klimaklasse I oder II und der Beanspruchungsgruppe N oder M verwendet werden.

Für nicht ausgebaute Dachgeschosse und Kellerabgangstüren sollten mindestens Türen der Klimaklasse II und der Beanspruchungsgruppe N oder M verwendet werden.

Beschläge Zu den Beschlägen im eigentlichen Sinn zählen alle Teile aus Metall oder Kunststoffen, die dazu dienen, bewegliche Bauteile festzumachen, zu verbinden, beweglich zu machen oder zu verschließen. Mit dem Begriff „Türbeschlag“ wird häufig jedoch nur der Türgriff bezeichnet. Er besteht aus Außen- und Innenschild sowie Türdrückern und Drückerstift.

Zubehör Der bei Türen erforderliche Bodenabstand kann durch Bodendichtungen wirksam abgedichtet werden. Je nach Hersteller gibt es verschiedene Systeme (zum Beispiel Anschlagdichtung, absenkbare Dichtung, Auflaufdichtung mit Bürste).

5 Außenanlagen

5 Außenanlagen

Bei den Außenanlagen handelt es sich durchaus um kostenträchtige Posten. Auch wenn sie nicht zum Haus selbst gehören, so sind sie doch für dessen Nutzung mindestens zum Teil unbedingt notwendig, wie zum Beispiel die Zufahrt, der Weg zum Hauseingang, der Kellerersatzraum oder auch der PKW-Stellplatz, beziehungsweise der Carport oder die Garage.

5.1 Kellerersatzraum

Formular siehe Seite F 82

Die Alternative zu einem Keller sind ebenerdige Abstellräume (etwa im Garagenbereich). Wenn das Grundstück groß genug ist, und auch sonst auf einen Keller verzichtet werden kann, ist das eine überlegenswerte, weil kostengünstige Möglichkeit.

5.2 Terrasse

Formular siehe Seite F 82

Beim Anlegen einer Terrasse sollten Sie beachten, dass sich der aufgewühlte Boden im Laufe der ersten Jahre noch setzt. Deshalb muss das Füllmaterial unter dem Fundament der Terrasse verdichtet oder besser mit Fundamentstützen gearbeitet werden.

Je nach dem gewählten Bodenbelag wird der erforderliche Unterbau erstellt. Bei Plattenmaterialien als Belag wird nach den gegebenen Bodenverhältnissen eine Bodenplatte aus Beton auf einer Grobkiesschicht erstellt, um eine tragfähige Konstruktion und eine gute Ebenheit des Untergrundes zu erzielen. Darauf kann dann der Plattenbelag (Fliesen, Naturstein) verlegt werden. Dabei muss es sich um frostbeständige Materialien und Kleber handeln und je nach Größe der Terrasse mit Dehnfugen gearbeitet werden. Soll eine Pflasterung erfolgen, wird auf einer Sauberkeitsschicht aus Kies eine mindestens zehn Zentimeter dicke Schicht aus grobem Schotter und einer etwa fünf Zentimeter dicken Kies- und Sandschicht darüber eingebracht. Darauf kann dann die Pflasterung mit den unterschiedlichsten Materialien erfolgen.

Auf einer Unterkonstruktion aus Schotter, Splitt und Lagerbohlen auf einzelnen Betonplatten kann auch ein Holzbelag ausgeführt werden. Aus Rosten oder Bohlen, je nach Holzart imprägniert oder naturbelassen, werden fußwarme und langlebige Beläge hergestellt. Alle verwendeten Metallteile, zum Beispiel Schrauben und Verbinder, sollten aus Edelstahl bestehen.

Jede Terrasse muss in einem leichten Gefälle vom Haus weg ausgeführt werden, damit das Regenwasser ablaufen kann. Ist das nicht möglich, weil das Terrain dies nicht zulässt, ist eine geeignete Ablaufmöglichkeit – zum Beispiel mit einem Entwässerungskanal und Gitterabdeckung – zu schaffen.

In jedem Fall ist der Übergang von der Terrasse zur Fenstertür gewissenhaft abzudichten, da ansonsten besonders bei bodengleicher Ausführung die Gefahr besteht, dass Feuchtigkeit in diesem Bereich in den Fußboden des Hauses eindringt.

An den Schwellen von Balkon- und Terrassentüren muss nach DIN 18195 die Abdichtung von anschließenden waagrechten Bauteilen 15 cm hochgezogen und gesichert werden, um das Eindringen von Schnee, Spritz- oder angestautem Wasser zu verhindern. Messpunkte sind hierbei die Oberkante des Plattenbelages, nicht die der wasserführenden Schicht, und der Falzbereich des Türrahmens. Sonderlösungen sind bei wettergeschützter Lage der Türe oder Abwasserrinnen mit Gitterrosten vor der Türe möglich und im barrierefreien Bauen nach DIN 18040 erforderlich.

5.3 Garage

5.4 Carport/Abstellraum

Formular siehe Seite F 83/F 85

Nicht jeder Fahrzeugbesitzer gibt sich mit einem offenen Abstellplatz, einem sogenannten Carport, für sein Auto zufrieden. Oftmals soll die Garage zugleich als Abstellraum für Gartengeräte oder als kleine Werkstatt genutzt werden. Ebenso wie das Haus kann auch die Garage in Leicht- oder in Massivbauweise erstellt werden. Es kommen grundsätzlich die gleichen Materialien zur Anwendung, wobei auf eine Schall- und meist auch eine Wärmedämmung verzichtet wird.

Welche Konstruktionsart für das Garagentor sinnvollerweise gewählt wird, ist nicht zuletzt eine Frage des Platzangebots: Ein Schwingtor benötigt Platz vor der Garage. Gibt es ihn nicht, dann muss eine Konstruktion gewählt werden, bei der das Tor nach innen schwingt. Damit geht allerdings Platz in der Garage verloren. Eine Alternative bilden Sektionaltore. Vom Bauprinzip her sind sie mit Rollläden vergleichbar. Im Gegensatz zu Rollläden hängen Sektionaltore im geöffneten Zustand jedoch als Fläche unter der Garagendecke, werden also nicht aufgerollt. Eine weitere Konstruktion ist das Schiebetor aus senkrechten Gliedern. Es wird beim Öffnen um die Ecke geschoben, also innen an die Seitenwand.

Nebentüren kommen vor allem dann zum Einsatz, wenn die Garage direkt mit dem Haus verbunden ist. Je nachdem, ob die Tür zum unbeheizten Keller führt oder etwa zum beheizten Hausflur, wird man sich für eine einfache Stahltür oder für eine ästhetisch anspruchsvollere, wärmegedämmte Innentür entscheiden. Falls Sie ein Fenster in der Garage wollen, dann sollte es unter Sonstige Einbauteile aufgeführt sein. Bei ausschließlicher Nutzung als Garage ist das allerdings kaum sinnvoll. Anders dagegen ein Garagentorantrieb: Die damit gewonnene Bequemlichkeit lässt sich noch durch eine Fernbedienung steigern. Allerdings sollte die Elektroinstallation für diesen Antrieb in der Leistungsbeschreibung aufgeführt sein.

6

Qualitätskontrollen

7

Abnahmenachweise

8

Versicherungen während der Bauzeit

6 Qualitätskontrollen

Formular siehe Seite F 88

Leistungsbeschreibung, Vertrag und Ausführungsplanung können noch so perfekt sein – gebaut wird nicht auf dem Papier. Und wo gearbeitet wird, da werden auch Fehler gemacht. Das ist durchaus nicht ungewöhnlich, nur müssen diese Fehler auch erkannt und beseitigt werden.

Leider ist dieser Punkt oft Anlass für Unstimmigkeiten oder sogar gerichtliche Auseinandersetzungen. Mancher Bauunternehmer will von solchen Mängeln nichts wissen. In der Folge vergeht dann viel Zeit, in der nicht selten mehrere Gutachten in Auftrag gegeben werden. Besser ist dagegen die laufende Kontrolle durch einen unabhängigen Fachmann (damit ist nicht die Überwachung durch einen Bauleiter der Hausbaufirma gemeint). Eine solche Qualitätsüberwachung sollten Sie selbst in Auftrag geben. Wer diese Kontrollen durchführt, erfahren Sie bei Ihrer Verbraucherzentrale. Beim Bau mit dem Bauträger, also beim notariell beurkundeten Kauf von Grundstück und Haus aus einer Hand, sollten Sie die Begutachtung durch unabhängige Sachverständige im Vertrag vereinbaren. Da Sie während der Bauzeit nicht Bauherr sind, kann es sonst Schwierigkeiten mit dem Zutritt zur Baustelle geben.

Wenn seitens der Hausbaufirma mit einer unabhängigen Qualitätskontrolle geworben wird, sollten Sie sich vertraglich ein Einsichtsrecht in die Mängelberichte und Protokolle zusichern lassen. Anderenfalls kann es passieren, dass zwar Baustellenbegehungen durchgeführt werden, die Berichte aber ausschließlich der Hausbaufirma zur Verfügung stehen. Grundsätzlich sollten Baukontrollen immer durchgeführt werden, bevor Arbeiten „zugedeckt“ werden.

Fehler beispielsweise bei der Abdichtung des Kellers oder der Dränage kann man nur sehen, solange die Baugrube noch nicht verfüllt ist. Eine fehlerhafte Mauerwerksausführung lässt sich nach der Rohbaufertigstellung vor dem Verputzen feststellen. Die Kollision von Installationsleitungen auf dem Rohfußboden lässt sich nur erkennen, bevor der Estrich gelegt wird. Trotz Qualitätsüberwachung durch einen Fachmann sollten Sie als Bauherr möglichst oft selbst die Arbeiten auf der Baustelle prüfen und auch fotografisch dokumentieren. Bei einem regelmäßigen „Jour Fixe“, zum Beispiel einmal pro Woche, mit allen gerade am Bau beteiligten Handwerkern können mängelfrei erledigte Leistungen „abgehakt“, Arbeitsaufträge an alle Beteiligten vergeben und der Bautenstand anhand des Bauzeitenplanes überprüft werden.

Tipp: *Gutachter und Sachverständige sollten in jedem Fall für ihre Aussagen haften. Sollte sich ein Gutachten im Nachhinein als falsch erweisen, so können Sie den Gutachter in Regress nehmen.*

7 Abnahmenachweise

Die Abnahme bestimmter Gewerke und Leistungen ist gesetzlich vorgeschrieben. So muss die Abgasanlage durch den Bezirksschornsteinfeger abgenommen und der gefahrenfreie Betrieb bescheinigt werden. Das gleiche gilt für die Gasinstallation, die durch einen Beauftragten des Gaslieferanten sowie für die Brennstoff-Lagerung, die durch einen zugelassenen Fachbetrieb abgenommen werden muss. Die Rohbauabnahme kann von der Bauaufsichtbehörde vorgeschrieben werden. Dies ist aber nicht immer der Fall. Alle Abnahmen sind mit Kosten verbunden, die im Angebotspreis enthalten sein sollten. Die Unterlagen der erfolgten Abnahmen sollten Sie sich unbedingt vom Anbieter aushändigen lassen.

Formular siehe Seite F 88

Abnahme des fertigen Hauses

8 Versicherungen während der Bauzeit

Auf einer Baustelle lauern viele Gefahren. Kommt ein Dritter dabei zu Schaden, muss der Bauherr dafür geradestehen. Deshalb sollten sich Bauherren frühzeitig Gedanken über die Absicherung der Risiken während der Bauzeit machen. Besonders wichtig ist hierbei der Vergleich von Preisen und Leistungen mehrerer Versicherungsunternehmen. Die Prämienunterschiede können erheblich sein.

8.1 Bauherrenhaftpflichtversicherung

Formular siehe Seite F 89

Baustellen sind Gefahrenquellen für spielende Kinder, Nachbarn, Besucher und Passanten aber auch für den Bauherrn selbst. Wenn durch ungesicherte Schächte, nicht ganz einwandfrei gestapeltes Material, unzureichende Absperrungen, schlechte Beschilderungen und Beleuchtungen Dritte zu Schaden kommen, kann dies Schadenersatzforderungen in beträchtlicher Höhe nach sich ziehen. Viele Schäden lassen sich kaum aus eigener Tasche bezahlen. Wenn Personen zu Schaden kommen, kann dies leicht in die Hunderttausende gehen: Arzt, Krankenhaus, Pflegekosten, Verdienstausfall und Schmerzensgeld, schlimmstenfalls sogar eine lebenslange Rente können dann auf den Bauherrn zukommen. Die Bauherrenhaftpflichtversicherung deckt diese Risiken ab und ist daher unerlässlich für Bauherren.

Der Häuslebauer steht mit seiner Verantwortung für die Baustelle zwar nicht alleine da. Die mit der Bauleitung beauftragten Architekten und die für die Ausführung zuständigen Baufirmen und Handwerker müssen ebenso auf Sicherheit achten. Der Bauherr haftet allerdings gesamtschuldnerisch gegenüber dem Geschädigten. Ist die hauptverantwortliche Firma zum Beispiel pleite, muss er auch bei nur geringem Mitverschulden den vollen Schaden ersetzen. Er muss dann selbst versuchen, seine Forderungen gegenüber der Baufirma oder dem Architekten durchzusetzen. Kommt es zum Streit darüber, ob der Architekt, der Unternehmer, der Handwerker oder der Bauherr selbst für entstandene Schäden aufzukommen hat, ist die Bauherren-Haftpflichtversicherung äußerst hilfreich. Denn sie ist auch gleichzeitig eine Art Rechtsschutzversicherung zur Abwehr unberechtigter Ansprüche.

Versichert sind Baumaßnahmen wie Neubauten, Umbauten, Reparaturen, Abbruch- und Erdarbeiten. Mitversichert sind auch die Haftpflicht für ein unbebautes Grundstück und das zu errichtende Bauwerk.

Tipp: *Achten Sie auf eine hohe Versicherungssumme, da Bauherren im Schadensfall unbegrenzt haften. Sie sollte mindestens drei Millionen Euro pauschal für Personen- und Sachschäden betragen. Schließen Sie die Versicherung bereits beim Grundstückskauf ab, wenn Sie absehen können, dass das Gebäude innerhalb von zwei Jahren fertiggestellt wird. Die Haftpflicht für das Grundstück wird so bereits vor Baubeginn ohne Zusatzkosten mitversichert.*

8.2 Bauleistungsversicherung/Bauwesenversicherung

Formular siehe Seite F 89

Werden Teile des Rohbaus oder Baumaterialien während der Bauphase zerstört oder beschädigt, kann dies zu einer erheblichen Verteuerung der Baumaßnahme führen. Daher ist eine Bauleistungsversicherung zu empfehlen, durch die alle am Bau beteiligten Partner – Bauunternehmer, Handwerker und Bauherr – abgesichert sind. Es ist üblich, den Versicherungsbeitrag auf den versicherten Personenkreis umzulegen.

Die Versicherung kommt für unvorhersehbar eintretende Schäden wie Beschädigung oder Zerstörung versicherter Bauleistungen auf, die zum Beispiel verursacht werden durch:

- höhere Gewalt und Elementarereignisse wie Erdbeben, Erdrutsch
- ungewöhnliche Witterungseinflüsse wie Wolkenbruch, Überflutung, Orkan oder Hagel
- Folgeschäden von Konstruktions- und Materialfehlern, Ungeschicklichkeit oder Fahrlässigkeit der Bauhandwerker
- mutwillige und vorsätzliche Zerstörung durch Unbekannte (Vandalismus)
- Diebstahl von fest eingebautem Material wie bereits mit den Rohren verschraubte Heizkörper

Die Bauleistungsversicherung ersetzt während der Bauzeit die Kosten, die zur Beseitigung des Schadens und zur Aufräumung der Schadensstelle erforderlich sind. Der Versicherungsbeitrag richtet sich nach der Höhe der voraussichtlichen Bausumme.

Versichert sind:

- alle Bauleistungen wie zum Beispiel frisch gegossener Estrich
- alle Baustoffe und Bauteile wie Fensterstürze und Fertigdecken einschließlich der
- wesentlichen einzubauenden Gebäudebestandteile zum Beispiel Fenster und Türen
- Außenanlagen, mit Ausnahme von Gartenanlagen und Pflanzungen

Tipp: *Für vorhersehbare Schäden wie gewöhnlichen Regen oder normalen Frost in der Winterzeit kommt die Versicherung nicht auf.*

8.3 Wohngebäudeversicherung/Rohbau-Feuerversicherung

Formular siehe Seite F 89

Das Eigenheim braucht nicht erst nach Fertigstellung Schutz vor Feuer, Wasser und Sturm. Auch in einem Rohbau steckt schon eine Menge Geld. Deshalb ist auch schon dafür eine Versicherung sinnvoll. Die Wohngebäudeversicherungen bieten in dieser Phase allerdings nur Policen gegen Feuer. Gegen Sturm – eine der größten Gefahrenquellen für nicht fertig gestellte Häuser – ist von ihnen kein Schutz zu erhalten. Hier greift die Bauleistungs-/Bauwesenversicherung. Die Rohbau-Feuerversicherung wird von den Versicherern meist für zwölf Monate kostenfrei gewährt, wenn sich der Versicherungsnehmer auf eine Wohngebäudeversicherung mit fünfjähriger Laufzeit einlässt. Sobald der Häuslebauer einzieht, wird aus diesem Versicherungsschutz automatisch der umfassendere Schutz der Wohngebäudeversicherung.

Falls die Rohbaufeuerversicherung im Angebot des Unternehmers enthalten ist, sollten Sie Preis und Leistung für die eventuell anschließende Wohngebäudeversicherung mit anderen Angeboten vergleichen.

Die Wohngebäudeversicherung übernimmt die Kosten für Schäden, die durch folgende Gefahren verursacht worden sind:

- Rohrbruch und Leitungswasser, wenn also zum Beispiel das Wasser bestimmungswidrig aus dem Rohrsystem der Wasserversorgung oder den damit verbundenen anderen Einrichtungen ausläuft
- Sturm ab Windstärke 8 und die Folgeschäden
- Hagel und Folgeschäden
- Brand, also ein Feuer, das sich aus eigener Kraft ausbreiten kann
- direkter Blitzeinschlag und bestimmte Folgeschäden
- Explosionen

Erweiterter Schutz

Durch Sondervereinbarungen können Sie diesen Schutz noch erweitern, zum Beispiel auf Überspannungsschäden oder ähnliches. Die Klimaveränderungen der vergangenen Jahre lassen es sinnvoll erscheinen, sogenannte Elementarschäden durch Zusatzklauseln mitzuversichern. Sie haben dann Schutz vor den Folgen von:

- Erdbeben, Erdsenkung und Erdrutsch
- Schneelast
- Lawinen und
- Hochwasser

Tipp: *Erkundigen Sie sich nach gesonderten Neubautarifen. Fast alle Versicherer bieten solche an. Die Prämie liegt in der Regel um 10 bis 25 Prozent unter der Normalprämie. Je nach Gesellschaft darf das Haus zwischen einem und 30 Jahren alt sein. Sobald das Haus zu alt für den Tarif ist, wird der Vertrag automatisch auf den Normaltarif umgestellt. Je kürzer die Laufzeit des Neubautarifs, desto wichtiger ist die Prämie des Normaltarifs.*

8.4 Gesetzliche Unfallversicherung bei der Bauberufsgenossenschaft

Formular siehe Seite F 89

Um Kosten zu sparen, setzen viele Häuslebauer auf Eigenleistungen und die Hilfe von Freunden und Verwandten. Die Gefahr, dass bei Laien auf der Baustelle etwas passiert, ist nach Aussagen der Bauberufsgenossenschaften etwa drei Mal so hoch wie bei einem Unternehmen. Und das, obwohl Handwerkern nach Statistiken der Berufsunfähigkeitsversicherer auch häufig etwas geschieht. Für diese Fälle hat der Staat Vorsorge getroffen und eine Unfallversicherung bei der Bauberufsgenossenschaft eingeführt, in der alle auf dem Bau helfenden Personen automatisch versichert sind.

Der Beitrag richtet sich nach der Zahl der Helfer und der Stunden, die diese mitgearbeitet haben. Die Adresse der für Ihr Bauvorhaben zuständigen Genossenschaft erfahren Sie bei Ihrem Bauamt. Die Preise pro Helferstunde schwanken und sollten daher konkret bei der Genossenschaft erfragt werden.

Ausgenommen von der Pflichtmitgliedschaft sind der Bauherr selbst und sein Ehepartner, die aber auf Antrag ebenfalls versichert werden können. Da die Beiträge recht hoch sind, sollten die beiden jedoch eher über den Abschluss einer privaten Unfallversicherung nachdenken, falls nicht schon eine Berufsunfähigkeitsversicherung besteht.

***Tipp:** Der Bauherr muss die Bauberufsgenossenschaft innerhalb einer Woche nach Beginn der Bauarbeiten über die Tätigkeit und die geplanten Einsatzzeiten der Bauhelfer informieren. Gleiches gilt für nachträgliche Veränderungen.*

Das Formular

Inhalt

1

Zweck der Muster-Baubeschreibung

1 Zweck der Muster-Baubeschreibung

Das vorliegende Formular dient der Unterstützung privater Bauherren. Es kann für alle Arten von Wohnhäusern verwendet werden, unabhängig von der Bauweise oder der Ausbaustufe (mit oder ohne Keller, schlüsselfertig oder Ausbauhaus).

Mit Hilfe dieser Muster-Baubeschreibung erhalten Sie einen Überblick, ob alle erforderlichen und von Ihnen gewünschten Leistungen im Hauspreis enthalten sind beziehungsweise welche fehlen.

Darüber hinaus erhalten Sie Anhaltspunkte, um verschiedene Angebote zu vergleichen. Das Formular bildet den Rahmen für eine detaillierte Beschreibung aller angebotenen Baumaterialien und -leistungen. Damit werden in größerem Umfang qualitative Beurteilungen ermöglicht. Aufgrund der im Bauwesen üblichen Modellvielfalt und der unterschiedlichen Variationsbreiten kann die Muster-Baubeschreibung nicht vollständig und abschließend sein.

Damit die Muster-Baubeschreibung ihren Zweck erfüllen kann, ist es notwendig, dass Ihr Vertragspartner (Generalübernehmer, Bauträger, Architekt oder Generalunternehmer) diese nach besten Wissen und Gewissen ausfüllt. Im Falle, dass ein Vertrag zustande kommt, haben Sie dann die Möglichkeit, das ausgefüllte Formular als Bestandteil in den Vertrag aufzunehmen. Dadurch erhalten Sie als Bauherr eine zusätzliche Sicherheit hinsichtlich der Qualität der Bauausführung und ein einfaches Instrument, mit dem Sie die Einhaltung zugesagter Leistungen kontrollieren können.

Tipp: *Welche Vertragspartner Sie für den Hausbau haben werden, hängt von der Errichtungsweise ab.*

Architektenhaus:
Beim Architektenhaus schließen Sie einen Architektenvertrag mit einem Architekten, der mit der Hausplanung, meist aber auch mit der Bauunternehmerauswahl und der unabhängigen Baukontrolle beauftragt wird. Zur Bauausführung können mehrere Handwerksbetriebe beauftragt werden (klassische Architektenbauweise) oder nur ein Unternehmen. Ein solches Unternehmen wird, wenn es die Bauleistungen teils selbst, teils mit Subunternehmern ausführt, als ***Generalunternehmer*** *bezeichnet, wenn die Errichtung ausschließlich mit Subunternehmern erfolgt als* ***Generalübernehmer****.*

(Typen-) Haus:
Beim Typenhaus bieten Generalunternehmer oder Generalübernehmer Häuser an, die auf einer von ihnen selbst in Auftrag gegebenen Planung beruhen. Planung, Bauausführung und Baukontrolle fallen beim Generalunternehmer oder Generalübernehmer zusammen. Sie schließen (nur) einen Bauvertrag ab. Eine unabhängige Baukontrolle ist regelmäßig nicht vorgesehen und sollte zusätzlich veranlasst werden.

(Typen-) Haus mit Grundstück:
Ein Unternehmen, das ein Typenhaus mit Grundstück anbietet, wird als Bauträger bezeichnet. Der Vertrag mit einem Bauträger ist eine Kombination aus einem Grundstückskaufvertrag und einem Bauvertrag und muss notariell beurkundet werden. Mit ihm übernimmt der Bauträger nicht nur die Verantwortung für Hausplanung, Bauausführung und Baukontrolle, sondern trägt – im Gegensatz zu den vorgenannten Errichtungsformen – auch die Verantwortung dafür, dass das Haus wie angeboten auf dem Grundstück errichtet werden kann. Der Bauträger fungiert in dieser Zeit als Bauherr. Da eine regelmäßige, unabhängige Baukontrolle in den meisten Fällen nicht vorgesehen ist, sollten Sie diese zusätzlich veranlassen.

Hinweise zum Ausfüllen des Formulars:
- Es ist nur das anzukreuzen und auszufüllen, was auch angeboten wird.
- Nicht relevante Kapitel können übersprungen werden.
- Da Haus und Keller oft von verschiedenen Anbietern verkauft werden, sind im Kapitel „Keller“ alle Leistungen separat aufgeführt, die für einen nutzbaren Keller erforderlich sind. Werden dagegen Haus und Keller aus einer Hand angeboten, so sind alle den Keller betreffenden Leistungen von diesem einen Anbieter anzugeben.
- Zur besseren Vergleichbarkeit sollen alle **Maße unbedingt als Fertigmaße** angegeben werden, also nicht als Rohbaumaße.

Das gehört zum Kaufvertrag
- Haus- oder Wohnungsbauvertrag/Kaufvertrag
- (Bau-) Leistungsbeschreibung
- vollständige Zeichnungen mit allen Maßen (Grundrisse, Schnitte, Ansichten im Maßstab 1:100)
- Wohnflächenberechnung

Unser Downloadservice für Sie

Das Formular ist für Käufer dieses Ratgebers kostenlos als Download erhältlich. Gehen Sie dazu bitte auf die Seite ***www.vz-ratgeber.de/musterbaubeschreibung*** *und geben Sie an der entsprechenden Stelle das folgende Passwort ein: BW35-03*

Hier Beispiele, um zu zeigen, wie die Kästchen auszufüllen sind.

☐ keine weiteren Kosten
oder
☒ 6.500 € pauschal
oder
☒ 20,56 €/m³ Aushub
oder
☒ im Wert von 12.000 €
oder
☒ Kranaufstellplatz 120 m² Größe

Nur wenn Sie ein Kästchen ankreuzen, können Sie die darauf folgenden Kästchen oder Zeilen ausfüllen.

2

Angaben zur Eignung des Grundstücks

2 Angaben zur Eignung des Grundstücks

Erläuterungen und Tipps siehe Seite E 14

2.1 Bebaubarkeit

Der Nachweis der Bebaubarkeit des Grundstücks wird erbracht durch den:

- ☐ Auftraggeber
- ☐ Auftragnehmer/Anbieter
- ☐ Bebauungsplan liegt vor
- ☐ ortsübliche Bebauung nach § 34 Baugesetz (BBauG) gilt
- ☐ Bauvoranfrage wird vorgelegt

Baugrunduntersuchung wird durchgeführt vom:

- ☐ Auftraggeber
- ☐ Auftragnehmer/Anbieter

Eingeschlossene Untersuchungen auf:

- ☐ Tragfähigkeit
- ☐ Wasserführende Schichten
- ☐ Grundwasserspiegel
- ☐ Altlasten

Erläuterungen und Tipps siehe Seite E 15

2.2 Baustelleneinrichtung

- ☐ wird durch Auftraggeber/Bauherrn erstellt
- ☐ wird durch Auftragnehmer/Anbieter erstellt

Sie besteht aus:

- ☐ Einrichtung, Vorhaltung und Räumung
- ☐ Baustellenzufahrt ____ Tonnen Belastung
- ☐ Lagerplatz für Material ____,__ m²
- ☐ Baustrom und Bauwasseranschluss
- ☐ Verbrauchskosten für Wasser und Strom
- ☐ Baustellentoilette/Bauzaun/Bauschuttcontainer etc.
- ☐ Kranaufstellplatz ____ m² Größe, ____ Tonnen Belastung
- ☐ Sonstiges: ______________________________

____

____

____

 Datum: ____________ Auftraggeber: ____________ Auftragnehmer: ____________

2.3 Vermessung und Erdarbeiten

Erläuterungen und Tipps siehe Seite E 15

- ☐ Vermessung des Grundstücks ist erfolgt/Grenzpunkte sind sichtbar
  - ☐ Kosten für weitere Grundstücksvermessung/Gebäudeeinmessung fallen nicht an
- ☐ Grobvermessung des Grundstückes ist erfolgt
  - ☐ Kosten für Feineinmessung fallen an, trägt
    - ☐ Auftraggeber
    - ☐ Auftragnehmer

Absteckung des Bauwerkes (Schnurgerüst) und Kostentragung erfolgen durch

- ☐ Auftraggeber
- ☐ Auftragnehmer

Gebäudeeinmessung und Kostentragung erfolgen durch

- ☐ Auftraggeber
- ☐ Auftragnehmer

Festlegung der Höhenlage unter Beachtung der Rückstauebene und Kostentragung erfolgen durch

- ☐ Auftraggeber
- ☐ Auftragnehmer

- ☐ Erdarbeiten nicht im Leistungsumfang enthalten
- ☐ Erdarbeiten im Leistungsumfang enthalten. Sie bestehen aus:
  - ☐ Sicherungsmaßnahmen an benachbarten Gebäuden
  - ☐ Abtragen des Oberbodens und Lagern auf dem Grundstück
  - ☐ Herstellung der Baugrube
  - ☐ Verfüllen und Verdichten der Baugrube mit geeignetem Material
  - ☐ Abtransport überschüssigen Erdaushubs
  - ☐ Zulieferung fehlenden Füllmaterials
  - ☐ Anschüttung für die Bodenplatte:
    - ☐ Oberkante Fertigfußboden im Erdgeschoss 15 cm über vorh. Gelände
  - ☐ Verteilung des Oberbodens auf dem Gelände nach Abschluss der Arbeiten (Grobplanum)

Erläuterungen und Tipps siehe Seite E 17

2.4 Hausanschlüsse

- ☐ nicht im Leistungsumfang enthalten
- ☐ im Leistungsumfang enthalten

Hausanschlusskosten sind enthalten für:

- ☐ Wasser
- ☐ Abwasser
- ☐ Regenwasser
- ☐ Gas
- ☐ Fernwärme / Nahwärme
- ☐ Strom
  - ☐ Einspeisung von selbsterzeugtem Strom
- ☐ Telefon
- ☐ Kabelfernsehen
- ☐ Sonstiges: ______________________

____

____

____

3

Angaben zum Gebäude allgemein

3 Angaben zum Gebäude allgemein

Erläuterungen und Tipps siehe Seite E 20

3.1 Planungsleistungen

Folgende Planungsleistungen sind im Festpreis enthalten:

- ☐ Baugenehmigungsunterlagen (Grundrisse, Ansichten, Schnitte, alle nach Landesbauordnung notwendigen Flächen- und Raumberechnungen)
  - ☐ Berechnung der Flächen nach:
    - ☐ Wohnflächenverordnung (WoFlV)
    - ☐ Nutz- und Verkehrsflächen nach DIN 277
- ☐ Statik
- ☐ Prüfstatik
- ☐ Kontrollen des Statikers auf der Baustelle (Bewehrungen)
- ☐ Planungen durch Fachingenieure (Abwasser, Lüftung, etc.)
- ☐ Nachweis nach Energieeinsparverordnung und Energieausweis
- ☐ Ausführungsplanung
- ☐ Die Unterlagen werden dem Bauherren vor Baubeginn ausgehändigt.

Erläuterungen und Tipps siehe Seite E 20

3.2 Gebäudetyp

- ☐ freistehendes Haus
- ☐ Doppelhaushälfte
- ☐ Reihenhaus
  - ☐ mit Einliegerwohnung

Erläuterungen und Tipps siehe Seite E 21

3.3 Bauweise

- ☐ Massivhaus
  - ☐ Massivhaus mit vorgefertigten Bauteilen
- ☐ Fertighaus in Holzbauweise

  Typ: ______________________________
- ☐ Holzhaus/Blockbohlenhaus massiv

  Typ: ______________________________

3.4 Ausbaustufen

Erläuterungen und Tipps siehe Seite E 24

- ☐ bezugsfertig
- ☐ teilbezugsfertig,
  bezugsfertige Geschosse ______________________ Anzahl ___
- ☐ Dachausbau möglich
- ☐ Rohbauhaus
- ☐ Ausbauhaus
- ☐ Bausatzhaus
  - ☐ Rohbausatz
  - ☐ Ausbausatz
- ☐ Eigenleistungen sind für folgende Arbeiten vorgesehen:

  ____

  ____

  ____

  im Wert von ______ €
- ☐ Technische Voraussetzungen für eine Gebäudeaufteilung (Einlieger- und/oder Nebenwohnung) werden geschaffen für:
  - ☐ Elektro-, Sanitär- und Heizungsinstallationen
  - ☐ notwendige Schallschutzmaßnahmen
  - ☐ zusätzliche Erschließung
  - ☐ zusätzlicher PKW-Stellplatz

(Weitergehende Erläuterungen können auf einem gesonderten Blatt gemacht werden.)

3.5 Unterkellerung

Erläuterungen und Tipps siehe Seite E 25

- ☐ Haus ohne Kellergeschoss bzw. Bodenplatte
  (werden vom Bauherrn auf eigene Kosten bereitgestellt)
- ☐ Haus mit Bodenplatte
- ☐ Haus mit teilweiser Unterkellerung (____ m²)
- ☐ Haus mit vollständiger Unterkellerung

Erläuterungen und Tipps siehe Seite E 26

3.6 Dach

Dachform: ______

Firsthöhe ab Oberkante gewachsenem Erdreich ca. __ , __ m

Dachneigung __ Grad

Drempelhöhe/Kniestockhöhe __ , __ m

Dachüberstände

☐ Traufseite __ cm

☐ Ortgang __ cm

Erläuterungen und Tipps siehe Seite E 28

3.7 Größenangaben

Überbaute Grundstücksfläche __ m²

Wohn-, Nutzflächenberechnung

☐ gemäß Wohnflächenverordnung (WoFlV)

Wohnfläche __ , m²

☐ gemäß DIN 277

	lichte Raumhöhe (Fertigmaß) 1,50 m oder höher	unter 1,50 m
Nutzfläche	__ , m²	__ , m²
Funktionsfläche	__ , m²	__ , m²
Verkehrsfläche	__ , m²	__ , m²

unter Schrägen getrennt anzugeben für Raumteile mit lichter Raumhöhe ≥1,50 m und <1,50 m.

☐ Kellergeschoss

lichte Raumhöhe mindestens __ , __ m (Fertigmaß- inkl. Fußbodenaufbau)

Nutzfläche __ , m²

Wohnfläche __ , m²

☐ Erdgeschoss

lichte Raumhöhe mindestens __ , __ m (Fertigmaß- inkl. Fußbodenaufbau)

Wohnfläche __ , m²

Nutzfläche __ , m²

 Datum: ______ Auftraggeber: ______ Auftragnehmer: ______

☐ Obergeschoss
lichte Raumhöhe mindestens __,__ m (Fertigmaß- inkl. Fußbodenaufbau)

Wohnfläche __,__ m²

Nutzfläche __,__ m²

☐ Dachgeschoss
Kniestock- oder Drempelhöhe mindestens __,__ m
(Fertigmaß- inkl. Fußbodenaufbau)

lichte Raumhöhe mindestens __,__ m

(von __,__ bis __,__ m) (Fertigmaß- inkl. Fußbodenaufbau)

Wohnfläche __,__ m²

Nutzfläche __,__ m²

3.8 Barrierefreies Bauen (gemäß DIN 18040-2 Barrierefreies Bauen, Teil 2: „Wohnungen“, Ausgabe: 2011-09)

Erläuterungen und Tipps siehe Seite E 29

☐ Barrierefreier Ausbau ohne Änderung von Bauteilen möglich:
- ☐ barrierefrei nutzbar
- ☐ barrierefrei und uneingeschränkt mit dem Rollstuhl nutzbar
- ☐ gemäß Auflistung auf gesondertem Blatt

Aufpreis in Höhe von __.___ €

3.9 Wärmeschutz

Erläuterungen und Tipps siehe Seite E 30

☐ Der Energieausweis nach § 16 Energieeinsparverordnung für das angebotene Haus liegt dieser Baubeschreibung als Bestandteil des Bauvertrags bei. Der Auftragnehmer händigt dem Auftraggeber ein nachprüfbares Exemplar der Energiebedarfsnachweisrechnung (siehe Ergebnisse der Berechnung für das auszuführende Objekt in der Tabelle der Gegenüberstellung zum Referenzobjekt auf den Seiten F 90 bis F 92) aus. Der Auftragnehmer sichert die Ausführung der Bauteile und der haustechnischen Anlagen mindestens mit den Eigenschaften zu, die der Berechnung des Energieausweises zugrunde lagen.

☐ Das Haus erfüllt die Anforderungen des folgenden Förderprogramms der Kreditanstalt für Wiederaufbau (KfW)

____

Nur für Typenhäuser:

- ☐ Solare Gewinne werden bei der Nachweisrechnung so behandelt, als wären alle Fenster nach Osten oder Westen orientiert (Anlage 1, Abschnitt 2.5 der EnEV).

Erfüllung der Anforderungen des Erneuerbare-Energien-Wärmegesetzes (EEWärmeG):

- ☐ Die Anforderungen werden erfüllt durch einen Anteil erneuerbarer Energie an der Deckung des Jahres-Wärmeenergiebedarfes für Heizung und Brauchwassererwärmung (=100 %) von mindestens
  - ☐ 15 % Solarwärme oder einer Kollektoraperturfläche je m² Gebäude-Nutzfläche von 0,04 m² (Ein-/Zweifamilienhaus) bzw. 0,03 m² (Mehrfamilienhaus). Kollektoren mit Solar-Keymark-Zertifikat
  - ☐ 30 % Biogas in Kraft-Wärmekopplungsanlage
  - ☐ 50 % Bioöl, zertifiziert entsprechend Nachhaltigkeitsverordnung, genutzt in Öl-Brennwertkessel
  - ☐ 50 % Stückholz, Hackschnitzel oder Holzpellets
  - ☐ 50 % Umweltwärme aus Erdreich, Grundwasser oder Außenluft, nutzbar gemacht über eine den Anforderungen des EEWärmeG genügende Wärmepumpenanlage
- ☐ Die Anforderungen werden ersatzweise erfüllt durch
  - ☐ einen Deckungsbeitrag von 50 % aus Abwärme (Abluft, Abwasser), nutzbar gemacht mit einer Wärmerückgewinnungsanlage oder Wärmepumpe, die den Anforderungen des EEWärmeG genügt
  - ☐ einen Deckungsbeitrag von 50 % aus einer Kraft-Wärme-Kopplungs-anlage, die im Vergleich zur getrennten Strom- und Wärmeerzeugung eine Primärenergieeinsparung bringt
  - ☐ Anschluss an ein Nah- oder Fernwärmenetz, das entsprechend den Anforderungen des EEWärmeG aus erneuerbarer Energie, Abwärme oder Kraft-Wärme-Kopplung gespeist wird
  - ☐ Verbesserung des Wärmeschutzes, um die Anforderung der geltenden Energieeinsparverordnung um mindestens 15 % überzuerfüllen

Erläuterungen und Tipps siehe Seite E 41

3.10 Luftdichtheitsprüfung

- ☐ ja, wird durchgeführt nach Abschluss der Installationsarbeiten
  - ☐ maximale Luftwechselrate bei 50 Pascal Druckdifferenz ___ , ___ Luftwechsel pro Stunde
  - ☐ Sichtkontrolle durch einen unabhängigen Sachverständigen nach Abschluss der Installationen
- ☐ nein, wird nicht durchgeführt

3.11 Schallschutz

Erläuterungen und Tipps siehe Seite E 43

☐ Der Schallschutz der Aufenthaltsräume und Bäder über 8 m² Grundfläche gegen Schall aus benachbarten Wohneinheiten genügt

- ☐ Schallschutzstufe SSt III der VDI 4100:2012-10
- ☐ Schallschutzstufe SSt II der VDI 4100:2012-10
- ☐ Schallschutzstufe SSt I der VDI 4100:2012-10

☐ Abweichend hiervon genügt Schallschutz des Raumes/der Räume (Raum Nr./Grundrissbezeichnung)

__ / __ ________________ Schallschutzstufe SSt __

__ / __ ________________ Schallschutzstufe SSt __

☐ Auch für folgenden Nicht-Aufenthaltsraum wird Schallschutz vereinbart (Raum Nr./Grundrissbezeichnung)

__ / __ ________________ Schallschutzstufe SSt __

☐ Im eigenen Wohnbereich gilt zusätzlich ein „Verbesserter Schallschutz"

- ☐ nach Schallschutzstufe SSt EB I der VDI 4100:2012-10
- ☐ nach Schallschutzstufe SSt EB II der VDI 4100:2012-10

☐ Abweichend hiervon wird ein „Verbesserter Schallschutz" im eigenen Bereich nach VDI 4100:2012-10 nur für folgende Räume vereinbart: (Raum Nr./Grundrissbezeichnung, nur Stufe I oder II möglich)

__ / __ ________________ Schallschutzstufe SSt EB __

__ / __ ________________ Schallschutzstufe SSt EB __

__ / __ ________________ Schallschutzstufe SSt EB __

☐ Der Außenlärmschutz des Hauses ist ausreichend für

Lärmpegelbereich __ nach DIN 4109

☐ Die Einhaltung des vereinbarten Schallschutzes wird durch Messprotokoll eines unabhängigen Gutachters vor Bauabnahme/Übergabe nachgewiesen.

3.12 Brandschutz

Über baurechtliche Mindestanforderungen hinausgehende Brandschutzmaßnahmen

☐ sind vorgesehen. Im Einzelnen sind das:

____

____

☐ sind nicht vorgesehen

☐ Rauchmelder werden eingebaut

Erläuterungen und Tipps siehe Seite E 46

Der Brandschutz der Bauteile genügt wenigstens den folgenden Mindestanforderungen:

Gebäude Bauteile	Freistehende Wohngebäude mit nicht mehr als einer Wohnung	Wohngebäude geringerer Höhe mit nicht mehr als zwei Wohnungen	Gebäude geringerer Höhe (kein Fußboden eines Aufenthalts-raums über 7 m)	Gebäude mittlerer Höhe (›7 m–22 m) und Hochhäuser
Tragende und aussteifende Wände Pfeiler und Stützen	keine	F 30-B	F 30-B	F 90-AB
Wie vor, jedoch in Kellergeschossen	keine	F 30-AB	F 90-AB	F 90-AB
Wie vor, jedoch in Geschossen im Dachraum, über denen Aufenthaltsräume möglich sind	keine	F 30-B	F 30-B	F 90-B
Nichttragende Außenwände, nichttragende Teile von Außenwänden	keine	keine	keine	A oder F 30
Oberflächen von Außenwänden, Außenwandbekleidungen und Dämmstoffe in Außenwänden	B 2	B 2	B 2	B 1
Trennwände	–	F 30-B	F 30-B	F 90-AB
Wie vor, jedoch in obersten Geschossen von Dachräumen	–	F 30-B	F 30-B	F 90-B
Gebäudeabschlusswände	–	F 90-AB	Brandwand	Brandwand
Gebäudetrennwände	–	F 90-AB	Brandwand	Brandwand
Decken	keine	F 30-B	F 30-B	F 90-AB
Decken über Kellergeschossen	keine	F 30-B	F 90-AB	F 90-AB
Decken im Dachraum, über denen Aufenthaltsräume möglich sind	keine	F 30-B	F 30-B	F 90-B

 Datum: __________ Auftraggeber: __________ Auftragnehmer: __________

4

Angaben zum Gebäude im Einzelnen

4 Angaben zum Gebäude im Einzelnen

4.1 Ausführung ohne Keller

Erläuterungen und Tipps siehe Seite E 52

4.1.1 Fundamente/Bodenplatte/Sockel

- ☐ Sauberkeitsschicht unter der Bodenplatte
- ☐ Streifenfundamente/Frostschürzen
- ☐ Fundamenterder
- ☐ Bodenplatte mit Abdichtung der Oberseite nach DIN 18195 (Bitumenschweißbahn o. gleichwertig)
- ☐ Bitumenverträgliche Horizontalsperre mit beiderseitiger Breitenzugabe nach DIN 18195
- ☐ Entwässerungsleitungen werden 1 m über die Bodenplatte hinausgeführt zum weiteren Anschluss durch den Bauherrn
- ☐ Entwässerungsleitungen werden an die Übergabeschächte an der Grundstücksgrenze angeschlossen
- ☐ Revisionsschacht, inkl. Abdeckung u. Rückstausicherung
  - ☐ für Schmutzwasser Größe L/B/T = ____ / ____ / ____ cm
  - ☐ für Regenwasser Größe L/B/T = ____ / ____ / ____ cm
  - ☐ oder Regenwasserversickerung auf dem eigenen Grundstück
- ☐ Einführungen für Hausanschlüsse sind vorgesehen (Leerrohre/Aussparung in der Bodenplatte/Abdichtung durch ______________________)

Ausdrücklicher Schutz vor Oberflächenwasser z. B. auch an Lichtschächten, Kelleraußentreppen

- ☐ Schutz gegen eindringendes Oberflächenwasser bis mind. 15 cm über fertiger Geländeoberfläche
- ☐ Wärmedämmung der Bodenplatte
  - ☐ über der Bodenplatte
  - ☐ unter der Bodenplatte

  Besondere Festlegungen:

  Material: ______________________ Dicke: ____ cm

  Wärmeleitfähigkeitsgruppe, WLG ____

Sockelausführung

- ☐ Abdichtung durch ______________________

  Sockelhöhe (sofern sichtbarer Sockel vorhanden) ____ cm
  - ☐ Sockelabdichtung nach DIN 18195

4.2 Ausführung mit Keller

4.2.1 Ausbaustufen und Nutzung des Kellers

Erläuterungen und Tipps siehe Seite E 54

- ☐ Rohbaukeller
- ☐ Ausbaukeller
- ☐ Bausatzkeller
- ☐ Schlüsselfertiger Keller
- ☐ Ausbauhöhe (lichtes Fertigmaß) des Kellers beträgt ___ , ___ m

Der Keller ist

- ☐ nicht beheizbar
- ☐ beheizbar in den Räumen (Raum Nr./Grundrissbezeichnung)

___ / ___ ______________________

___ / ___ ______________________

___ / ___ ______________________

- ☐ vollständig beheizbar
- ☐ Keller in der Energiebedarfsberechnung berücksichtigt

Der Keller wird

- ☐ nicht
- ☐ zeitweise
- ☐ dauerhaft

zum Wohnen genutzt. (Sofern die Räume unterschiedlich genutzt werden, sind sie im Grundriss beschrieben.)

4.2.2 Boden- und Grundwasserverhältnisse

Erläuterungen und Tipps siehe Seite E 54

- ☐ kein Bodengutachten
- ☐ Bodengutachten liegt vor

Ergebnis des Bodengutachtens – Abdichtung erforderlich gegen:

- ☐ Bodenfeuchtigkeit und nicht stauendes Sickerwasser
- ☐ aufstauendes Sickerwasser
- ☐ drückendes Wasser

maximaler Grundwasserstand auf einer Höhe von ___ , ___ m unter vorhandenem Gelände

- ☐ es ist mit Schichtenwasser zu rechnen

vorhandener Boden besteht aus:

- ☐ durchlässigem Boden
- ☐ bindigem Boden

Dränage ist

- ☐ nicht notwendig
- ☐ wird empfohlen
- ☐ ist erforderlich

Erläuterungen und Tipps siehe Seite E 56

4.2.3 Kelleraußenbauteile

Abdichtung der Außenbauteile für folgende Lastfälle nach DIN 18195 entsprechend Bodengutachten:

- ☐ Abdichtung gegen Bodenfeuchtigkeit und nicht stauendes Sickerwasser
- ☐ Abdichtung gegen aufstauendes Sickerwasser
- ☐ Abdichtung gegen drückendes Wasser

Kellerbodenplatte:

- ☐ Sauberkeitsschicht unter der Bodenplatte
- ☐ Streifenfundamente/Frostschürzen
- ☐ Bodenplatte mit Abdichtung der Oberseite nach DIN 18195 (Bitumenschweißbahn oder gleichwertig)
- ☐ Bitumenverträgliche Horizontalsperre mit beiderseitiger Breitenzugabe nach DIN 18195
- ☐ Material Bodenplatte ____________________

  Dicke d = ___ , ___ cm

Kelleraußenwände:

Wanddicke d = ___ , ___ cm

- ☐ Ortbeton
- ☐ Betonfertigteile
- ☐ Schalelemente
- ☐ Mauerwerk aus (Material): ____________________
- ☐ Sonstiges: ____________________

Abdichtung der Außenwände:

- ☐ Bitumendickbeschichtung
- ☐ Bitumenschweißbahn
- ☐ Weiße Wanne entsprechend der Richtlinie „Wasserundurchlässige Bauwerke aus Beton“ des DAfStb
  - ☐ komplett
  - ☐ bis zu einer Höhe von ______ cm
  - ☐ oder ____________________
- ☐ Sonstiges: ____________________

 Datum: __________ Auftraggeber: __________ Auftragnehmer: __________

- ☐ zusätzliche Diffusionssperre auf der Außenwand mit
  - ☐ Bitumendickbeschichtung
  - ☐ Bitumenschweißbahn
  - ☐ Sonstiges: ______________________

- ☐ Anfüllschutz

  Eventuelle Kosten für eine Wasserhaltung der Baugrube
  - ☐ übernimmt der Auftragnehmer
  - ☐ übernimmt der Auftraggeber bis zu einer Höhe von ______ €

- ☐ Wärmedämmung der Kellerbodenplatte
  - ☐ unter
  - ☐ über der Bodenplatte

  Besondere Festlegungen:

  Material: ______________________ Dicke: ______ cm

  Wärmeleitfähigkeitsgruppe, WLG = ______

- ☐ Wärmedämmung der Kelleraußenwände
  - ☐ innen
  - ☐ außen

  Besondere Festlegungen:

  Material: ______________________ Dicke: ______ cm

  Wärmeleitfähigkeitsgruppe, WLG = ______

- ☐ Wärmedämmstein (Übergang Bodenplatte – Wände)

  aus (Material): ______________________

Sockelausbildung

- ☐ Ausführung wie Außenwand Keller
- ☐ sonstige Ausführung: ______________________

  Sockelhöhe (sofern sichtbarer Sockel vorhanden) ______ cm

- ☐ Sockelabdichtung nach DIN 18195

Sonstiges

- ☐ Fundamenterder
- ☐ Einführungen für Hausanschlüsse sind vorgesehen (Leerrohre/Aussparung in der Bodenplatte oder Außenwand/Abdichtung

  durch ______________________

  ______________________)

- ☐ Revisionsschacht, inkl. Abdeckung und Rückstausicherung
  - ☐ für Schmutzwasser Größe L/B/T = ____ / ____ / ____ cm
  - ☐ für Regenwasser Größe L/B/T = ____ / ____ / ____ cm
  - ☐ oder Regenwasserversickerung auf dem eigenen Grundstück
- ☐ Entwässerungsleitungen werden 1 m über die Bodenplatte hinausgeführt zum weiteren Anschluss durch den Bauherrn
- ☐ Entwässerungsleitungen werden an die Übergabeschächte an der Grundstücksgrenze angeschlossen

Erläuterungen und Tipps siehe Seite E 59

4.2.4 Dränage

- ☐ Ringdränage nach DIN 4095
  - ☐ Spülrohre nach DIN 4095 Anzahl ____
  - ☐ Spülschächte nach DIN 4095 Anzahl ____
- ☐ Flächendränage
  - ☐ Dränplatten, Material aus: ____ Dicke: ____ cm
  - ☐ Auffangschächte, aus: ____ Anzahl ____

Einleitung des Dränagewassers in ____

Erläuterungen und Tipps siehe Seite E 60

4.2.5 Bodenaushub und Verfüllung der Baugrube

- ☐ Baugrube wird mit vorhandenem Material verfüllt (ohne weitere Kosten)
- ☐ Baugrube wird mit Kies/Sand verfüllt
  - ☐ keine weiteren Kosten

  oder

  - ☐ ____ € pauschal

  oder

  - ☐ ____ €/m³
- ☐ Material wird lagenweise verdichtet
- ☐ überflüssiges Material wird entsorgt
  - ☐ keine weiteren Kosten

  oder

  - ☐ ____ € pauschal

  oder

  - ☐ ____ €/m³

4.2.6 Kellerinnenwände

Material: ______ Wanddicke: __ , __ cm

Material: ______ Wanddicke: __ , __ cm

Erläuterungen und Tipps siehe Seite E 61

4.2.7 Kellerfußboden

- ☐ Abdichtung des Kellerfußbodens auf der Oberseite nach DIN 18195
- ☐ Wärmedämmung, Dicke d = __ cm

  Wärmeleitfähigkeitsgruppe, WLG= ___
  - ☐ als schwimmender Estrich
  - ☐ unter der Bodenplatte
- ☐ Zementestrich
- ☐ Gussasphalt

Dicke des Estrichs d = __ mm

Verlegung
- ☐ als Verbundestrich
- ☐ auf Trennlage
- ☐ schwimmende Verlegung

Bodenbelag im Keller
- ☐ kein Bodenbelag
- ☐ Bodenbelag (Material) ______

  in folgenden Kellerräumen (Raum Nr./Grundrissbezeichnung):

  __ / __ ______

  __ / __ ______

  __ / __ ______

Erläuterungen und Tipps siehe Seite E 61

4.2.8 Decke über Kellergeschoss

Stahlbeton als
- ☐ Ortbeton
- ☐ Betonfertigteile

Wärmedämmung der Kellerdecke
- ☐ oberhalb
- ☐ unterhalb der Decke

Material: ______

Wärmeleitfähigkeitsgruppe, WLG = ___

Dicke d = __ cm

Erläuterungen und Tipps siehe Seite E 62

4.2.9 Kellerausbau und -ausstattung

Erläuterungen und Tipps siehe Seite E 62

Innenputz

	Kellerwände	Kellerdecken
unverputzt	☐	☐
Fugenglattstrich	☐	
gespachtelt	☐	☐
Wischputz	☐	
Gipsputz	☐	☐
Kalkzementputz	☐	☐
Sonstiges	______	______
	______	______

Davon abweichend in folgenden Räumen (Raum Nr./Grundrissbezeichnung):

___ / ___ ______________________

___ / ___ ______________________

Erläuterungen und Tipps siehe Seite E 62

Malerarbeiten

Malerarbeiten in folgenden Kellerräumen (Raum Nr./Grundrissbezeichnung):

___ / ___ ______________________

___ / ___ ______________________

Wandflächen:

☐ tapeziert

☐ nur Anstrich (Anstrichtyp/ggf. Hersteller/Bezeichnung/Farbton/Sonstiges)

____

____

Deckenflächen:

☐ tapeziert

☐ nur Anstrich (Anstrichtyp/ggf. Hersteller/Bezeichnung/Farbton/Sonstiges)

____

____

Erläuterungen und Tipps siehe Seite E 63

Kellerfenster

☐ Kunststofffenster

☐ Holzfenster

☐ verzinkte Stahlkellerfenster

☐ Einfachverglasung

☐ in beheizbaren Räumen Wärmeschutzverglasung

U_g (Glas) ___ , ___ W/m²K

U_W (Rahmen und Verglasung) ___ , ___ W/m²K

- ☐ Schallschutzklasse ___
- ☐ Einbruchschutz Widerstandsklasse RC ___

Hinweis: *Die Größe der Fenster (Breite/Höhe) sollte in den Grundrissen angegeben sein.*

Lichtschächte

Erläuterungen und Tipps siehe Seite E 63

- ☐ Kunststofflichtschächte
- ☐ Beton-Lichtschächte
- ☐ Mauerwerks-Lichtschächte
- ☐ Rostabdeckung mit Sicherung
- ☐ Entwässerungsanschluss

Kellertüren

Erläuterungen und Tipps siehe Seite E 64

Kelleraußentür

- ☐ siehe Bemusterung lt. Anlage

Material

- ☐ Holz, Holzart: ______
- ☐ Kunststoff
- ☐ Stahl
- ☐ Aluminium
- ☐ Sonstiges: ______

Oberflächenbehandlung mit ______

- ☐ Gesamt U-Wert (Rahmen u. Verglasung) = ___ , ___ W/m²K
- ☐ Schallschutzklasse ___
- ☐ Gütezeichen: ______
- ☐ Hersteller: ______
- ☐ Lichtausschnitt Größe B/H: ___ / ___ cm
- ☐ Beschläge: Hersteller: ______
- ☐ Einbruchschutz, Widerstandsklasse RC ___

Kellerinnentür

Türblatt

Hersteller: ______

Material

- ☐ Massivholz, Holzart ____________________

  Oberflächenbehandlung mit ____________________

- ☐ Röhrenspanplattenkern
- ☐ Röhrenspanstreifen
- ☐ Waben-Einlage
- ☐ Stahl

Oberfläche

- ☐ Holzfurnier, Holzart: ____________________
- ☐ Kunststoffdekor, Farbe: ____________________
- ☐ Lack, Farbe: ____________________
- ☐ siehe Bemusterung lt. Anlage

Besonderheiten:

- ☐ Glasausschnitte
- ☐ Bogenelemente
- ☐ Sonstiges: ____________________
- ☐ Türblätter mit besonderen Eigenschaften (Klimaklasse/ Beanspruchungsgruppe) in folgenden Räumen:

  ____

  ____

Zarge

- ☐ Eckzarge
- ☐ Umfassungszarge
- ☐ Blockzarge

Material:

- ☐ Massivholz
- ☐ Holzwerkstoff
- ☐ Stahl
- ☐ Sonstiges: ____________________
- ☐ siehe Bemusterung lt. Anlage

Beschläge

Drückergarnituren

Hersteller: ____________________

Modell: ____________________

- ☐ siehe Bemusterung lt. Anlage

Kelleraußentreppen

Erläuterungen und Tipps siehe Seite E 64

- [ ] Stahlbeton
- [ ] Sonstiges: ______

Umfassungsmauer

- [ ] Stahlbeton
- [ ] Sonstiges: ______

Stufenbelag/Trittstufen

- [ ] Fliesen (Materialpreis) ___ , ___ €/m², Größe: ___ x ___ cm
  - [ ] Abriebgruppe: ___
- [ ] Natursteinmaterial (Materialpreis) ___ , ___ €/m²,
  Größe: ___ x ___ cm
- [ ] sonstiger Belag: ______
- [ ] Treppengeländer aus (Material): ______
  - [ ] Oberflächenbehandlung: ______
  - [ ] Handlauf aus (Material): ______
- [ ] Rückstausicherung

Kellerinnentreppen

Erläuterungen und Tipps siehe Seite E 65

- [ ] siehe Bemusterung lt. Anlage

Konstruktion

- [ ] Stahlbeton
- [ ] Stahl-Holz-Konstruktion
- [ ] Holz

Stufenbelag/Trittstufen

- [ ] Fliesen (Materialpreis) ___ , ___ €/m², Größe: ___ x ___ cm
  - [ ] Abriebgruppe: ___
- [ ] Natursteinmaterial (Materialpreis) ___ , ___ €/m²,
  Größe: ___ x ___ cm
- [ ] Holzstufen: ______
  - [ ] mit Setzstufen (geschlossene Treppe)
  - [ ] ohne Setzstufen (offene Treppe)

Treppengeländer aus (Material): ______

- [ ] Oberflächenbehandlung: ______
- [ ] Handlauf aus (Material): ______

Erläuterungen und Tipps siehe Seite E 65

Allgemeine Elektroinstallation im Keller

Elektroinstallation ab Hausanschlusskasten im Festpreis enthalten

- ☐ ja
- ☐ nein

Verteilerschrank

Aufstellungsraum: ____________________

Anzahl der Zählerfelder: ___

- ☐ Unterputz
- ☐ Aufputz

Anzahl der Stromkreise: ___

Leitungen:

- ☐ Aufputz in folgenden Räumen ____________________
- ☐ Unterputz in folgenden Räumen ____________________
  - ☐ in Leerrohr

Elektroinstallation in den Kellerräumen

Raum ____________________ (im Grundriss bezeichnet als Nr. ___)

Anzahl Lichtauslässe mit Schalter und Feuchtraumlampe: ___ Stück

Anzahl Einzelsteckdosen: ___ Stück

Anzahl Zweifachsteckdosen: ___ Stück

Raum ____________________ (im Grundriss bezeichnet als Nr. ___)

Anzahl Lichtauslässe mit Schalter und Feuchtraumlampe: ___ Stück

Anzahl Einzelsteckdosen: ___ Stück

Anzahl Zweifachsteckdosen: ___ Stück

Raum ____________________ (im Grundriss bezeichnet als Nr. ___)

Anzahl Lichtauslässe mit Schalter und Feuchtraumlampe: ___ Stück

Anzahl Einzelsteckdosen: ___ Stück

Anzahl Zweifachsteckdosen: ___ Stück

Raum ____________________ (im Grundriss bezeichnet als Nr. ___)

Anzahl Lichtauslässe mit Schalter und Feuchtraumlampe: ___ Stück

Anzahl Einzelsteckdosen: ___ Stück

Anzahl Zweifachsteckdosen: ___ Stück

Schalter und Steckdosen:

Hersteller: ______________________________

Modell: ______________________________

☐ Anordnung der Steckdosen in Absprache mit dem Bauherrn

Kosten für zusätzliche Steckdosen:

Unterputz: ___ , ___ €/Stück

Aufputz: ___ , ___ €/Stück

☐ Waschmaschinenanschluss
☐ Wäschetrockneranschluss
☐ Drehstromanschluss

☐ Sonstiges: ______________________________

Sanitärinstallation im Keller

Erläuterungen und Tipps siehe Seite E 66

Sanitärinstallation ab Hausanschluss (Hauptabsperrventil) im Festpreis enthalten:
☐ ja
☐ nein

Warm- und Kaltwasserleitungen aus (Material): ______________________________

Ummantelung aus (Material): ______________________________

Die Entwässerungsleitungen werden
☐ 1 m aus dem Haus herausgeführt
☐ am Übergabepunkt der öffentlichen Wasserentsorgung angeschlossen

Rückstausicherung durch:
☐ Hebeanlage
☐ Rückstauverschluss

Ausstattung
☐ Kaltwasserzapfstelle
☐ Kalt- und Warmwasserzapfstelle
☐ Waschmaschinenanschluss
☐ Waschmaschinenablauf
☐ Ausgussbecken
☐ Bodeneinlauf

4.3 Erd-, Ober- und Dachgeschoss

Erläuterungen und Tipps siehe Seite E 67

4.3.1 Außenwände

Konstruktion

Dicke der gesamten Außenwandkonstruktion d = ___ , ___ cm

☐ Massivbauweise ☐ einschalig ☐ zweischalig

- ☐ Mauerwerk (Material): ______
- ☐ Leichtbetonfertigteile: ______
- ☐ Schalungssteine (Material): ______
- ☐ Sonstiges: ______
- ☐ Wärmedämmstein (Übergang Bodenplatte – Wände) aus (Material): ______

☐ Holztafelbauweise

☐ Holzrahmenbauweise

☐ Blockbauweise

☐ Verkleidung Außenseite (Beplankung) Material: ______

Dicke d = ___ , ___ cm, Anzahl der Lagen: ___

☐ Installationsebene zwischen Dampfdiffusionsbremse und innerer Verkleidung, Tiefe d = ___ , ___ cm

☐ Dampfdiffusionsbremse, Material: ______

☐ Verkleidung Innenseite (Beplankung) Material: ______

Dicke d = ___ , ___ cm, Anzahl der Lagen: ___

Außenwandaufbau 1 von außen nach innen:

1. ______
2. ______
3. ______
4. ______
5. ______
6. ______
7. ______
8. ______

Außenwandaufbau 2 von außen nach innen:

1. ______
2. ______
3. ______
4. ______
5. ______
6. ______
7. ______
8. ______

Außenwandaufbau 3 von außen nach innen:

1. ______
2. ______
3. ______
4. ______
5. ______
6. ______
7. ______
8. ______

Wärmedämmung

☐ als monolithisches Mauerwerk

Material: ______

Dicke d = ___ , ___ cm, Lambda = ___ , ___ W/m²K

☐ als Kerndämmung bei Verblendmauerwerk

Material: ______

Dicke d = ___ , ___ cm, Wärmeleitfähigkeitsgruppe, WLG = ______

☐ als Kerndämmung bei Holztafelwänden

Material: ______

Dicke d = ___ , ___ cm, Wärmeleitfähigkeitsgruppe, WLG = ______

☐ als Wärmedämmverbundsystem

Material: ______

Dicke d = ___ , ___ cm, Wärmeleitfähigkeitsgruppe, WLG = ______

Erläuterungen und Tipps siehe Seite E 72

☐ Sonstiges: ______

Material: ______

Dicke d = ___,___ cm, Wärmeleitfähigkeitsgruppe, WLG = ______

Erläuterungen und Tipps siehe Seite E 72

Fassade

☐ Putzfassade
- ☐ mineralischer Putz
- ☐ Kunstharzputz

☐ Außenwandbekleidung aus (Material): ______

______

☐ Verblendsteine
- ☐ mit Hinterlüftung
- ☐ ohne Hinterlüftung

Hersteller: ______

Sorte: ______

Preis: ______,___ €/1.000 Stück

☐ Holzverkleidung, Holzart: ______

Holzdicke: ______ mm

☐ andere Konstruktion: ______

☐ Außenanstrich

Material: ______ Farbton: ______

Erläuterungen und Tipps siehe Seite E 74

4.3.2 Wohnungs- und Gebäudetrennwände

Die Vereinbarung des Schallschutzes erfolgt in 3.11 und betrifft alle Aufenthaltsräume.

☐ Massive Wohnungs-/Gebäudetrennwand

Wandbaustoff: ______
- ☐ einschalig
- ☐ zweischalig

durchlaufende Schalltrennfuge
- ☐ im Erdgeschoss und den Obergeschossen inkl. Dachhaut
- ☐ im Kellergeschoss
- ☐ in Fundament/Bodenplatte

mit Schallschutzmatte, Dicke d = ___,___ cm

☐ sonstige Trennwandkonstruktion

4.3.3 Innenwände im Erd-, Ober- und Dachgeschoss

Erläuterungen und Tipps siehe Seite E 75

- ☐ Massivwände
  - ☐ Leichtbeton
  - ☐ Mauerwerk (Material): ______
  - ☐ Sonstiges: ______
- ☐ Leichtbauwände
  - ☐ Leichtmauerwerk (Material): ______
  - ☐ Holz oder Metallständerwände mit Gipsbauplatten beplankt, Zwischenraum mit Hohlraumdämpfung
- ☐ sonstige Wandkonstruktion: ______

4.3.4 Decken

Erläuterungen und Tipps siehe Seite E 75

- ☐ Betondecke über
  - ☐ EG
  - ☐ OG
  - ☐ DG

  als
  - ☐ Ortbetondecke
  - ☐ Betonfertigteildecke
    - ☐ Fugen an der Deckenunterseite gespachtelt, Oberfläche tapezierfertig
- ☐ Holzbalkendecke über
  - ☐ EG
  - ☐ OG
  - ☐ DG

  mit
  - ☐ Hohlraumdämpfung/Wärmedämmung
  - ☐ Unterseite
    - ☐ nicht verkleidet
    - ☐ verkleidet
    - ☐ federnd abgehängt
  - ☐ Oberseite mit Holzwerkstoffplatten
    - ☐ vollflächig
    - ☐ Laufsteg Breite ____ cm
  - ☐ Sonstiges: ______
- ☐ sonstige Konstruktion: ______

Erläuterungen und Tipps siehe Seite E 76

4.3.5 Estrich

Estrich im

- ☐ EG
- ☐ OG
- ☐ DG
- ☐ Spitzboden

Estrichdicke d = ____ mm

- ☐ Zementestrich
- ☐ Anhydritestrich
- ☐ Gussasphalt
- ☐ Trockenestrich aus (Material): ____________________
- ☐ Sonstiges: ____________________
- ☐ schwimmende Verlegung

Wärme-/Trittschalldämmung

Material: ____________________

Wärmeleitfähigkeitsgruppe, WLG = ____

Dicke d = ____ mm

- ☐ Fußbodenbelag im Spitzboden
  - ☐ nur Laufzone belegt Breite ____ cm
  - ☐ komplett
    - ☐ mit Spanplatte
    - ☐ OSB-Platte
    - ☐ Rauspund

Erläuterungen und Tipps siehe Seite E 77

4.3.6 Balkone und Dachterrassen

- ☐ Balkon
- ☐ Loggia
- ☐ Dachterrasse

Konstruktion:

- ☐ aus Stahlbeton, thermisch getrennt
- ☐ Holzkonstruktion aus (Holzart): ____________________
- ☐ Metallkonstruktion aus: ____________________
- ☐ Sonstiges: ____________________
- ☐ vorgesetzte Balkonkonstruktion: ____________________

Abdichtung aus:

- ☐ Bitumen
- ☐ Kunststoff/Kautschuk
- ☐ Sonstiges: ______

Fußboden

- ☐ Estrich
- ☐ Gefällebeton/Gefälleestrich

Bodenbelag aus (Material): ______

Sonstiges: ______

Balkon-/Terrassengeländer aus:

Material: ______

Oberflächenbehandlung mit: ______

4.3.7 Dach

Erläuterungen und Tipps siehe Seite E 78

Dachkonstruktion

- ☐ Flachdach
- ☐ Satteldach
- ☐ Walmdach
- ☐ Pultdach
- ☐ Krüppelwalm
- ☐ Mansarddach
- ☐ Zeltdach
- ☐ Dachgauben lt. Zeichnung
  - ☐ Material Gaubendeckung: ______
  - ☐ Material Gaubenfront und Gaubenwangen: ______
  - ☐ Dämmstärke: ___ cm

    Wärmeleitfähigkeitsgruppe, WLG = ___
- ☐ Dachneigung: ___ Grad
- ☐ Holzsparrendach
- ☐ Holzpfettendach
- ☐ massive Konstruktion, Material: ______
- ☐ sonstige Konstruktion: ______

Chemischer Holzschutz

- [ ] erforderlich
- [ ] nicht erforderlich

Erläuterungen und Tipps siehe Seite E 79

Dachdeckung

Material (Die Materialwahl berücksichtigt ggf. die örtliche Gestaltungssatzung):

- [ ] Betondachstein
- [ ] Tondachziegel
- [ ] Sonstiges: ____________________

Hersteller: ____________________

Bezeichnung: ____________________

Farbe: ____________________

- [ ] Ortgangstein/-ziegel
- [ ] Lüftungssteine/-ziegel, Anzahl ____
- [ ] sonstige Sondersteine
- [ ] sonstiges Deckmaterial: ____________________

- [ ] Traufkasten verkleidet
- [ ] Traufe mit sichtbaren Sparren und Schalung
- [ ] Ortgangschalung
- [ ] Holzteile gestrichen
  - [ ] mit Lasur
  - [ ] deckend lackiert (ein Voranstrich, zwei Endanstriche)

Erläuterungen und Tipps siehe Seite E 80

Unterdach/Unterspannbahn
(zweite wasserführende Schicht)

- [ ] Unterdach

  Material: ____________________ Dicke d = ____ mm

  Hersteller: ____________________

- [ ] Diffusionsoffene Unterspannbahn

Bei Flachdach Abdichtung aus:

- [ ] Bitumen
- [ ] Kunststoff
- [ ] Sonstiges: ____________________

Erläuterungen und Tipps siehe Seite E 80

Dachdämmung

- [ ] Aufsparrendämmung
- [ ] Zwischensparrendämmung
- [ ] Untersparrendämmung

Material: ____________ Dicke d = ___ cm

Wärmeleitfähigkeitsgruppe, WLG = ___

Material: ____________ Dicke d = ___ cm

Wärmeleitfähigkeitsgruppe, WLG = ___

Dampfbremse

Erläuterungen und Tipps siehe Seite E 81

- ☐ Dampfbremse, Material: ____________
- ☐ Verkleben der Fugen, Material: ____________
- ☐ Anschluss an andere Bauteile, Material ____________

Raumseitige Innenverkleidung

Erläuterungen und Tipps siehe Seite E 82

Innenverkleidung

Material: ____________ Dicke d = ___ mm

- ☐ Fugen verspachtelt
- ☐ Anschlüsse dauerelastisch verfugt

bei Spanplatten Emissionsklasse E = ___

sonstiger Dachaufbau: ____________

Installationsebene zwischen Dampfbremse und innerer Verkleidung,

Tiefe d = ___ mm

Dachzubehör

Erläuterungen und Tipps siehe Seite E 83

- ☐ Schneefanggitter
- ☐ Dachausstieg
- ☐ Leiterhaken, Anzahl ___ Stück
- ☐ Sicherheits-Laufrost
- ☐ Sicherheitstritt, Anzahl ___ Stück
- ☐ Blitzableiter
- ☐ Vorrichtungen zur nachträglichen Montage von Solarkollektoren
- ☐ sonstiges Dachzubehör: ____________

Dachentwässerung und Dachanschlüsse

Erläuterungen und Tipps siehe Seite E 83

Material:

- ☐ Zinkblech
- ☐ Kupferblech
- ☐ Kunststoff
- ☐ Sonstiges: ____________
- ☐ Standrohr (Material): ____________
- ☐ Anschluss an die Grundleitung

Erläuterungen und Tipps siehe Seite E 83

Blitzschutz

- ☐ äußeres Blitzschutzsystem
  - ☐ Fangleitungen
  - ☐ Ableiter
  - ☐ Anschluss an Erder
- ☐ innerer Blitzschutz
  - ☐ Potentialausgleich
  - ☐ Überspannungsschutz
    - ☐ Grobschutz
    - ☐ Mittelschutz
    - ☐ Feinschutz

4.3.8 Fenster

Erläuterungen und Tipps siehe Seite E 85

Dachflächenfenster

Material: ____________________

Verglasung: ____________________

U_W (Rahmen und Verglasung) = ___ , ___ W/m²K

Farbe: ____________________

Öffnungsart, Drehpunkt: ____________________

Größe: ____________________

Hersteller: ____________________

Modell: ____________________

Erläuterungen und Tipps siehe Seite E 85

Sonnenschutz der Dachflächenfenster

- ☐ Außenrollläden
- ☐ Außenmarkisen
  - ☐ manuelle Bedienung
  - ☐ elektrische Bedienung
  - ☐ solare Bedienung
    - ☐ Fernbedienung
    - ☐ Regensensor
- ☐ innen liegende Jalousien
- ☐ sonstiger Sonnenschutz: ____________________

 Datum: ________ Auftraggeber: ____________ Auftragnehmer: ____________

Fenster im Erd- und Obergeschoss

Wärmedurchgangskoeffizient U_W- (Rahmen und Verglasung) = , W/m²K

Einbruchsschutz, Widerstandsklasse RC

Gütezeichen: ______

Hersteller: ______

Typ: ______

Farbe: ______

Erläuterungen und Tipps siehe Seite E 85

Fenstereinbau

Blendrahmenbefestigung mit Hilfe von: ______

Fugenfüllung mit (Material): ______

Abdichtungsart Innen: ______

Abdichtungsart Außen: ______

Erläuterungen und Tipps siehe Seite E 86

Material der Fensterrahmen und -flügel

- ☐ Holz, Holzart: ______
- ☐ Kunststoff (Art) ______
- ☐ Aluminium, thermisch getrennt
- ☐ Holz-Aluminium-Verbund
- ☐ Sonstige: ______

Erläuterungen und Tipps siehe Seite E 86

Öffnungsrichtung und Öffnungsart

- ☐ alle Fenster mit Dreh-/Kippflügeln
- ☐ Öffnungsflügel werden raumweise festgelegt und in den Planzeichnungen dargestellt.

Feststehende Elemente (Anzahl Stück)

Erläuterungen und Tipps siehe Seite E 87

Oberflächenbehandlung

- ☐ gestrichen
- ☐ lasiert
- ☐ lackiert
- ☐ einbrennlackiert
- ☐ farbbeschichtet
- ☐ kunststoffbeschichtet

Erläuterungen und Tipps siehe Seite E 88

Erläuterungen und Tipps siehe Seite E 88

Verglasung

☐ Wärmeschutzverglasung,
U_g-Wert nach DIN oder nach Bundesanzeiger ___ , ___ W/m²K

☐ Schallschutz-Wärmeschutzglas, U_g-Wert ___ , ___ W/m²K,
in den Räumen (Raum Nr./Grundrissbezeichnung)

___ / ___ ______________________________
___ / ___ ______________________________
___ / ___ ______________________________
___ / ___ ______________________________
___ / ___ ______________________________

☐ Sonnenschutz-Wärmeschutzglas, U_g-Wert ___ , ___ W/m²K
Sonnenschutzfaktor F_C, ___ , ___
in den Räumen (Raum Nr./Grundrissbezeichnung)

___ / ___ ______________________________
___ / ___ ______________________________
___ / ___ ______________________________
___ / ___ ______________________________
___ / ___ ______________________________

☐ Angriffhemmendes und Sicherheits-Wärmeschutzglas,
U_g-Wert ___ , ___ W/m²K, in den Räumen
(Raum Nr./Grundrissbezeichnung)

___ / ___ ______________________________
___ / ___ ______________________________
___ / ___ ______________________________
___ / ___ ______________________________
___ / ___ ______________________________

Angriffshemmend nach DIN EN 356: P ___

Sonstige: ______________________________

Beschläge

Erläuterungen und Tipps siehe Seite E 90

Hersteller: ______

Material: ______

Typenbezeichnung: ______

abschließbarer Fenstergriff, in folgenden Räumen (Raum Nr./Grundrissbezeichnung):

/ ______

/ ______

Fenstersprossen

Erläuterungen und Tipps siehe Seite E 90

- ☐ Sprossen im Scheibenzwischenraum
- ☐ Glas teilende Sprossen
- ☐ Vorgesetzter Sprossenrahmen

Fensterbänke

Erläuterungen und Tipps siehe Seite E 91

Innenfensterbänke (Material und Oberfläche): ______

Tiefe: cm

Außenfensterbänke (Material und Oberfläche): ______

- ☐ akustisch entkoppelt

Rollläden, Klappläden, Sonnenschutz

Erläuterungen und Tipps siehe Seite E 91

- ☐ Rollläden, in den Räumen

Rollladenkasten: ☐ außen liegend ☐ wärmegedämmt

Bedienung

- ☐ Aufzugsgurte
- ☐ Handkurbel
- ☐ Elektroantrieb
  - ☐ in der Welle
  - ☐ im Gurtwickler

  Steuerung des Elektroantriebs:
  - ☐ manuell
  - ☐ automatisch
- ☐ sonstige Bedienung

Material

- ☐ Kunststoff
- ☐ Aluminium/Stahl
- ☐ Holz, Holzart: ______

Oberflächenbehandlung mit: ______

- ☐ sonstiges Material: ______

Hersteller/Modell: ______

Einbruchschutz, Widerstandsklasse RC

☐ DG	RC	☐ abschließbar
☐ OG	RC	☐ abschließbar
☐ EG	RC	☐ abschließbar
☐ KG	RC	☐ abschließbar

☐ Klappläden/Schiebeläden

In den Räumen ______

Material: ______

Hersteller/Modell: ______

Bedienung: ______

☐ Außenjalousien

In den Räumen ______

Material: ______

Hersteller/Modell: ______

Bedienung: ______

☐ Markisen

In den Räumen ______

Material: ______

Hersteller/Modell: ______

Bedienung

- ☐ Handkurbel
- ☐ Elektroantrieb

Steuerung des Elektroantriebs:

☐ manuell ☐ automatisch

☐ Sonstige: ______

In den Räumen ______

4.3.9 Außentüren im Erd- und Obergeschoss

Haustür

Wärmeschutz U_W (Rahmen und Verglasung) = ___ , ___ W/m²K

Einbruchsschutz, Widerstandsklasse RC = ___

Gütezeichen: ___

Hersteller: ___

Typ: ___

Farbe: ___

Erläuterungen und Tipps siehe Seite E 92

Material

- ☐ Holz, Holzart ___
- ☐ Kunststoff aus: ___
- ☐ Aluminium, thermisch getrennt
- ☐ Holz-Aluminium
- ☐ Sonstige: ___

Erläuterungen und Tipps siehe Seite E 93

Oberflächenbehandlung

- ☐ gestrichen
- ☐ lasiert
- ☐ lackiert
- ☐ einbrennlackiert
- ☐ farbbeschichtet
- ☐ kunststoffbeschichtet

Erläuterungen und Tipps siehe Seite E 93

Verglasung/Lichtausschnitt

Größe B/H = ___ x ___ cm

- ☐ Wärmeschutzverglasung
- ☐ Schallschutzglas
- ☐ Sonnenschutzglas
- ☐ Angriffhemmendes Glas
- ☐ Sicherheitsglas
- ☐ Sonstige: ___

Wärmeschutz U_g (Verglasung) = ___ , ___ W/m²K

Erläuterungen und Tipps siehe Seite E 93

Erläuterungen und Tipps siehe Seite E 94

Beschläge

☐ Sicherheitsbeschlag mit 3-facher Verriegelung
☐ Sicherheitsbeschlag mit 5-facher Verriegelung

Hersteller: ______________________

Material: ______________________

Typenbezeichnung: ______________________

Erläuterungen und Tipps siehe Seite E 94

Zubehör

☐ Bodendichtung

Hersteller: ______________________

Modell: ______________________

☐ Sonstiges: ______________________

Außennebentür

Abweichungen zur Haustür:

____

____

(Innentüren siehe unter Abschnitt 4.5.8 Seite F 79)

4.3.10 Treppen

Erläuterungen und Tipps siehe Seite E 94

Hauseingangstreppe

Treppenlaufbreite ___ , ___ cm

Steigung ___ , ___ cm

Treppenkonstruktion/Eingangspodest aus:

☐ Stahlbeton
☐ Sonstiges: ______________________

Stufenbelag/Trittstufen/Podestbelag aus:

☐ Fliesen
☐ Naturstein

Abriebgruppe: ___ Sortierung: ______________________

Materialpreis ___ , ___ €/m², Größe: ___ x ___ cm

Treppengeländer aus (Material): ______________________

☐ Oberflächenbehandlung mit: ______

Handlauf aus (Material): ______

☐ zusätzlicher Handlauf aus (Material): ______

Erd- und Obergeschosstreppe

Erläuterungen und Tipps siehe Seite E 95

Treppenlaufbreite ___ , ___ cm

Steigung ___ , ___ cm

Treppenkonstruktion aus:

☐ Stahlbeton

☐ Stahl-Holz-Konstruktion aus: ______

☐ Holzkonstruktion, Holzart ______

- ☐ Eingestemmte Trittstufen
- ☐ Aufgesattelte Trittstufen
- ☐ Treppe mit Setzstufen (geschlossene Treppe)
- ☐ Treppe ohne Setzstufen (offene Treppe)

Stufenbelag/Trittstufen aus: ______

Treppengeländer aus: ______

Oberflächenbehandlung: ______

Handlauf aus (Material und Oberflächenbehandlung):

______

Treppe zum Spitzboden/Nebentreppe

Erläuterungen und Tipps siehe Seite E 95

☐ wie Obergeschosstreppe

☐ Einschubtreppe

- ☐ wärmegedämmt und luftdicht eingebaut

☐ Raumspartreppe

Hersteller/Typ: ______

4.4 Haustechnik

Erläuterungen und Tipps siehe Seite E 96

4.4.1 Elektroarbeiten – Rohinstallation

☐ Stromkreise
für Steckdosen und Beleuchtung Anzahl ____
für Geräte Anzahl ____

☐ Hausanschluss Absicherung: ____ Ampére

☐ Hauptleitung vom Hausanschluss zum Verteilerschrank im Festpreis enthalten

☐ Verteilerschrank sofern nicht schon unter 4.2.9 „Elektroinstallation im Keller“, Seite F 32, eingetragen

Aufstellort: ____

Ausführung:
- ☐ Unterputz
- ☐ Aufputz

Anzahl der Zählerfelder: ____

☐ Getrennte Leitungen und eigener Zählerplatz für separate Wohnung vorgesehen

☐ Stromkreise mit FI-Schutzschalter Anzahl ____

☐ Stromkreise mit Netzfreischaltung Anzahl ____

☐ Stromkreise für Drehstromsteckdose ____ Ampére Anzahl ____

☐ Stromkreis für: ____

Ausführung der Elektroleitungen

☐ in folgenden Räumen Aufputz: ____

☐ in allen übrigen Räumen Unterputz als
- ☐ Stegleitungen
- ☐ Mantelleitungen
- ☐ in Leerrohren

☐ Schwachstromleitungen in Leerrohren

☐ Installations-Bus-System

 Datum: ____ Auftraggeber: ____ Auftragnehmer: ____

Zusätzliche Anschlüsse bzw. Leerrohr

Anschluss ______ ☐ Leerrohr für Kabelfernsehen

Anschluss ______ ☐ Leerrohr für Satellitenanlage

Anschluss ______ ☐ Leerrohr für Telefon

Anschluss ______ ☐ Leerrohr für EDV-Anlage Anzahl: ___

Anschluss ______ ☐ Leerrohr/Unterputzdose für Rollladen-/ Markisenmotor Anzahl: ___

Anschluss ______ ☐ Leerrohr für Anlage zur solaren Wärmeerzeugung (Fühlerkabel)

☐ Leerrohr für Anschluss- und Steuerleitung einer Fotovoltaik-Anlage

4.4.2 Stromerzeugung mit Fotovoltaikanlage

Erläuterungen und Tipps siehe Seite E 98

☐ Fotovoltaikanlage: nur Anschluss- und Steuerleitung verlegen

☐ Fotovoltaik-Module:

Hersteller: ______

Typ: ______

Bauart/Wirkungsgrad: ______

wirksame Fläche: ___ m²

Leistung: ___ Wp

4.4.3 Heizungsinstallation

Erläuterungen und Tipps siehe Seite E 98

Raumtemperatur

Die Heizungsanlage ist für folgende Raumtemperaturen auszulegen (Norm-Innentemperaturen im Sinne von DIN EN 12831):

___ °C in den Räumen ______

___ °C in den Räumen ______

___ °C in den Räumen ______

___ °C in den Räumen ______

___ °C in den Räumen ______

___ °C in den Räumen ______

Erläuterungen und Tipps siehe Seite E 98

Primärenergie

Primärenergie der Heizungsanlage

- ☐ Heizöl
- ☐ Erdgas
- ☐ Flüssiggas
- ☐ Biogas in Kraft-Wärme-Kopplungsanlage
- ☐ Bioöl mit Nachhaltigkeitsnachweis in Öl-Brennwertkessel
- ☐ Holz
- ☐ Solarwärme
- ☐ Umweltwärme (nutzbar gemacht mit Wärmepumpenanlage)
- ☐ Strom
- ☐ Holzpellet-Feuerung
- ☐ Sonstiges: ____________________

Brennstofflager:

Ort: ____________________

Größe: ____ Liter ____ m³

Material: ____________________

☐ bei Heizöl / bei Bioöl: Auftragnehmer liegt behördliche Genehmigung für die Brennstofflagerung am Gebäudestandort vor.

☐ Energiezuleitung zum Wärmeerzeuger im Leistungsumfang enthalten

☐ Gasleitung zur Küche im Leistungsumfang enthalten

☐ Gasleitung zum Warmwasserbereiter im Leistungsumfang enthalten

Erläuterungen und Tipps siehe Seite E 102

Wärmeerzeuger

☐ Heizkessel
- ☐ Niedertemperaturkessel
- ☐ Brennwertkessel

Aufstellraum (Raum Nr./Grundrissbezeichnung)

____ / ____ ____________________

- ☐ innerhalb
- ☐ außerhalb

des beheizten Gebäudevolumens

- ☐ stehend
- ☐ wandhängend
- ☐ raumluftunabhängige Betriebsweise

Hersteller: ______________________

Modell: ______________________

Nennleistungsbereich von [,] bis [,] kW

Jahresnutzungsgrad: [ ] %

Anforderungen nach dem Erneuerbare-Energien-Wärmegesetz:

Holzkessel:

Kesselwirkungsgrad (ermittelt nach DIN EN 303-5 [1999-06])

- ☐ bis 50 kW mindestens 86 %
- ☐ über 50 kW mindestens 88 %

Holzkessel oder -ofen über 15 kW:

Begrenzung von Schadstoffen (bezogen auf Rauchgas mit Sauerstoffgehalt 13 g/m³)

- ☐ Staub max. 0,15 g/m³.
- ☐ Kohlenmonoxid max. 4 g/m³ (bis 50 kW).

☐ Die Holzfeuerung erfüllt die Anforderungen des EEWärmeG.
Der Auftraggeber erhält die nach dem Gesetz erforderlichen Nachweise.

☐ Wärmepumpenanlage, bestehend aus

- ☐ elektrisch
- ☐ fossil angetriebener Wärmepumpe

Hersteller: ______________________

Modell: ______________________

☐ Wärmequelle

- ☐ Erdsonde
- ☐ Erdkollektor
- ☐ Grundwasserzapf- und -schluckbrunnen

  Die Zulässigkeit der thermischen Nutzung des Baugrundstückes und die Eignung des Untergrundes sind

  - ☐ geklärt
  - ☐ noch nicht geklärt

- ☐ Außenluft
- ☐ Fortluft der Lüftungsanlage

☐ Warmwasserbereitung

Die Brauchwassererwärmung erfolgt

☐ mit der Heizwärmepumpenanlage auf ___ °C.

☐ von der Heizung getrennt durch ______________________
wie unter 4.4.4 beschrieben.

Die Wärmepumpenanlage deckt mindestens ___ %
des Wärmeenergiebedarfs für Heizung und Brauchwassererwärmung

Die Wärmepumpenanlage wird ausgestattet mit

☐ einem Wärmemengenzähler zur Erfassung der für Heizung und Brauchwasser erzeugten Wärme

☐ einem Stromzähler für Wärmepumpe und Hilfsaggregate

☐ Absperrventilen und Temperaturmessstellen nach DIN 8900 Teil 6 Bild 1 und 2

Die Wärmepumpenanlage ist unter Berücksichtigung der oben vereinbarten Temperaturen für Raumheizung und Warmwasser sowie der Gegebenheiten des Standortes nach den Regeln der Technik so auszulegen, dass sie eine Jahresarbeitszahl von mindestens ___,___ einhält.

☐ Die Wärmepumpenanlage erfüllt die Mindestanforderungen des EEWärmeG an Deckungsbeitrag, Jahresarbeitszahl und Messausstattung. Der Auftraggeber erhält die nach dem Gesetz erforderlichen Nachweise.

Unter den o. g. Randbedingungen errechnet sich ein Jahresstrombedarf von ___.___ kWh.

Dem Auftraggeber ist nach Fertigstellung der Anlage auszuhändigen:

- ein Exemplar sämtlicher Berechnungen
- die Bestätigung, dass Ausführung und Auslegungsplanung übereinstimmen

☐ Blockheizkraftwerk (Wärme-Kraft-Kopplung)

Hersteller: ______________________

Modell: ______________________

Treibstoff:

☐ Erdgas

☐ Erdgas mit ___ % Biogas

☐ Heizöl EL

☐ Bioöl

Thermische Leistung ___ , ___ kW

Elektrische Leistung ___ , ___ kW

- ☐ Blockheizkraftwerk ist hocheffizient entsprechend den Anforderungen des EEWärmeG. Der Auftraggeber erhält die nach dem Gesetz erforderlichen Nachweise.

☐ Nah-/Fernwärmeanschluss

Wärmelieferung erfolgt durch ______________________________

- ☐ Erzeugung der Wärme genügt dauerhaft den Anforderungen des EEWärmeG. Der Auftraggeber erhält die nach dem Gesetz erforderlichen Nachweise.

Abgasanlage

Erläuterungen und Tipps siehe Seite E 105

☐ Abgasleitung für (Brennstoff): ______________________________

- ☐ geeignet für Nassbetrieb

☐ Schornstein für (Brennstoff): ______________________________

- ☐ Reinigungsöffnung
- ☐ Verkleidung, Abdichtung, Abdeckung des Schornsteinkopfes

____

☐ Schornsteinanschluss und (bei raumluftunabhängiger Betriebsweise) Verbrennungsluftzufuhr für den Betrieb einer zweiten Feuerstätte:

Art: ______________________________

Brennstoff: ______________________________

Hersteller: ______________________________

Nennwärmeleistung: ___ kW

- ☐ raumluftunabhängige Betriebsweise

Pufferspeicher für Heizwärme

☐ Pufferspeicher, wärmegedämmt, ___ Liter

Wärmeverteilung und Heizflächen

(Heizkörper siehe 4.5.6)

Erläuterungen und Tipps siehe Seite E 106

☐ Heizkreis für Heizkörper oder Fußbodenheizung

Auslegungs-Vor-/Rücklauftemperatur ___ / ___ °C

Heizkreisregelung:

☐ nach Außentemperatur

☐ nach Temperatur im Raum (Raum Nr./Grundrissbezeichnung)

/ ______

Hersteller: ______

Modell: ______

Rohrmaterial:

☐ Kupfer

☐ Edelstahl

☐ Kunststoff

☐ Sonstiges: ______

Rohrverbindung:

☐ verschraubt

☐ verpresst

☐ verlötet

Verlegeart:

☐ unter Putz

☐ auf Putz

☐ auf der Rohdecke

☐ Zweiter Heizkreis für Fußbodenheizung

Auslegungs-Vor-/Rücklauftemperatur / °C

Rohrmaterial:

☐ Kupfer

☐ Edelstahl

☐ Kunststoff

☐ Sonstiges: ______

Rohrverbindung:

☐ verschraubt

☐ verpresst

☐ verlötet

Fußbodenheizsystem

Hersteller: ______

Modell: ______

Regelung

☐ Thermostat-Einzelraumsteuerung

Hersteller: ______

Modell: ______

- ☐ Hydraulischer Abgleich jedes Heizkreises mit schriftlicher Bestätigung des ausführenden Fachbetriebes
- ☐ Wärmedämmung der Rohrleitungen nach Energieeinsparverordnung aus ____________________

4.4.4 Warmwasserbereitung

Erläuterungen und Tipps siehe Seite E 108

- ☐ zentrale Warmwasserbereitung
- ☐ Warmwasserspeicher beheizt
  - ☐ von Zentralheizung
  - ☐ solar
  - ☐ elektrisch

  Hersteller: ____________________

  Modell: ____________________

  Nutzinhalt: ___ Liter

  Wärmeverlust des Speichers: ___ , ___ kwh/Tag

  - ☐ Speicher geeignet zum Einbau eines Solarwärmetauschers
  - ☐ verlustarmer Sommerbetrieb durch zeitliche Einschränkung der Nachladebereitschaft des Heizkessels
- ☐ Durchlauferhitzer
  - ☐ in wandhängendem Heizkessel integriert
  - ☐ elektrischer Durchlauferhitzer
    - ☐ elektronisch gesteuert

  Hersteller: ____________________

  Modell: ____________________

  Leistung: ____________________
- ☐ dezentral in folgenden Räumen (Raum Nr./Grundrissbezeichnung):

  ____

  Energieträger: ____________________

  Hersteller: ____________________

  Modell: ____________________

  Leistung: ___ kw

Erläuterungen und Tipps siehe Seite E 109

4.4.5 Solarthermische Warmwasserbereitung

☐ für Brauchwassererwärmung

☐ für Brauchwassererwärmung mit Heizungsunterstützung

Kollektor

Hersteller: ______

Typ: ______

Bauart: ______

Strahlungswirksame Kollektorfläche (Aperturfläche): ___ , ___ m²,

☐ bezogen auf die Gebäudenutzfläche A_N von ___ , ___ m²
sind das ___ , ___ m² Aperturfläche je m² Gebäudenutzfläche

☐ Kollektor hat das Solar-Keymark-Zertifikat

☐ Die Solaranlage erfüllt die Mindestanforderungen des EEWärmeG an Fläche und Zertifizierung der Kollektoren. Der Auftraggeber erhält die nach dem Gesetz erforderlichen Nachweise.

☐ Für den späteren Einbau einer Solaranlage werden folgende Leitungen

von Raum ___ / ___ ______
bis unter Dach vorgesehen:

- ☐ je eine wärmegedämmte Vor- und Rücklaufleitung aus Kupferrohr DN 18
- ☐ ein Steuerkabel für den Anschluss des Kollektor-Temperaturfühlers

Erläuterungen und Tipps siehe Seite E 110

4.4.6 Lüftung

☐ kontrollierte Lüftung ohne Wärmerückgewinnung (Abluftanlage)

- ☐ Zuluftöffnungen

☐ kontrollierte Lüftung mit Wärmerückgewinnung

Wärmerückgewinnungsgrad ___ %

Leistungsaufnahme (elektrisch): ___ W

Hersteller: ______

Typ: ______

Bauart: ______

☐ Pollenfilter

Filterklasse: ______

☐ Sommerbetrieb

- ☐ Überbrückung des Wärmetauschers im Sommerbetrieb

4.4.7 Sanitärinstallation – Rohinstallation

Abwasserrohre

Erläuterungen und Tipps siehe Seite E 113

Abwasserrohre aus:

- ☐ Kunststoff (Material): ____________
- ☐ Guss
- ☐ Steinzeug
- ☐ Ableitung für Kessel-Kondensat
- ☐ Abwasseranschluss Waschmaschine in Raum: ____________

Warm- und Kaltwasserleitungen

Erläuterungen und Tipps siehe Seite E 113

- ☐ verzinkter Stahl
- ☐ Kupfer
- ☐ Kunststoff (Bez.): ____________
- ☐ Edelstahl
- ☐ Warmwasserrohre:
  Dämmung aus (Material): ____________
- ☐ Kaltwasserrohre:
  Ummantelung aus (Material): ____________

Verlegeart der Wasserleitungen

Erläuterungen und Tipps siehe Seite E 114

Kellerräume

- ☐ auf Putz
- ☐ unter Putz

Wohnräume

- ☐ auf Putz
- ☐ unter Putz

- ☐ Vorwandinstallation
  - ☐ Konstruktion: ____________
  - ☐ System/Hersteller: ____________

Ausstattung der Sanitärinstallation

Erläuterungen und Tipps siehe Seite E 114

- ☐ Abstell- und Entleerungsmöglichkeit
- ☐ Feinfilter
  - ☐ manuell rückspülbar
  - ☐ automatisch rückspülbar
- ☐ Druckminderer
- ☐ Druckerhöhungsanlage
- ☐ Warmwasser-Zirkulationssystem
  - ☐ Zeitschaltuhr gesteuert

☐ Elektrische Rohrbegleitheizung
　☐ Zeitschaltuhr gesteuert

☐ kombinierte Kalt-/Warmwasserzapfstellen (Anzahl): ____ Stück

☐ reine Kaltwasserzapfstellen (Anzahl): ____ Stück

☐ Außenzapfstelle Trinkwasser (Anzahl): ____ Stück
　☐ frostgeschützt

☐ Waschmaschinenanschluss Trinkwasser in Raum ____________________

☐ Fußbodenablauf in Raum ____________________

Rückstausicherung durch:
　☐ Hebeanlage
　☐ Rückstauverschluss

Erläuterungen und Tipps siehe Seite E 115

Regenwassernutzungsanlagen

Speicher
　☐ Erdspeicher
　☐ Kellerspeicher

Art: ____________________

Hersteller: ____________________

Fassungsvermögen: ____ . ____ Liter

☐ Hauswasserstation

Art: ____________________

Hersteller: ____________________

Leistungsdaten: ____________________

☐ Versorgung der WC's (Anzahl): ____ Stück

☐ Versorgung der Waschmaschinen (Anzahl): ____ Stück

☐ Außenzapfstelle Regenwasser

☐ Weitere Zapfstellen (Ort): ____________________

Regenwasserversickerungsanlage

☐ Ableitung durch ____________________

in ____________________

4.5 Innenausbau und -ausstattung im Überblick

4.5.1 Innenputzarbeiten

Erläuterungen und Tipps siehe Seite E 117

	Wände	Decken
Fugenglattstrich	☐	
für folgende Räume:		
Hersteller:		
Bezeichnung:		
unverputzt	☐	☐
für folgende Räume:		
gespachtelt	☐	☐
für folgende Räume:		
Hersteller:		
Bezeichnung:		
Gipsputz	☐	☐
für folgende Räume:		
Hersteller:		
Bezeichnung:		
Kalk-/Kalkzementputz	☐	☐
für folgende Räume:		
Hersteller:		
Bezeichnung:		
Sonstiges:		
für folgende Räume:		
Hersteller:		
Bezeichnung:		

Erläuterungen und Tipps siehe Seite E 117

4.5.2 Malerarbeiten

4.5.2.1 Deckenflächen

4.5.2.1.1 Tapete

für folgende Räume: ______

Hersteller: ______

Bezeichnung: ______

Materialpreis: ___ , ___ €/Rolle

4.5.2.1.2 Anstrich

für folgende Räume: ______

Anstrichtyp: ______

Hersteller: ______

Bezeichnung: ______

Farbton: ______

4.5.2.1.3 Anstrich

für folgende Räume: ______

Anstrichtyp: ______

Hersteller: ______

Bezeichnung: ______

Farbton: ______

4.5.2.2 Wandflächen

4.5.2.2.1 Tapete

für folgende Räume: ______

Hersteller: ______

Bezeichnung: ______

Materialpreis: ___ , ___ €/Rolle

4.5.2.2.2 Tapete

für folgende Räume: ______

Hersteller: ______

Bezeichnung: ______

Materialpreis: ___ , ___ €/Rolle

4.5.2.2.3 Anstrich

für folgende Räume: ______

Anstrichtyp: ______

Hersteller: ______

Bezeichnung: ______

Farbton: ______

4.5.2.2.4 Anstrich

für folgende Räume: ______

Anstrichtyp: ______

Hersteller: ______

Bezeichnung: ______

Farbton: ______

4.5.3 Fliesen- und Natursteinbeläge

Erläuterungen und Tipps siehe Seite E 118

4.5.3.1 Bodenflächen

4.5.3.1.1 Bodenflächen

für folgende Räume: ______

☐ Bodenfliesen
☐ Naturstein

Abriebgruppe: ___ Sortierung: ______

Materialpreis: ___,___ €/m², Größe ___,___ x ___,___ cm

☐ Sockelfliesen
☐ Sockelleisten aus: ______

4.5.3.1.2 Bodenflächen

für folgende Räume: ______

☐ Bodenfliesen
☐ Naturstein

Abriebgruppe: ___ Sortierung: ______

Materialpreis: ___,___ €/m², Größe ___,___ x ___,___ cm

☐ Sockelfliesen
☐ Sockelleisten aus: ______

4.5.3.1.3 Bodenflächen

für folgende Räume: ______

☐ Bodenfliesen
☐ Naturstein

Abriebgruppe: ___ Sortierung: ______

Materialpreis: ___ , ___ €/m², Größe ___ , ___ x ___ , ___ cm

☐ Sockelfliesen
☐ Sockelleisten aus: ______

4.5.3.2 Wandflächen

4.5.3.2.1 Wandfliesen

Deckenhoch für folgende Räume: ______

Abriebgruppe: ___ Sortierung: ______

Materialpreis: ___ , ___ €/m², Größe ___ , ___ x ___ , ___ cm

4.5.3.2.2 Wandfliesen

___ cm hoch für folgende Räume: ______

Abriebgruppe: ___ Sortierung: ______

Materialpreis: ___ , ___ €/m², Größe ___ , ___ x ___ , ___ cm

4.5.3.2.3 Wandfliesen

Fliesenspiegel für folgende Räume: ______

Größe ___ m²

Abriebgruppe: ___ Sortierung: ______

Materialpreis: ___ , ___ €/m², Größe ___ , ___ x ___ , ___ cm

4.5.4 Bodenbeläge

Erläuterungen und Tipps siehe Seite E 119

☐ Bodenbeläge und Verlegeart geeignet für Fußbodenheizung

☐ bei allen Bodenbelägen über Fußbodenheizung wird ein Wärmedurchlasswiderstand von max. 0,15 m^2K/W eingehalten

☐ Restfeuchtemessung der Unterböden wird durchgeführt

4.5.4.1 Parkett

Erläuterungen und Tipps siehe Seite E 119

für folgende Räume: ______

☐ Massivparkett

☐ Mehrschichtparkett

Hersteller: ______

Bezeichnung: ______

Gesamtdicke: ___ mm

Nutzschicht: ___ mm

Holzart: ______

Materialpreis: ___,__ €/m²

Sockelleisten aus: ______

Oberflächenbehandlung: ______

Verlegung

☐ verklebt

Klebertyp: ______

Hersteller: ______

Bezeichnung: ______

☐ schwimmende Verlegung

Unterlage aus: ______

☐ sonstige Verlegung: ______

4.5.4.2 Kork

Erläuterungen und Tipps siehe Seite E 120

für folgende Räume: ______

Hersteller: ______

Sockelleisten aus: ______

Verlegung

☐ verklebt

Klebertyp: ______

Hersteller: ______

Bezeichnung: ______

Unterlage aus: ______

☐ sonstige Verlegung: ______

Erläuterungen und Tipps siehe Seite E 120

4.5.4.3 Laminat

für folgende Räume: ______

Hersteller: ______

Bezeichnung: ______

Beanspruchungsklasse: ______

Materialpreis: ___ , __ €/m²

Trittschallgedämmt

☐ ja

☐ nein

Sockelleisten aus: ______

Verlegung

☐ verklebt

Klebertyp: ______

Hersteller: ______

Bezeichnung: ______

☐ schwimmende Verlegung

Unterlage aus: ______

☐ sonstige Verlegung: ______

Erläuterungen und Tipps siehe Seite E 121

4.5.4.4 Teppichboden

für folgende Räume: ______

Hersteller: ______

Bezeichnung: ______

Gütesiegel: ______

Nutzschicht aus: ______

Materialpreis: ___ , __ €/m²

Sockelleisten aus: ______

Verlegung

- ☐ verklebt (nur EC-1 Produkte, emissionsarm)
- ☐ Verklebung wasserlöslich
- ☐ fixiert

Kleber/Fixiertyp: ______

Hersteller: ______

Bezeichnung: ______

- ☐ gespannt
- ☐ Unterlage aus: ______
- ☐ sonstige Verlegung: ______

4.5.4.8 Linoleum

Erläuterungen und Tipps siehe Seite E 122

für folgende Räume: ______

Hersteller: ______

Bezeichnung: ______

Dicke ___ mm, Materialpreis: ___,__ €/m²

Sockelleisten aus: ______

Verlegung

- ☐ verklebt

  Klebertyp: ______

  Hersteller: ______

  Bezeichnung: ______

- ☐ Fugen verschweißt: ______
- ☐ Oberflächen-Schutzschicht: ______

4.5.4.9 PVC

Erläuterungen und Tipps siehe Seite E 123

für folgende Räume: ______

Hersteller: ______

Bezeichnung: ______

Dicke ___ mm, Materialpreis: ___,__ €/m²

Sockelleisten aus: ______

Verlegung

☐ verklebt

Klebertyp: ______

Hersteller: ______

Bezeichnung: ______

☐ sonstige Verlegung: ______

4.5.4.10 Sonstiger Belag ______

für folgende Räume: ______

Hersteller: ______

Bezeichnung: ______

Dicke ____ mm, Materialpreis: ____ , ____ €/m²

Sockelleisten aus: ______

Verlegung

☐ verklebt

Klebertyp: ______

Hersteller: ______

Bezeichnung: ______

☐ sonstige Verlegung: ______

Erläuterungen und Tipps siehe Seite E 123

4.5.5 Elektroinstallation – Ausstattung

Bei gleichem Ausstattungswert für alle Räume sind die Ausstattungswerte in den folgenden Tabellen darzustellen:

Ausstattungswert	Qualität	Erreichter Ausstattungswert
1	Mindestausstattung gemäß DIN 18015-2	☐
2	Standardausstattung	☐
3	Komfortausstattung	☐
1 *plus*	Mindestausstattung gemäß DIN 18015-2 und Vorbereitung für die Anwendung der Gebäudesystemtechnik nach DIN 18015-4	☐

 Datum: ______ Auftraggeber: ______ Auftragnehmer: ______

Ausstattungswert	Qualität	Erreichter Ausstattungswert
2 *plus*	Standardausstattung plus mindestens ein Funktionsbereich gemäß DIN 18015-4 (Dieser Funktionsbereich ist in der folgenden Tabelle anzukreuzen)	☐
3 *plus*	Komfortausstattung plus mindestens zwei Funktionsbereiche gemäß DIN 18015-4 (Diese Funktionsbereiche sind in der folgenden Tabelle anzukreuzen)	☐

Funktionsbereich	Ausstattungswert	
	2 *plus*	3 *plus*
Schalten/Dimmen	☐	☐
Schaltbare Steckdosen/geschaltete Geräte/ Energiemanagement	☐	☐
Sonnenschutz	☐	☐
Heizen, Lüften, Kühlen	☐	☐
Sicherheit	☐	☐

Die Anlagen der **Hauskommunikation** (Klingel o. Gong, Türöffner und Gegensprechanlage, Video-Türstationen, Gefahrenmeldeanlagen) sind in den Ausstattungswerten entsprechend enthalten – siehe hierzu Tabellen 1–3 im Erläuterungsteil 4.5.5 *Elektroinstallation – Ausstattung* auf Seite E 125 ff.

Sonstiges:

☐ Drehstromanschluss in den Räumen: ____________________

☐ Außenbeleuchtung Hauseingang

☐ Außensteckdosen von innen schaltbar: ____________________

☐ Wechselschalter Stück in den Räumen: ____________________

Schalter und Steckdosen

Hersteller: ____________________

Modell: ____________________

Haben die Räume unterschiedliche Ausstattungswerte, sind diese in der folgenden Tabelle darzustellen:

Wohnbereich	**Ausstattungswerte**						**Funktionsbereiche**				
	1	**2**	**3**	**1 plus**	**2 plus**	**3 plus**	**Schalten/Dimmen**	**Schaltbare Steckdosen/Geräte**	**Sonnenschutz**	**Heizen, Lüften, Kühlen**	**Sicherheit**
Küche/Kochnische	☐	☐	☐	☐	☐	☐	☐	☐	☐	☐	☐
Bad	☐	☐	☐	☐	☐	☐	☐	☐	☐	☐	☐
WC-Raum	☐	☐	☐	☐	☐	☐	☐	☐	☐	☐	☐
Flur/Diele	☐	☐	☐	☐	☐	☐	☐	☐	☐	☐	☐
Wohnzimmer	☐	☐	☐	☐	☐	☐	☐	☐	☐	☐	☐
Esszimmer	☐	☐	☐	☐	☐	☐	☐	☐	☐	☐	☐
Schlafzimmer	☐	☐	☐	☐	☐	☐	☐	☐	☐	☐	☐
Kinderzimmer	☐	☐	☐	☐	☐	☐	☐	☐	☐	☐	☐
Gästezimmer	☐	☐	☐	☐	☐	☐	☐	☐	☐	☐	☐
Arbeitszimmer	☐	☐	☐	☐	☐	☐	☐	☐	☐	☐	☐
Büro	☐	☐	☐	☐	☐	☐	☐	☐	☐	☐	☐
Hausarbeitsraum	☐	☐	☐	☐	☐	☐	☐	☐	☐	☐	☐
Terrasse/Freisitz	☐	☐	☐	☐	☐	☐	☐	☐	☐	☐	☐
Abstellraum	☐	☐	☐	☐	☐	☐	☐	☐	☐	☐	☐
Hobbyraum	☐	☐	☐	☐	☐	☐	☐	☐	☐	☐	☐
Zur Wohnung gehörender Keller- oder Bodenraum	☐	☐	☐	☐	☐	☐	☐	☐	☐	☐	☐
	☐	☐	☐	☐	☐	☐	☐	☐	☐	☐	☐

Der Ausstattungswert **1 plus** beinhaltet neben der Mindestausstattung gemäß DIN 18015-2 die Vorbereitung für die Anwendung der Gebäudesystemtechnik nach DIN 18015-4
Der Ausstattungswert **2 plus** beinhaltet die Standardausstattung plus mindestens ein Funktionsbereich gemäß DIN 18015-4 (Dieser Funktionsbereich ist in der Tabelle anzukreuzen)
Der Ausstattungswert **3 plus** beinhaltet die Komfortausstattung plus mindestens zwei Funktionsbereiche gemäß DIN 18015-4 (Diese Funktionsbereiche sind in der Tabelle anzukreuzen)

Die Anlagen der **Hauskommunikation** (Klingel o. Gong, Türöffner und Gegensprechanlage, Video-Türstationen, Gefahrenmeldeanlagen) sind in den Ausstattungswerten entsprechend enthalten – siehe hierzu Tabellen 1–3 im Erläuterungsteil 4.5.5 *Elektroinstallation – Ausstattung* auf Seite E 125 ff.

 Datum: ____________ Auftraggeber: ______________________ Auftragnehmer: ______________________

Sonstiges:

- ☐ Drehstromanschluss in den Räumen: ____________________
- ☐ Außenbeleuchtung Hauseingang
- ☐ Außensteckdosen von innen schaltbar: ____________________
- ☐ Wechselschalter Stück in den Räumen: ____________________

Schalter und Steckdosen:

Hersteller: ____________________

Modell: ____________________

Zusätzlich werden folgende Maßnahmen umgesetzt, sofern sie nicht bereits durch eine ***plus***-Ausstattung abgedeckt sind:

- ☐ Sicherheitsmaßnahmen
  - ☐ Steckdosen mit Berührungsschutz („Kinderschutz“)
  - ☐ Gefahrenmeldeanlage (Art: ____________________)
  - ☐ ____________________
  - ☐ ____________________
- ☐ Komfortfunktionen
  - ☐ Elektrische Jalousie-/Rollladenantriebe in den Räumen:

    ____
  - ☐ Kommunikationsanschlüsse (hier sind konkret die Art und der Realisierungsgrad – Vorbereitung bzw. Herstellung – der jeweiligen Kommunikationsanlagen festzulegen)

Art des Kommunikations-anschlusses	Vorbereitung des Anschlusses in den Räumen	Kompletterstellung des Anschlusses in den Räumen

☐ Gebäudesystemtechnik

☐ Vorbereitende Maßnahmen für den nachträglichen Einsatz der Gebäudesystemtechnik entsprechend Abschnitt 2.3 RAL-RG 678 werden realisiert

____

____

Zusätzliche Installationen kosten:

☐ Steckdose Aufputz: ___ , __ € / Stück

☐ Steckdose Unterputz: ___ , __ € / Stück

☐ Schalter: ___ , __ € / Stück

☐ Sonstiges: ______________________________ ___ , __ €

______________________________ ___ , __ €

______________________________ ___ , __ €

______________________________ ___ , __ €

______________________________ ___ , __ €

Die Anordnung der Steckdosen erfolgt in Absprache mit dem Bauherrn.

Erläuterungen und Tipps siehe Seite E 131

4.5.6 Heizflächen/Endmontage

4.5.6.1 Heizflächen

Heizkörper/Aufstellort:

☐ Plattenheizkörper ______________________________

Hersteller: ______________________________

Modell: ______________________________

☐ Radiator ______________________________

Hersteller: ______________________________

Modell: ______________________________

☐ Konvektor ______________________________

Hersteller: ______________________________

Modell: ______________________________

 Datum: __________ Auftraggeber: ______________________________ Auftragnehmer: ______________________________

☐ Handtuchheizkörper ______

Größe, Hersteller, Modell: ______

☐ Strahlungsschirm bei Montage der Heizkörper vor Glasflächen

4.5.6.2 Regelung

☐ Thermostatventile

☐ Sonstiges: ______

Hersteller: ______

Modell: ______

4.5.7 Sanitärinstallation – Ausstattung

Erläuterungen und Tipps siehe Seite E 131

4.5.7.1 Objektqualität

☐ Erste Sortierung
☐ Zweite Sortierung

4.5.7.2 Armaturen

☐ Erste Sortierung
☐ Zweite Sortierung

☐ Geräuschklasse:

4.5.7.3 Allgemein

☐ Waschmaschinenanschluss
- ☐ kalt
- ☐ warm

☐ Wasserablauf für Waschmaschine
☐ Hebeanlage

Sonstiges: ______

4.5.7.4 Küche

☐ Kalt- und Warmwasserzapfstellen, Anzahl Stück
☐ Geschirrspülmaschinenanschluss
- ☐ kalt
- ☐ warm

☐ Wanddurchbruch/Mauerkasten für Dunstabzug
☐ Wasserablauf für Spüle

- ☐ Waschmaschinenanschluss
  - ☐ kalt
  - ☐ warm
- ☐ Wasserablauf für Waschmaschine

Sonstiges: ____________________

4.5.7.5 Hauswirtschaftsraum (wenn vorhanden)

- ☐ Kalt- und Warmwasserzapfstellen, Anzahl ____ Stück
- ☐ Waschmaschinenanschluss
  - ☐ kalt
  - ☐ warm
- ☐ Wasserablauf für Waschmaschine
- ☐ Ausgussbecken

Sonstiges: ____________________

4.5.7.6 Heizraum (wenn vorhanden)

- ☐ Kalt- und Warmwasserzapfstellen, Anzahl ____ Stück
- ☐ Ausgussbecken

Sonstiges: ____________________

4.5.7.7 Bad und WC

- ☐ Waschtisch, Anzahl ____ Stück

  Hersteller: ____________________

  Modell: ____________________

  Größe (B/T): ____ / ____ cm, Farbe: ____________________

  - ☐ Standsäule
  - ☐ Halbsäule
  - ☐ Körperschallgedämmte Befestigung
  - ☐ Waschtischbatterie, Anzahl ____ Stück

    Hersteller: ____________________

    Modell: ____________________

- ☐ Handwaschbecken, Anzahl ____ Stück

  Hersteller: ____________________

  Modell: ____________________

Größe (B/T): ____ / ____ cm, Farbe: ____________________

- ☐ Standsäule
- ☐ Halbsäule
- ☐ körperschallgedämmte Befestigung
- ☐ Waschtischbatterie, Anzahl ___ Stück

  Hersteller: ____________________

  Modell: ____________________

☐ Badewanne, Anzahl ___ Stück

Hersteller: ____________________

Modell: ____________________

Material: ____________________

Größe: Außenmaß L/B ___ / ___ cm

Innenmaß L/B ___ / ___ cm

Farbe: ____________________

Wannenträger/-gestell: ____________________

Wannenverkleidung: ____________________

- ☐ Badewannenbatterie
  - ☐ Thermostatarmatur
  - ☐ Einhandmischer
  - ☐ Zweigriffarmatur
  - ☐ Aufputz
  - ☐ Unterputz

  Hersteller: ____________________

  Modell: ____________________

- ☐ Handbrause

  Hersteller: ____________________

  Modell: ____________________

  - ☐ Wandhalter

    Hersteller: ____________________

    Modell: ____________________

☐ Duschwanne, Anzahl ___ Stück

Hersteller: ____________________

Modell: ____________________

Material: ____________________

Größe (L/B/T): ____ / ____ / ____ cm, Farbe: ____________

Wannenträger/-gestell: ____________

Wannenverkleidung: ____________

☐ Brausebatterie
- ☐ Thermostatarmatur
- ☐ Einhandmischer
- ☐ Zweigriffarmatur
- ☐ Aufputz
- ☐ Unterputz

Hersteller: ____________

Modell: ____________

☐ Handbrause für Duschwanne

Hersteller: ____________

Modell: ____________

☐ Brausestange

Hersteller: ____________

Modell: ____________

☐ Duschabtrennung

Hersteller: ____________

Modell: ____________

Material: ____________

- ☐ Seiteneinstieg
- ☐ Eckeinstieg

☐ WC-Anlagen (incl. WC-Sitz und -Deckel), Anzahl ____ Stück

Hersteller: ____________

Modell: ____________

Farbe: ____________

WC-Montage
- ☐ stehend
- ☐ hängend
- ☐ körperschallgedämmte Befestigung

- ☐ Unterputzspülkasten
- ☐ Aufputzspülkasten
- ☐ aufgesetzter Spülkasten

Hersteller: ______

Modell: ______

Farbe: ______

- ☐ Wassersparschaltung

☐ Urinal-Anlagen, Anzahl ☐ Stück

Hersteller: ______

Modell: ______

Farbe: ______

Urinal-Montage

- ☐ Halbeinbau
- ☐ hängend
- ☐ körperschallgedämmte Befestigung

- ☐ Unterputzspülkasten
- ☐ Aufputzspülkasten
- ☐ Deckel

Hersteller: ______

Modell: ______

Farbe: ______

☐ Bidet-Anlagen, Anzahl ☐ Stück

Hersteller: ______

Modell: ______

Farbe: ______

Bidet-Montage

- ☐ stehend
- ☐ hängend
- ☐ körperschallgedämmte Befestigung

- ☐ Bidetbatterie
  - ☐ Einhandmischer
  - ☐ Zweigriffarmatur

Hersteller: ______

Modell: ______

☐ Sonstige Objekte

Zubehör

☐ Spiegel

Hersteller: ______________________

Modell: ______________________

☐ Ablage

Hersteller: ______________________

Modell: ______________________

☐ Handtuchhalter

Hersteller: ______________________

Modell: ______________________

☐ Papierrollenhalter

Hersteller: ______________________

Modell: ______________________

☐ Seifenhalter

Hersteller: ______________________

Modell: ______________________

☐ Leuchten

Hersteller: ______________________

Modell: ______________________

☐ Sonstiges Zubehör

____

Hersteller: ______________________

Modell: ______________________

4.5.8 Innentüren

Erläuterungen und Tipps siehe Seite E 133

Türblatt

Hersteller: ______

Material:

- ☐ Massivholz, Holzart ______

  Oberflächenbehandlung mit ______
- ☐ Röhrenspanplattenkern
- ☐ Röhrenspanstreifen
- ☐ Waben-Einlage
- ☐ Stahl

Oberfläche

- ☐ Holzfurnier, Holzart ______
- ☐ Kunststoffdekor, Farbe ______
- ☐ Lack, Farbe
- ☐ Sonstiges: ______
- ☐ siehe Bemusterung lt. Anlage

Besonderheiten

- ☐ Glasausschnitte
- ☐ Bogenelemente
- ☐ Sonstiges: ______
- ☐ Türblätter mit besonderen Eigenschaften (Klimaklasse/Beanspruchungsgruppe) in folgenden Räumen

  ______

Zarge

- ☐ Eckzarge
- ☐ Umfassungszarge
- ☐ Blockzarge

Material

- ☐ Massivholz
- ☐ Holzwerkstoff
- ☐ Stahl
- ☐ Sonstiges: ______
- ☐ siehe Bemusterung lt. Anlage

Beschläge

Drückergarnituren

Hersteller: ______

Modell: ______

- ☐ siehe Bemusterung lt. Anlage

5
Außenanlagen

5 Außenanlagen

Erläuterungen und Tipps siehe Seite E 136

5.1 Kellerersatzraum

☐ nicht im Leistungsumfang enthalten

☐ im Leistungsumfang enthalten, Grundfläche ___,__ m²

Kurzbeschreibung der Bauweise:

____

____

____

____

Kurzbeschreibung der Materialien:

____

____

____

____

☐ Regendichte Außenhülle

☐ verschließbar

☐ Elektroinstallation aus:

____

____

Erläuterungen und Tipps siehe Seite E 136

5.2 Terrasse

☐ nicht im Leistungsumfang enthalten

☐ im Leistungsumfang enthalten, Grundfläche ___,__ m²

Unterbau

aus: ______________________________

Konstruktion

Material: ______________________________

Bodenbelag aus: ______________________________

Oberflächenbehandlung ______________________________

5.3 Garage

Erläuterungen und Tipps siehe Seite E 137

☐ nicht im Leistungsumfang enthalten
☐ im Leistungsumfang enthalten

Grundfläche ___ , ___ m²

Abmessungen L/B/H ___ , ___ / ___ , ___ / ___ , ___ m

☐ Bauweise als Leichtbaukonstruktion

Material und Oberfläche der Stellfläche aus:

____

Tragkonstruktion aus:

____

Wandbekleidung innen aus:

____

Wandbekleidung außen/Fassade aus:

____

Dachkonstruktion und -Deckung aus:

____

Einbauteile:

Garagentor, Konstruktion:

____

Garagentor, gew. Fabrikat:

____

Nebentür aus:

____

Sonstige Einbauteile (z. B. Fenster):

____

Elektroinstallation bestehend aus:

____

☐ Bauweise als Massivbaukonstruktion

Fundamente und Bodenplatte aus:

Außenwände, Konstruktion aus:

Außenwände, Wandbekleidung innen/außen aus:

Dachkonstruktion aus:

Dachabdichtung und -Deckung aus:

Einbauteile:

Garagentor, Konstruktion:

Garagentor, gew. Fabrikat:

Nebentür aus:

Sonstige Einbauteile:

Elektroinstallation aus:

☐ Sanitärinstallation bestehend aus:

- ☐ Ausgussbecken
- ☐ Kalt-Warmwasser-Anschluss

 Datum: Auftraggeber: Auftragnehmer:

5.4 Carport/Abstellraum

☐ nicht im Leistungsumfang enthalten
☐ im Leistungsumfang enthalten

Grundfläche ___ , ___ m²

Abmessungen L/B/H ___ , ___ / ___ , ___ / ___ , ___ m

☐ Bauweise als Leichtbaukonstruktion

Material und Oberfläche der Stellfläche aus:

Tragkonstruktion aus:

Wandbekleidung innen aus:

Wandbekleidung außen/Fassade aus:

Dachkonstruktion und -Deckung aus:

Einbauteile:

Nebentür aus:

Sonstige Einbauteile (z. B. Fenster):

Elektroinstallation bestehend aus:

☐ Sanitärinstallation bestehend aus:

☐ Ausgussbecken

☐ Kalt-Warmwasser-Anschluss

6

Qualitätskontrollen

7

Abnahmenachweise

8

Versicherungen während der Bauzeit

9

Energetische Ausführung im Vergleich zum Referenzgebäude nach Energieeinsparverordnung

6 Qualitätskontrollen

Erläuterungen und Tipps siehe Seite E 140

6 Qualitätskontrollen

- ☐ keine
- ☐ ja, ausgeführt durch:

____

- ☐ Begutachtung des Gebäudes erfolgt zu folgenden Zeitpunkten
  - ☐ Kellerrohbau vor der Verfüllung
  - ☐ nach der Rohbaufertigstellung
  - ☐ nach der Rohinstallation der haustechnischen Installationen
  - ☐ vor Beginn der Wand/Deckenverkleidungs-, Anstrich- und Bodenverlegearbeiten
  - ☐ zur Abnahme/Übergabe

7 Abnahmenachweise

Erläuterungen und Tipps siehe Seite E 141

7 Abnahmenachweise

- ☐ im Leistungsumfang nicht enthalten
- ☐ im Leistungsumfang enthalten
  - ☐ Rohbauabnahme, durch ____________________
  - ☐ Abgasanlage, durch ____________________
  - ☐ Gasinstallation, durch ____________________
  - ☐ Brennstoff-Lagerung, durch ____________________
  - ☐ gesetzlich geforderte Nachweise der Pflichterfüllung nach dem EEWärmeG
  - ☐ Sonstige: ____________________

8 Versicherungen während der Bauzeit

8.1 Bauherrenhaftpflichtversicherung

Kostenübernahme durch

☐ Auftraggeber

☐ Auftragnehmer

☐ anteilig ______________________

☐ Versicherungssumme . . . . . . €

Erläuterungen und Tipps siehe Seite E 142

8.2 Bauleistungsversicherung/Bauwesenversicherung

Kostenübernahme durch

☐ Auftraggeber

☐ Auftragnehmer

☐ anteilig ______________________

☐ Versicherungssumme . . . . . . €

Erläuterungen und Tipps siehe Seite E 143

8.3 Wohngebäudeversicherung/Rohbau-Feuerversicherung

Kostenübernahme durch

☐ Auftraggeber

☐ Auftragnehmer

☐ anteilig ______________________

☐ Versicherungssumme . . . . . . €

Eingeschlossene Risiken

☐ Überspannungsschäden

☐ Elementarschäden

- ☐ Erdbeben, Erdsenkung und Erdrutsch
- ☐ Schneelast
- ☐ Lawinen
- ☐ Hochwasser

Erläuterungen und Tipps siehe Seite E 144

8.4 Gesetzliche Unfallversicherung bei der Bauberufsgenossenschaft

☐ Bauhelfer

☐ Bauherren

Erläuterungen und Tipps siehe Seite E 145

9 Energetische Ausführung im Vergleich zum Referenzgebäude nach Energieeinsparverordnung

Erläuterungen und Tipps siehe Seite E 37

Das geplante Gebäude erfüllt die Anforderungen der Energieeinsparverordnung, wenn seine Bestandteile die in Spalte „Referenzausführung" aufgeführte Qualität haben. Die Tabelle zeigt, wo das auszuführende Objekt hiervon abweicht.

Zeile / Bauteil / System	Referenzausführung / Wert		Auszuführendes Objekt
	Eigenschaft (zu Zeilen 1.1 bis 3)		
1.1 Außenwand, Geschossdecke gegen Außenluft	Wärmedurchgangskoeffizient	U = 0,28 W / (m² K)	
1.2 Außenwand gegen Erdreich, Bodenplatte, Wände und Decken zu unbeheizten Räumen (außer solche nach Zeile 1.1)	Wärmedurchgangskoeffizient	U = 0,35 W / (m² K)	
1.3 Dach, oberste Geschossdecke, Wände zu Abseiten	Wärmedurchgangskoeffizient	U = 0,20 W / (m² K)	
1.4 Fenster, Fenstertüren	Wärmedurchgangskoeffizient	U_w = 1,30 W / (m² K)	
	Gesamtenergiedurchlassgrad der Verglasung	$g_\perp = 0{,}60$	
1.5 Dachflächenfenster	Wärmedurchgangskoeffizient	U_w = 1,40 W / (m² K)	
	Gesamtenergiedurchlassgrad der Verglasung	$g_\perp = 0{,}60$	
1.6 Lichtkuppeln	Wärmedurchgangskoeffizient	U_w = 2,70 W / (m² K)	
	Gesamtenergiedurchlassgrad der Verglasung	$g_\perp = 0{,}64$	

 Datum: ____________ Auftraggeber: ____________ Auftragnehmer: ____________

Zeile / Bauteil / System	Referenzausführung / Wert		Auszuführendes Objekt
1.7 Außentüren	Wärmedurchgangs-koeffizient	$U = 1{,}80\ W/(m^2\ K)$	
2 Bauteile nach den Zeilen 1.1 bis 1.7	Wärmebrückenzuschlag	$\Delta U_{WB} = 0{,}05\ W/(m^2\ K)$	
3 Luftdichtheit der Gebäudehülle	Bemessungswert n_{50}	Bei Berechnung nach DIN V 4108-6: 2003-06: mit Dichtheitsprüfung DIN V 18599-2: 2007-02: nach Kategorie I	
4 Sonnenschutz-vorrichtung	keine Sonnenschutzvorrichtung		
5 Heizungsanlage	Wärmeerzeugung durch Brennwertkessel (verbessert), Heizöl EL, Aufstellung: für Gebäude bis zu 2 Wohneinheiten innerhalb der thermischen Hülle für Gebäude mit mehr als 2 Wohneinheiten außerhalb der thermischen Hülle Auslegungstemperatur 55 / 45 °C, zentrales Verteilsystem innerhalb der wärmeübertragenden Umfassungsfläche, innen liegende Stränge und Anbindeleitungen, Pumpe auf Bedarf ausgelegt (geregelt, Δp konstant), Rohrnetz hydraulisch abgeglichen, Wärmedämmung der Rohrleitungen nach Anlage 5 Wärmeübergabe mit freien statischen Heizflächen, Anordnung an normaler Außenwand, Thermostatventile mit Proportionalbereich 1 K		

Auftraggeber: ______ Auftragnehmer: ______ Datum: ______

Tabelle

Zeile / Bauteil / System	Referenzausführung / Wert	Auszuführendes Objekt

6 Anlage zur Warmwasserbereitung	- zentrale Warmwasserbereitung
	- gemeinsame Wärmebereitung mit Heizungsanlage nach Zeile 5
	- Solaranlage (Kombisystem mit Flachkollektor) entsprechend den Vorgaben nach DIN V 4701-10:2003-08 oder DIN V 18599-5:2007-02
	- Speicher, indirekt beheizt (stehend), gleiche Aufstellung wie Wärmeerzeuger, Auslegung nach DIN V 4701-10:2003-08 oder DIN V 18599-5:2007-02 als
	  - kleine Solaranlage bei AN ‹500 m² (bivalenter Solarspeicher)
	  - große Solaranlage bei AN ›500 m²
	- Verteilsystem innerhalb der wärmeübertragenden Umfassungsfläche, innen liegende Stränge, gemeinsame Installationswand, Wärmedämmung der Rohrleitungen nach Anlage 5 der EnEV 2009, mit Zirkulation, Pumpe auf Bedarf ausgelegt (geregelt, Δp konstant)	

7 Kühlung	keine Kühlung	
8 Lüftung	zentrale Abluftanlage, bedarfsgeführt mit geregeltem DC-Ventilator	

 Datum: ______ Auftraggeber: ______ Auftragnehmer: ______

Adressen der Verbraucherorganisationen

Verbraucherzentrale
Bundesverband e. V.
Markgrafenstraße 66
10969 Berlin
Tel. (030) 258 00-0
Fax (030) 258 00-218
info@vzbv.de

STIFTUNG WARENTEST
Lützowplatz 11–13
10785 Berlin
Tel. (030) 26 31-0
Fax (030) 26 31 27 27
email@stiftung-warentest.de

Verbraucherzentrale
Baden-Württemberg e. V.
Paulinenstraße 47
70178 Stuttgart
Tel. (07 11) 66 91-10
Fax (07 11) 66 91-50
info@vz-bw.de

Verbraucherzentrale
Bayern e. V.
Mozartstraße 9
80336 München
Tel. (089) 53 98 70
Fax (089) 53 75 53
info@vz-bayern.de

Verbraucherzentrale
Berlin e. V.
Hardenbergplatz 2
10623 Berlin
Tel. (030) 214 85-0
Fax (030) 211 72-01
mail@verbraucherzentrale-berlin.de

Verbraucherzentrale
Brandenburg e. V.
Templiner Straße 21
14473 Potsdam
Tel. (03 31) 298 71-0
Fax (03 31) 298 71-77
info@vzb.de

Verbraucherzentrale
Bremen e. V.
Altenweg 4
28195 Bremen
Tel. (04 21) 16 07 77
Fax (04 21) 160 77 80
info@vz-hb.de

Verbraucherzentrale
Hamburg e. V.
Kirchenallee 22
20099 Hamburg
Tel. (040) 248 32-0
Fax (040) 248 32-290
info@vzhh.de

Verbraucherzentrale
Hessen e. V.
Große Friedberger Straße 13–17
60313 Frankfurt
Tel. (069) 97 20 10-0
Fax (069) 97 20 10-50
vzh@verbraucher.de

Verbraucherzentrale
Mecklenburg-Vorpommern e. V.
Strandstraße 98
18055 Rostock
Tel. (03 81) 208 70-50
Fax (03 81) 208 70-30
info@nvzmv.de

Verbraucherzentrale
Niedersachsen e. V.
Herrenstraße 14
30159 Hannover
Tel. (0511) 911 96-0
Fax (0511) 911 96-10
info@vzniedersachsen.de

Verbraucherzentrale
Nordrhein-Westfalen e. V.
Mintropstraße 27
40215 Düsseldorf
Tel. (02 11) 38 09-0
Fax (02 11) 38 09-172
vz.nrw@vz-nrw.de

Verbraucherzentrale
Rheinland-Pfalz e. V.
Seppel-Glückert-Passage 10
55116 Mainz
Tel. (061 31) 28 48-0
Fax (061 31) 28 48-66
info@vz-rlp.de

Verbraucherzentrale
des Saarlandes e. V.
Trierer Straße 22
66111 Saarbrücken
Tel. (06 81) 500 89-0
Fax (06 81) 500 89-22
vz-saar@vz-saar.de

Verbraucherzentrale
Sachsen e. V.
Katharinenstraße 17
04109 Leipzig
Tel. (03 41) 69 62 90
Fax (03 41) 689 28 26
vzs@vzs.de

Verbraucherzentrale
Sachsen-Anhalt e. V.
Steinbockgasse 1
06108 Halle
Tel. (03 45) 298 03-0
Fax (03 45) 298 03-26
vzsa@vzsa.de

Verbraucherzentrale
Schleswig-Holstein e. V.
Andreas-Gayck-Straße 15
24103 Kiel
Tel. (04 31) 590 99-0
Fax (04 31) 590 99-77
info@verbraucherzentrale-sh.de

Verbraucherzentrale
Thüringen e. V.
Eugen-Richter-Straße 45
99085 Erfurt
Tel. (03 61) 555 14-0
Fax (03 61) 555 14-40
info@vzth.de

Internetadressen

Verbraucherzentrale Bundesverband und
kfw Förderbank
www.baufoerderer.de

kfw-Bankengruppe
www.kfw.de

Kompetenzzentrum der Initiative
„Kostengünstig qualitätsbewusst Bauen"
www.kompetenzzentrum-iemb.de

Deutsche Energieagentur dena
www.dena.de

BINE-Informationsdienst
Informationen zu Energieeffizienztechnologien
www.bine.info

Bundesamt für Wirtschaft und Ausfuhrkontrolle
www.bafa.de

Impressum

Hauptherausgeber
Verbraucherzentrale Nordrhein-Westfalen e. V.
Mintropstraße 27 · 40215 Düsseldorf
Tel. (02 11) 38 09-0 · Fax (02 11) 38 09-235
www.vz-nrw.de

Mitherausgeber
Verbraucherzentrale Baden-Württemberg e. V.
Paulinenstraße 47 · 70178 Stuttgart
Tel. (07 11) 66 91-10 · Fax (07 11) 66 91-50
info@vz-bw.de

Verbraucherzentrale Bundesverband e. V.
Markgrafenstraße 66 · 10969 Berlin
Tel. (030) 258 00-0 · Fax (030) 258 00-218
info@vzbv.de

Verbraucherzentrale Hamburg e. V.
Kirchenallee 22 · 20099 Hamburg
Tel. (040) 248 32-0 · Fax (040) 248 32-290
info@vzhh.de

FSC
www.fsc.org
MIX
Papier aus verantwortungsvollen Quellen
FSC® C010135

Text: Uta Maria Schmidt
Christian Michaelis
Horst Frank
Lektorat: Ileana von Puttkamer
Gestaltung: da vinci design GmbH, Berlin
Fotos: da vinci design GmbH, Berlin
Alwin Muschter
Titelfoto: Designbüro Lübbeke, Naumann, Thoben GbR, Fotolia, w3-media.de
Druck: B.o.s.s Druck und Medien GmbH

Redaktionsschluss: Februar 2013